内容简介

植物生理研究技术是植物生产类学员的基本教材,分为上下两篇。上篇主要介绍植物生理实验原理,包括植物生理实验材料的采集保存和室内培养、植物细胞及其组分的研究、水分生理的研究方法、植物个体与群体的研究方法、植物生长物质等的研究方法原理。下篇则具体列举了五十余个常见植物生理实验的测定技术以及综合性实验,包括细胞生理实验、水分生理与矿质营养实验、光合与呼吸作用实验、物质代谢及生长发育生理实验、逆境和衰老生理实验等。书末还有植物生理实验常用表等附录,方便学习查阅。本书注重植物生理实验原理与方法技术的协调,内容翔实,重点突出,系统实用,适合于农林、园艺、生命科学等专业学员学习使用,也可作为相关领域教学科研人员的参考书。

扫码获取本书数字资源

全国高等院校"新农科"建设系列规划教材

·植物生产类·

植物生理研究技术

ZHIWU SHENGLI YANJIU JISHU

（第2版）

主　编　宗学凤（西南大学）
　　　　王三根（西南大学）

副主编　范曾丽（西华师范大学）
　　　　吕　俊（西南大学）
　　　　杨丙贤（浙江理工大学）

参编人员　（排名不分先后）
　　　　龚　婷（重庆医药高等专科学校）
　　　　林　春（云南农业大学）
　　　　李帮秀（西南大学）
　　　　高焕晔（贵州大学）
　　　　刘大军（西南大学）

西南师范大学出版社
国家一级出版社　全国百佳图书出版单位

图书在版编目(CIP)数据

植物生理研究技术/宗学凤,王三根主编.— 2版
—重庆:西南师范大学出版社,2021.7
ISBN 978-7-5697-0950-6

Ⅰ.①植… Ⅱ.①宗…②王… Ⅲ.①植物生理学－高等学校－教材Ⅳ.①Q945

中国版本图书馆CIP数据核字(2021)第112691号

植物生理研究技术(第2版)

主　编　宗学凤　王三根

责任编辑	鲁　欣　杜珍辉
封面设计	汤　立
照　　排	贝　岚
出版发行	西南师范大学出版社
	地址:重庆市北碚区天生路1号
	邮编:400715　市场营销部电话:023—68868624
	http://www.xscbs.com
印　　刷	重庆市正前方彩色印刷有限公司
幅面尺寸	185mm×260mm
印　　张	19.75
字　　数	500千字
版　　次	2021年7月第2版
印　　次	2021年7月第1次
书　　号	ISBN 978-7-5697-0950-6
定　　价	55.00元

前 言

植物生理学(plant physiology)是研究植物生命活动规律及其与环境相互关系的科学，是现代农业的理论基础。它以学习和研究构成植物的各部分乃至整体的功能及其调控机理为主要内容，通过了解其功能实现过程与调控机理来不断深入地阐明植物生命活动的规律和本质。植物生理学是理论性和实践性均很强的学科，它的发展与实验技术和手段的进步密不可分。

植物生理研究技术（Plant Physiological Research Technology）是学习掌握植物生理学基础理论知识的实践性教学环节。通过实验，可进一步加深学生对基础理论的认识和理解，加强对学生基本技能的训练和动手能力的培养，扎实掌握植物生理的基本测定方法和技术，提高分析问题和解决问题的能力，为参与科学研究奠定基础。

本教材自从2011出版以来，因特色鲜明、内容丰富，新颖实用，受到师生欢迎。但植物生理学及其研究技术发展很快，为了迎接新时期教学改革的需要，启动教材的修订使之成为精品很有必要，条件成熟。

新版教材仍然分为上下两篇，随学科发展与培养创新性人才的需要，修订增添了若干新内容。上篇介绍植物生理实验原理。第一章为植物生理的实验材料，包括植物实验材料的代表性，植物样品的采集和保存，植物实验材料的室内培养等。第二章为植物细胞生理研究，包括植物细胞生理研究的主要方法，植物细胞组分的分离方法、分离制备技术和植物组织细胞培养技术。第三章为植物水分生理研究技术，包括植物的水分生理指标及水分逆境生理研究技术。第四章为植物生长的研究方法，包括植株生长量和植物群体结构研究法，植物群体物质生产的研究等。第五章为植物生长物质的研究方法，含植物激素的主要检测技术，植物激素的分离过程，植物激素的免疫研究方法以及植物生长调节剂的应用技术。下篇则具体列举了五十余个常见植物生理实验的测定技术以及综合性研究性实验，含第六章植物细胞生理实验，第七章植物的水分生理与矿质营养实验，第八章植物的光合与呼吸作用实验，第九章物质代谢及生长发育生理实验，第十章植物逆境和衰老生理实验，第十一章综合性植物生理实验等内容。书末有植物生理实验常用表等附录，方便学习查阅。

新版教材结合作者长期从事植物生理科研和实验教学的实践经验，对实验项目、内容及实验方法进行修订和完善，据植物生理研究的新进展和新动向，增添新的实验项目，吸收新的实验技术和方法。所编选的实验具有代表性、多样性、实用性的特点，既适应目前植物生理学研究的发展趋势，又顾及传统植物生理学的研究需要，符合培养学员具有扎实基础知识又有创新思维能力的实验教学改革方向，有利于学员独立工作能力、综合素质的提高。

本教材的编写出版得到了西南大学专项经费资助，各参编院校老师的通力协作，西南师范大学出版社的大力支持，特别是杜珍辉、鲁欣编辑的热心帮助。编写过程中参考和引用了国内外及若干兄弟院校教材的许多资料和图片，在此一并表示衷心感谢。

教材中定有不少缺点和错误，敬请广大同仁和读者不吝赐教，以便日后修订完善。

编者

2021 年 4 月

目录 CONTENTS

上篇　植物生理实验原理 ········· 001

第一章　植物生理的实验材料 ········· 003
　　第一节　植物实验材料的代表性 ········· 004
　　第二节　植物样品的采集和保存 ········· 008
　　第三节　植物实验材料的室内培养 ········· 012

第二章　植物细胞生理研究 ········· 018
　　第一节　植物细胞生理研究的主要方法 ········· 018
　　第二节　植物细胞组分的分离方法 ········· 020
　　第三节　植物细胞组分的分离制备技术 ········· 022
　　第四节　植物组织细胞培养技术 ········· 034

第三章　植物水分生理研究技术 ········· 044
　　第一节　植物的水分生理指标 ········· 044
　　第二节　植物水分逆境生理研究技术 ········· 051

第四章　植物生长的研究方法 ········· 059
　　第一节　植株生长量的研究 ········· 059
　　第二节　植物群体结构研究法 ········· 062
　　第三节　植物群体物质生产的研究 ········· 067

第五章　植物生长物质的研究方法 ······ 080
　第一节　植物激素的主要检测技术 ······ 081
　第二节　植物激素的分离过程 ······ 083
　第三节　植物激素的免疫研究方法 ······ 088
　第四节　植物生长调节剂的应用技术 ······ 099

下篇　植物生理实验方法 ······ 107

第六章　植物细胞生理实验 ······ 109
　实验一　植物细胞的活体染色及死活鉴定 ······ 109
　实验二　植物细胞的质壁分离 ······ 111
　实验三　植物线粒体的制备、分离和鉴定 ······ 114
　实验四　叶绿体 DNA 的分离和提取 ······ 117
　实验五　蛋白质磷酸化活性的测定 ······ 119

第七章　植物的水分生理与矿质营养实验 ······ 122
　实验一　植物组织含水量和相对含水量的测定 ······ 122
　实验二　组织中自由水和束缚水含量的测定 ······ 124
　实验三　植物组织水势的测定(小液流法) ······ 126
　实验四　植物体内硝态氮含量的测定 ······ 129
　实验五　根系活力的测定(TTC 还原法) ······ 133
　实验六　植物体内灰分元素的分析测定 ······ 135
　实验七　硝酸还原酶活性的测定 ······ 140

第八章　植物的光合与呼吸作用实验 ······ 146
　实验一　叶绿体色素的提取及定量测定(分光光度法) ······ 146
　实验二　叶绿体色素的分离及理化性质观察 ······ 149
　实验三　叶绿体的分离制备及希尔反应活力测定 ······ 152
　实验四　植物光合、呼吸和蒸腾速率的测定 ······ 155
　实验五　光合速率—光强响应曲线的测定 ······ 159
　实验六　Rubisco 活性的测定 ······ 160
　实验七　PEP 羧化酶活性的测定 ······ 165
　实验八　植物呼吸酶的简易测定 ······ 168

第九章　物质代谢及生长发育生理实验 ··· 171
- 实验一　植物组织中可溶性糖含量的测定 ··· 171
- 实验二　植物组织中可溶性蛋白及热稳定蛋白含量的测定 ··· 173
- 实验三　植物组织淀粉和纤维素含量的测定 ··· 176
- 实验四　多酚氧化酶活性测定 ··· 179
- 实验五　苯丙氨酸解氨酶活性的测定 ··· 181
- 实验六　种子生活力的快速测定 ··· 183
- 实验七　植物激素的提取、分离与纯化 ··· 191
- 实验八　固相抗体型ELISA测定植物组织中激素含量 ··· 194
- 实验九　植物生长调节剂生理效应的测定 ··· 198
- 实验十　赤霉素对α-淀粉酶的诱导作用 ··· 200
- 实验十一　生长素类物质对根芽生长的不同影响 ··· 203
- 实验十二　植物中总酚物质、类黄酮与花青素含量的测定 ··· 205

第十章　植物逆境和衰老生理实验 ··· 208
- 实验一　植物体内游离脯氨酸和甜菜碱的测定 ··· 208
- 实验二　植物细胞膜脂过氧化作用的测定 ··· 212
- 实验三　植物细胞差别透性的测定 ··· 215
- 实验四　植物热激蛋白的检测 ··· 219
- 实验五　超氧化物歧化酶（SOD）活性的测定 ··· 223
- 实验六　过氧化氢酶活性的测定 ··· 226
- 实验七　过氧化物酶活性的测定 ··· 228
- 实验八　过氧化氢含量的测定 ··· 232
- 实验九　超氧阴离子产生速率的测定 ··· 235
- 实验十　羟自由基清除率的测定 ··· 237
- 实验十一　抗氧化率的测定 ··· 239
- 实验十二　植物组织中脂氧合酶活性的测定 ··· 241

第十一章　综合性植物生理实验 ··· 245
- 实验一　植物的溶液培养及缺素症状的比较观察 ··· 246
- 实验二　植物对氮素缺乏的生理反应研究 ··· 252
- 实验三　不同温度对植物根系生长与生理特性的影响 ··· 254
- 实验四　植物组织培养快繁实验 ··· 257
- 实验五　植物生长调节剂对插条不定根发生的影响 ··· 262

实验六　种子活力及萌发中的生理变化研究 …………………………………………… 264
　　实验七　植株幼苗在逆境中的生理响应 …………………………………………… 267
　　实验八　植物对盐胁迫的生理反应的研究 …………………………………………… 270
　　实验九　果实成熟与储藏中的生理变化研究 …………………………………………… 272
　　实验十　生长调节剂提高植物抗逆性的研究 …………………………………………… 281

附录
　　附录一　植物生理实验室常用表 …………………………………………… 284
　　附录二　离心机转速与相对离心率的换算 …………………………………………… 298
　　附录三　几种常用营养液配方 …………………………………………… 299
　　附录四　常见植物生长调节物质及其主要性质 …………………………………………… 300

主要参考文献 …………………………………………… 303

上篇 植物生理实验原理

第一章
植物生理的实验材料

　　植物生理学(plant physiology)是研究植物生命活动规律及其与环境相互关系的科学。它以学习和研究构成植物的各部分乃至整体的功能及其调控机理为主要内容,通过了解其功能实现过程及其调控机理来不断深入地阐明植物生命活动的规律和本质。

　　植物生理从诞生迄今之所以受到人们的重视,在于它能指导生产实践,为栽培植物、改良和培育植物提供理论依据,并不断提出控制植物生长的有效方法。由此可见,植物生理学是理论性和实践性均很强的学科,它的发展与实验技术和手段的进步密不可分。植物生理研究技术(Plant Physiological Research Technology)是学习掌握植物生理学基础理论知识的实践性教学环节。

　　植物生理学的研究范畴包含了群体、个体、组织和器官、细胞、分子等层面。在微观方面,生物科学领域中的细胞学、遗传学、分子生物学的迅速发展,使植物生命活动本质方面的研究向分子水平深入并不断综合。在宏观方面,植物生理学与环境科学、生态学等密切结合,朝更为综合的方向发展,大大扩展了植物生理学的研究范畴。

　　无论是进行系统的植物生理研究,还是进行单项的生理指标测定,首先要准备实验材料。实验材料的充分准备和科学取材程度,直接关系到研究结果的正确程度和测定数据的可靠程度。所以,实验材料的准备和正确的取材是植物生理研究的重要环节。

第一节
植物实验材料的代表性

植物生理学研究的基本过程包括采集具有代表性的样品,选择适宜的样品制备、处理和分析测定方法,进行分析测试和数据处理及统计分析。

在实际的科学研究工作中,不可能对组成总体的所有个体都进行测定,同样,对于个体的研究也是以部分器官或组织为基础的。所以,结果的可靠性就取决于试材(样本)对总体的代表性,代表性愈差,可靠性愈低。

一、实验材料的准确度与精确度

从实验中得到的所有观察值,既包含处理的真实效应,又包含许多其他因素的偶然影响。这种使观察值偏离实验处理真实效应值的偶然影响,称为实验误差或误差(error)。

由于取材误差、仪器误差、试剂误差、操作误差等一些经常性的原因所引起的误差称为系统误差(system error);误差的大小和正负总保持不变,或按一定的规律变化,或是有规律地重复。由一些偶然的外因所引起的误差,称为偶然误差(accidental error);误差的大小和正负以不可预测的方式变化。必须指出,在测量中,由于读数或计算时发生错误,致使测量结果与真值之间产生较大的偏差(过失误差或粗大误差),这种偏差是错误而不是误差,它是不应该出现的,也是完全可以避免的。

系统误差影响分析结果的准确度,偶然误差影响分析结果的精确度。准确度和精确度共同反映测定结果的可靠性(图1-1)。在一组测定中,有时精确度很高,但准确度不一定很好,即测定样品的代表性不一定很好;反之,若准确度很好,则精确度也一定很高。准确度和精确度的区别,正如射击打靶一样,射击子弹偏离靶心很远,而且不集中于一处,表示准确度和精确度都很差;射击子弹虽偏离靶心,但集中于某一很小范围,则表示准确度差而精确度高;射击子弹都集中击中靶心附近,则表示准确度和精确度都很高。在科学研究的测量中,只有设想的真值(靶心),平时进行测定就是想测得此真值,而实际所得平均值只能是近似真值或称最佳值。

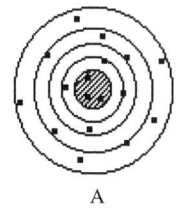
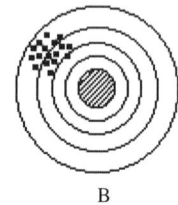
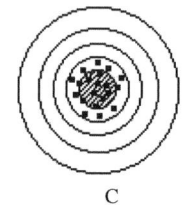

A   B   C

图1-1 误差与准确度及精确度

A. 系统误差小,随机误差大,精确度、准确度都不好;B. 系统误差大,随机误差小,精确度很好,但准确度不好;
C. 系统误差和随机误差都很小,准确度和精确度都很好

精确度(precision)(也称精密度,precision)是指在测定中所得到数值重复性的大小,它能反映偶然误差的程度,是对测量结果中系统误差和偶然误差大小的综合评价。精确度高说明测定方法可靠,重复性好。它通常用偏差来表示。偏差也分为绝对偏差和相对偏差。

测定值与平均值之差称为绝对偏差,实用上是以相对偏差来表示精确度:

$$相对偏差=\frac{测定值-平均值}{平均值}\times 100\%$$

偏差越小说明从总体所抽样品的代表性越好。

准确度(accuracy)是指测得值与真实值符合的程度,它用误差来表示。误差分为绝对误差(absolute error)和相对误差(relative error)。误差小表示可靠性好,误差大表示可靠性差。

测定值与真实值之差称为绝对误差,但在实用上多以相对误差来表示测定值的准确度:

$$相对误差=\frac{测定值-真实值}{真实值}\times 100\%$$

在一组测定中,有时精确度很高,但准确度不一定很好,即测定样品的代表性不一定很好;反之,若准确度很好,则精确度也一定很高。

二、标准差和变异系数

平均数(mean value)是样本的集中表现,也就是样本的代表值。但其代表性的可靠程度,取决于各个变量之间的变异程度。因此在说明一个总体时,不仅需要描述其集中性的特征数,而且还需要描述其变异性的特征数。表示变异度的统计数较多,最常用的有标准差和变异系数。

标准差(standard deviation)是表示偶然误差的一种较好的方法,它可以表示单次测定值围绕平均值的密集程度,说明测定结果精确度的大小。其单位与测定值的单位相同。由样本资料计算标准差的公式为:

$$S=\sqrt{\frac{\sum(X-\overline{X})^2}{n-1}}=\sqrt{\frac{\sum X^2-\left(\frac{\sum X}{n}\right)^2}{n-1}}$$

式中:S—— 样本单次标准差;
X—— 测定值;
$\overline{X}$—— 样本平均值;
$n-1$—— 自由度。

S 值小,说明单次测定结果之间的偏差小,精确度高,平均值的代表性好。求出的标准差一般写在平均值之后,即 $\overline{X}\pm S$。

如果比较不同样本变异的大小时,因单位不同或均数不同,不能直接用标准差进行比较,需要把表示变异程度大小的绝对值——标准差换算为相对值,才能够比较。一个样本的标准差占该样本平均数的百分率称为该样本的变异系数(coefficient of variation),用 $C.V.$ 表示,计算公式为:

$$C.V.(\%)=\frac{S}{\overline{X}}\times 100$$

变异系数小,说明平均值的波动小,精确度高,代表性好。变异系数既受标准差的影响,又受平均数的影响。因此,在采用变异系数表示样本的变异程度时,应同时列举平均数和标准差,否则可能会引起误解。

要判断多次平行测定结果的平均数之间的差异时,仅有单次测定标准差还不够,还必须计算样本平均数标准误差(简称标准误差),也称均数标准差。计算公式为:

$$S_{\overline{X}}=\frac{S}{\sqrt{n}}$$

式中:$S_{\overline{X}}$——均数标准差;
　　　S——样本单次标准差;
　　　n——样本测定值个数(样本容量)。

由上式可以看出,均数标准差与单次标准差成正比;与测定值个数的平方根成反比,即样本容量愈大,平均数的误差愈小。所以,在抽样测定中,增加样本容量(n)或增加重复次数,均能降低平均数的误差。

均数标准差和单次标准差一样,是一个绝对值,与平均数、单次标准差及样本的大小有直接关系,为了消除 $\overline{X}$、S、n 的影响,使不同来源的均数标准差可以相互比较,需将其化为相对值,通常采用均数标准差对样本平均数的百分率来表示,称为均数变异度(也称精确度,记作 $V_{\overline{X}}(\%)$)。

$$V_{\overline{X}}(\%)=\frac{S_{\overline{X}}}{\overline{X}}\times 100=\frac{\frac{S}{\sqrt{n}}}{\overline{X}}\times 100=\frac{\frac{S}{\overline{X}}}{\sqrt{n}}\times 100=\frac{C.V.}{\sqrt{n}}$$

均数变异度的值愈小,平均数的误差愈小,代表性愈强。

均数标准差是重要的误差指标,在判断两个样本平均数差异的可靠性时,就是以样本均数标准差为标准,来衡量两个样本平均数之差,是它的多少倍(t),然后根据 t 值的大小来检验两个样本平均数差异的显著性。T 检验法的公式为:

$$t=\frac{\overline{X}_1-\overline{X}_2}{S_{\overline{X}}}$$

三、植物材料的抽样原则和样本容量

抽样的方法很多,大致可分为随机抽样、典型抽样和顺序抽样三大类。抽样测定中最重要的问题是样本的代表性,就是样本要能反映出总体的特征。这就要求样本分布应基本符合总体的分布规律,抽样方法应符合概率论的要求。根据这种要求,随机抽样方法是最理想的方法。这是因为抽样必须是随机的,不能有主观偏见,谁能被抽取,完全靠样本的概率来决定,概率大的被抽取的机会就大,反之则小。随机抽样符合概率论的要求,因而不仅对总体参数能做到无偏估计,而且还能正确地估计抽样误差。随机抽样又可分为:简单随机抽样、分层随机抽样、整群抽样、两级或多级抽样等方法。

典型抽样是按研究需要,有意识有目的地从总体内选取有代表性的典型单位(个体)或单位群,以代表总体的绝大多数。典型样本如果选择合适,可获得可靠结果,尤其是从大容量的总体中选择较小数量的抽样单位时,往往采用这种方法。但由于这种方法完全依赖于抽样者的经验知识和技能,结果很不稳定,而且不符合随机原理,无法估计抽样误差。

顺序抽样是按照某种既定的顺序,每隔一定间隔抽取一个抽样单位组成样本。为了确定第一个被抽的个体,常按顺序将总体的全部个体,分为个体数相等的组,组数等于样本容量,在第一组用随机法确定第一个被抽的个体后,按等间隔抽取其他组。实际应用中有对角线式、棋盘式、分行式、平行线式等方法。顺序抽样法不符合概率论的要求,不能正确估计抽样误差。但顺序抽样方法简便,抽样单位在总体中的分布均匀,抽出的样本更具有代表性。

样本的代表性不仅与抽样方法关系密切,而且受样本容量的影响也很大,也就是样本必须要有足够数量的个体。根据样本均数标准差与样本大小(n)的平方根成反比的关系可知,样本个体数愈多,抽样误差愈小,样本的代表性就愈大。但是,样本过大又会耗费过多的人力物力,延误时间。因此,确实合理的抽样数量是抽样调查测定中的重要问题。确定抽样数量要根据抽样调查测定的目的所允许的误差范围和可靠程度来计算。

以植株高度、穗长和产量等连续性变量为例,用简单随机抽样法抽样时,由

$$t = \frac{\overline{X} - \mu}{S_{\overline{X}}}$$

可知,当所抽样本的平均值($\overline{X}$)和总体的平均值(μ)的差为均数标准差($S_{\overline{X}}$)的1.96倍即 t 值时,有95%的可靠性。这时的样本容量应为:

$$t = \frac{\overline{X} - \mu}{S_{\overline{X}}} = \frac{\overline{X} - \mu}{\frac{S}{\sqrt{n}}}, \quad \text{所以} \quad n = \frac{t^2 \cdot S^2}{(\overline{X} - \mu)^2}$$

例如,在抽样调查某植物的株高时,允许误差($\overline{X} - \mu$) = 3 cm,根据以往试验的资

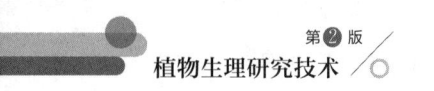

料,知 $S^2=47.6$(方差 S^2 也可在正式调查前,先抽样调查算出),有 95% 的可靠性,调查株数由上式得

$$n_1=\frac{1.96^2\times 47.6}{3^2}=20.3\approx 20(株)$$

所得 20 株为小样本(<30),所以,其 t 值不同于大样本(>30)时,标准正态分布概率为 95% 的概率度值,但是 t 受 $n-1$ 的影响,n 又是未知值,因此可先用 1.96 求出一样本值 n_1,根据 n_1-1 在 t 表中查到 t 值,代入上式再算一次,由 $20-1=19$,查 t 表得 t 值为 20.9,代入上式得

$$n_2=\frac{2.09^2\times 47.6}{3^2}=23(株)$$

所以,每个重复调查 23 株较为合适。

第二节

植物样品的采集和保存

植物样品的采集和处理,是研究测定中的重要环节。如何正确地采集和处理样品是实验测定过程中必须严格对待的问题。

一、植物材料的种类

植物生理实验使用的材料非常广泛,根据来源可划分为天然的植物材料(如植物的幼苗、根、茎、叶、花等器官或组织等)和人工培养、选育的植物材料(如杂交种、诱导突变种、植物组织培养突变型细胞、愈伤组织、酵母等);按水分状况、生理状态可划分为新鲜植物材料(如苹果、梨、桃果肉、蔬菜叶片、绿豆、豌豆芽下胚轴、麦芽、谷芽、鳞茎等)和干材料(如小麦面粉、玉米粉、大豆粉、根、茎、叶干粉、干酵母等)。在实际中要根据实验目的和条件不同,而加以选择。

植物材料生理分析的准确性,除取决于分析方法的选择是否合适以及全部分析工作是否严格按照要求进行外,在很大程度上还取决于样品的采取是否具有最大的代表性。如果不遵循科学方法采样,样品缺乏代表性,即使分析工作严谨无误,也得不到正确的结论。其次,植物材料的采集要具有典型性,即要根据实验目的分别采集植株的不同部位,如根、茎、叶、果实,不能将各部位样品随意混合。再次,植物材料的采集还具有适时性,即在植物不同生长发育阶段,或各种处理前后,适时采样分析。而且,在操作和处理过程中还要防止样品变化和污染。因此,必须对样品的采集、处理和保存给予足够的重视。

二、植株样品的采集

研究测定结果的可靠性(或准确性),首先取决于试材对总体的代表性,如果采集的样品缺乏代表性,那么测定所得数据再精确也没有意义。所以,样品的采集除必须遵循试验抽样技术的一般原则外,还要根据不同测定项目的具体要求,正确采集所需试材。目前,随着研究技术的不断发展,应该不断提高采样技术的水平。

在许多生理测定项目中都需要采集整株的试材样品,有时虽然是测定植株的部分器官,但为了维持器官的正常生理状态,也需要进行整株采样。整株采样,也只是对地上部分的采样,没有必要连根采样,当然对根系的研究测定例外。采样时间因研究目的而不同,如按生育时期或某一特殊需要的时间进行。在田间试验小区或大田采样时,多采用随机抽样法进行采样。在田间试验小区采样时,由于同一小区各部分差异不太大,所以可用简单随机抽样法进行采样,在大田抽样如各部分的差异较大时,可采用分层抽样法。按田间的差异情况可将地块分为若干个部分(如地带、地段等),称为区层,再独立地从每一区层内随机抽取所确定的抽样单位数目,由各区层的样本测定平均数,采用加权方法估计总体平均值(真值)。也可采用整群抽样法,即将总体划分为若干个抽样单位群(每群包含若干个个体),随机抽取所需要数量的群,然后在被抽出的每个单位群中,对所有个体进行观察,由每个单位群所得数据求得总体估计值。

在试验区(或大田)中选取有代表性的取样点,取样点的数目视田块的大小而定。选好点后,随机采取一定数量的样株,或在每一个取样点上按规定的面积从中采取样株。如小麦等密植型作物或其他作物幼苗,可按面积采取或采取样品束(一束样品的植株数视需要而定),像玉米、甘蔗等作物,每个点采取一株就够了。

直接从田里采取植株样品,在生长均一的情况下,可按对角线或沿平行的直线等距离采样。即在试验区(或大田)按对角线选定五个取样点,然后在每个点上随机取一定数量的样株,或在每个取样点上按规定的面积从中采取样株。如一般蔬菜样品可按对角线法采取样株。

除逆境生理研究等特殊需要外,所取植株应是能代表试验小区的正常生育无损伤的健康植株。

三、器官样品的采集与保存

在测定许多生理指标时,并不需要对全体进行测定,或是不便于对全株测定,只需对部分器官或组织进行测定,就可以了解全株的情况,尤其在相对比较测定中,这是更为通用的方法。

要通过器官或组织的测定结果来了解全株,进而了解品种或栽培措施等的效应,就必须要合理地选取器官或组织试材,以提高测定结果的准确性。由于植物体各部分生理年龄和生理生化过程的速率不同,所以植株各部分存在着很大的异质性,这就给正确地选取器官或组织试材带来了很多困难。只有在充分了解植物体各部分异质性的基础上,才能根据研究目的和要求合理地选取器官或组织试材。

以叶片的采集为例,叶片较为长大的玉米等作物,同一片叶的不同部位存在着明显的生理差异,因而在取用叶片作生理测定时,应当特别注意叶片部位的选择,一般以中部为宜。虽然棉花、大豆等双子叶作物,叶片基部、中部、上部的差异比禾谷类作物小,但也应注意不同部位的差异性,以便在取样时尽可能提高代表性。

叶片样品的采集应根据植物种类、种植密度、株型大小、生育时期以及测定要求的误差范围,从试验小区或大田确定采样株。数量一般为 10～15 株,其中苗期多、后期少,密植作物多,高秆作物少。再根据不同叶位、叶异质性的特点和研究测定的目的要求,确定采样部位。在确定了采样株和采样部位后,再将所需叶片剪下,并剪除不需要的部分,如玉米只剪取棒三叶(雌穗位叶及其上、下叶)叶片中部的 20 cm 一段。如果剪取的样品量太多,可在剪碎混合后用四分法缩分到所需数量。

从田间采取的植株样品,或是从植株上采取的器官组织样品,在正式测定之前的一段时间里,如何正确妥善地保存处理是很重要的,它也关系到测定结果的准确性。

一般测定中,所取植株样品应该是生育正常无损伤的健康材料。取下的植株样品或器官组织样品,必须放入事先准备好的保湿容器中,以维持试样的水分状况和未取下之前基本一致。否则,由于取样后的失水,特别是在田间取样带回室内的过程中,由于强烈失水,使离体材料的许多生理过程发生明显的变化,用这样的试材进行测定,就不可能得到正确可靠的结果,为了保持正常的水分状况,在剪取植株样品后,应立即插入有水的桶中,对于枝条,还应该立即在水中进行第二次剪切,即将第一次切口上方的一段在水中剪去,以防输导组织中水柱被拉断,影响正常的水分运输。对于器官组织样品,如叶片或叶组织,在取样后就应立即放入铺有湿纱布的带盖瓷盘中或铺有湿滤纸的培养皿中。对于干旱研究的有关试材,应尽可能维持其原来的水分状况,另外,在取样前,应刷掉试材表面的尘土等异物,取样后,对于可见的附着尘土异物,一般应该用水冲洗净,并用滤纸吸干材料表面的附着水,尤其是供测定电导率等的试材,更要求试材表面洁净,否则测定结果就不会有好的重复性,准确度和精确度都不会高。

供试样品一般应该在暗处保存,但是对于供光合作用、蒸腾作用、气孔阻力等的测定样品,在光下保存更为合理。一般可将这些供试样品保存在室内光强下,但从测定前的 0.5～1.0 h 开始,应对这些材料进行测定前的光照预处理,也叫光照前处理。这不仅是为了使气孔能正常开发,也是为了使一些光合酶类能预先被激活,以便在测定时能获得正常水平的值,而且还能缩短测定时间。光照前处理的光强,一般应和测定时的光照条件一致。

测定材料在取样后,一般应在当天测定使用,不应该过夜保存,需要过夜时,也应在较低温度下保存,但在测定前应使材料温度恢复到测定条件的温度。至于测定酶活性、植物激素等特殊生理生化指标的样品,采样时则需要用冰盒、液氮罐等保存,若不能当天测定,需及时转移到超低温冰箱中。

对不需要鲜样的组织样品,在取样后应立即烘干。为了加速烘干,对于茎秆、果穗等器官组织应事先切成细条或碎块。

四、植物籽粒样品的采集和制备

植物籽粒样品多用于其成分分析测定,有时也需要对叶组织的干样测定有关成分。对所采集的这类样品,需要进行干燥、粉碎、过筛等处理,并应在低温干燥条件下密封保存,以保证测定值能反映采样时样品成分的实际水平。

籽粒样品有的采自个别植株,有的采自试验小区或大田地块,有的则从大批收获物中采集。如籽粒样品是采自个别植株,应将全部种子采回留作样品用。如需要从试验小区或大田采样时,则应先按照采集植株样品的原则确定采集籽粒的植株(样品必须具有代表性),再将样株分别收获脱粒备用。也可将全小区或地块脱粒的种子混匀并铺平,用四分法对角缩分,小粒种子(如小麦、水稻等)取 250 g 样品,大粒种子(如玉米、花生等)取 500 g 样品。从大批谷物收获物中取样时,在保证样品有代表性的原则下,可在散堆中设点取样,或从包装袋中抽取原始样品,再用四分法缩分取样 250~500 g 左右。

对于采集的籽粒样品,在剔除杂质和破损籽粒后,一般可用风干法进行干燥。但有时根据研究的要求,也可立即烘干。

烘干时,新鲜材料应先在 105 ℃下烘干 0.5~2 h(杀青),使酶失活,防止样品成分的变化。然后降温至 70 ℃~80 ℃下烘干 1~2 d。烘干时最好是用鼓风干燥箱,并应将样品平铺成薄层,以加速干燥。

干燥后的样品应该用粉碎机或研槽进行粉碎处理,粉碎后再根据需要把样品进行过筛。样品细度随称样量大小而定,如称样量大于 2 g 时,可用圆孔径 1 mm 的筛子过筛;称样量为 1~2 g 时,可用 0.5 mm 孔径的筛子;称样量小于 1 g 时,可用 0.25 mm 孔径的筛子。筛子筛号和筛孔直径的关系大致如表 1-1。样品过筛充分混匀后,保存于磨口的广口瓶中,在瓶内放一标签,瓶外贴一标签。标签上要标明样品名称、取样日期、处理、小区号等。在样品的粉碎和过筛等操作过程中,要防止污染和混杂。贮样瓶要用蜡封口,并在干燥条件下保存。

表 1-1 标准筛孔对照表

筛号(目数)	筛孔直径/mm	筛号(目数)	筛孔直径/mm	筛号(目数)	筛孔直径/mm	筛号(目数)	筛孔直径/mm
4	4.70	16	0.99	32	0.50	60	0.25
6	3.33	20	0.83	35	0.42	65	0.21
8	2.35	24	0.70	42	0.35	80	0.18
10	1.65	28	0.59	48	0.30	100	0.15

注:筛号即每英寸长度内的筛孔数

一般种子(如禾谷类种子)的平均样品清除杂质后要进行磨碎,如条件许可最好用电动磨粉机,在磨碎样品前后都应当使磨粉机(或其他碾磨用具)的内部十分清洁,最初磨出的少量样品可以弃去不要,然后正式磨碎,使样品全部无损地过筛,混合均匀,作为分析样品贮存于备有磨口玻塞的广口瓶中,并随即贴上标签,注明样品的采集地点、实验处理、采样日期和采样人姓名等。长期保存的样品,在其贮存瓶上的标签还需涂蜡。为了防止样品在贮存期间生虫,可在瓶中放置一点樟脑或对位二氯甲苯。

油料作物种子(如芝麻、亚麻、花生、蓖麻等)如需要测定其含油量时,不应当用磨粉机磨碎,否则样品中所含的油分吸附在磨粉机上将明显地影响分析的准确性。所以,应将少量油料种子样品放在研钵中磨碎或用切片机切成薄片作为分析样品。

第三节

植物实验材料的室内培养

在研究中,有时需要进行一些幼苗的短期试验,在无温室条件或在非生长季节,则需要在室内培养试材。只要能满足植物对水分、光照、养分、空气和温度等条件的要求,植株就可正常生长发育。对于全生育期的培养试验,一般以土培为宜,而对于生育前期的观察测定,一般以无土栽培为宜。无土栽培的方法很多,根据实验的目的要求,可分别采用不同的培养方法,如对根系生理的研究以水培、雾培或砂培为宜,而对茎叶部较长时间的测定研究,除上述培养法外,以炉渣培养或膨胀塑料培养为宜,这些培养方法的共同特点是:植物所需的营养物质,除种子里原有的外,都是通过营养液供给的,因而水培法也叫营养液栽培,是无土栽培的基本方法。无土栽培已经在小麦、水稻、菜豆、番茄等大量的作物、蔬菜上获得成功,并已广泛应用于花卉和林木育苗上。随着人工控制环境的智能化生产过程的发展,网络及远程监控等技术的应用,营养液栽培法将会发挥更大的作用。

一、种子处理与幼苗的准备

不论哪种形式的培养,首先都需要准备好可供选择培养的幼苗。

播前种子必须晾晒,挑选,剔出破损、瘪粒、畸形、虫蛀及腐粒种子,保证发芽率高,出苗快而整齐。种子要进行消毒处理,常见方法如下:

1. 干热消毒法

如番茄等种子干燥时耐热力强,可用干热法消毒。为防治番茄病毒病和溃疡病,事先将种子充分暴晒,使其含水量降至7%以下,后置于烘箱内缓慢升温至70 ℃～73 ℃,处理4 d待播。

2. 热水浸种消毒法

该法广泛用于杀死种子表面的病菌,特别是菠菜、茄子、甜椒、黄瓜等表皮较硬的种子,能耐较高的水温。一般可先将水温调至 70 ℃左右,再缓缓倒入种子,边倒边搅拌。至水温降至 30 ℃保温浸种催芽。

3. 药液消毒法

主要目的是杀灭种子表面带有的田间传播的病菌,把好种子消毒灭菌关。

4. 药粉拌种消毒法

为防止猝倒病,常用福美双可湿性粉剂、克菌丹可湿性粉剂、多福可湿性粉剂及百菌清等,用量为种子量的 0.3%,拌种的种子适于直播,不宜催芽。

有的种子要进行浸种催芽。一般常用温水浸种,即 2 份开水兑 1 份凉水至温度约 50~55 ℃,边倒种子边搅拌,水温降至 30 ℃左右时停止搅拌,再继续浸泡。浸种时间长短因种子大小、种皮厚薄、吸水难易而异。豆类种子粒大,种皮薄,易吸水膨胀,浸种时间宜短;菠菜、香菜、茴香等应先搓开种子再浸种;小白菜、油菜、茼蒿、菠菜浸种后宜直播,其他蔬菜多浸种催芽。浸种后清水淘洗 2~3 遍。稍晾,再用湿纱布或毛巾、麻袋片包裹,置于洁净的瓦盆中并放在适湿处催芽。每隔 4~5 h 上下翻动一遍,至 60%以上种子露芽时播种。若将催芽后的种子放在 10~12 ℃低温下处理,可提高发芽整齐度和生活力,以利壮苗。

谷类植物种子可用饱和的漂白粉溶液浸泡消毒 15 min(或用 0.1%氯化汞溶液消毒 10 min),取出后用蒸馏水冲洗干净。将种子播在垫有滤纸的带盖搪瓷盘中,加入少量水(或播在垫有湿沙子的搪瓷盘中),为了保持湿润,种子上面应覆盖湿纱布或湿沙子,并盖好盖,放在 25 ℃左右的温度下发芽。并经常注意少量浇水。

当种子萌发胚根长到 2~4 cm 时,应将生长整齐、健壮的幼苗暂时移植一次,这次仍可将所挑选的幼苗移植在铺湿沙子的带盖搪瓷盘中,每天换一次水,继续在 25 ℃左右条件下培养。这一阶段的培养也可在光下进行。当根系长到 5~7 cm 时,可作为水培的定植材料。

二、植物营养液的配制

无土栽培的营养液配方很多,依作物种类、生长季节等而不同。其中 Hoagland's 营养液(表 1-2)pH 较为稳定,对大多数植物都比较适合,是应用比较广泛的一种营养液。

表 1-2 Hoagland's 营养液的成分

元素	储存液浓度 /mmol·L^{-1}	储存液浓度 /g·L^{-1}	化合物	每升最终溶液中储存液的体积/mL
大量营养元素				
N,K	1 000	101.1	KNO_3	6.0
Ca	1 000	236.16	$Ca(NO_3)_2·4H_2O$	4.0
P	1 000	115.08	$NH_4H_2PO_4$	2.0
S,Mg	1 000	246.49	$MgSO_4·7H_2O$	1.0
微量营养元素				
Cl	25	1 864	KCl	2.0
B	12.5	0.7773	H_3BO_3	2.0
Mn	1.0	0.169	$MnSO_4·H_2O$	2.0
Zn	1.0	0.288	$ZnSO_4·7H_2O$	2.0
Cu	0.25	0.062	$CuSO_4·5H_2O$	2.0
Mo	0.25	0.040	$H_2MoO_4(85\%MoO_3)$	2.0
Fe	64	30	Fe-EDTA(10%Fe)	0.3～1.0

配制营养液所用水源的选择,因实验目的要求而不同。对于缺素培养当然以蒸馏水为宜,对于微量元素的实验研究则要求用特种玻璃蒸馏器所得蒸馏水或重蒸馏水,而对于这两类研究以外的作物生理研究,则用雨水、自来水和井水均可,但要求自来水和井水是中性或微酸性(pH>6),无大量钙、镁、氯等离子,工业废水等污水不能用于溶液培养。

配制营养液所用盐类的纯度,一般培养液用化学纯(C.P.)或实验试剂(L.R.)即可。要注意所用盐类与配方是否一致,若有差别必须换算。配制时首先将可溶性盐类配成贮备液,其浓度最好是该种盐类用量的倍数,便于使用时稀释。贮备液放入黑色塑料瓶内为宜。使用稀释时,先在稀释容器中加入80%水,再加入某种盐类溶液,经过充分混匀后,再加入另一种,这样可以避免很快发生沉淀。难溶性盐类也应配成悬浮液,盐类溶液加完后,测定并调节营养液的pH,加水到所要求的体积。

三、水培栽植方法

水培缸用玻璃、瓷质、塑料(聚乙烯)培养缸均可。玻璃培养缸应在外壁先包一层黑纸(或黑塑料布)再包一层白纸,这样既可保持根系的黑暗条件,又可反光维持缸内温度的相对稳定。

培养缸盖可用打孔的塑料泡沫板,也可用特制的硬塑托网。选用生长健壮整齐的幼苗作为实验材料,尽量勿使根系受伤。根据作物种类和培养时间的长短,每一培养缸栽植若干株,可用海绵或棉花包扎茎部,将苗圃固定在培养缸盖的大孔中。或由大砂粒将小苗圃固定在培养缸口的硬塑托网上。如果幼苗只用于三片真叶以前(双子叶作物两片真叶)的实验测定时,则幼苗可直接栽植在大瓷盘中。而且,在这种情况下,不必浇灌培养液,只浇自来水即可,因为单子叶作物种子胚乳中的营养可维持三叶期前的正常需要。双子叶作物种子子叶中的营养可维持两片真叶前的正常需要。

对于较长时间的培养,就需要定期给培养缸加营养液,用量以幼苗根部被浸没为宜。在作物幼小时,可2～3周更换一次培养液,在长大后每1～2周就应更换一次,平时应经常补加蒸馏水或自来水,以维持培养缸内的水位,并应注意pH的变化,经常调整到所需范围,由于根系是在溶液中,所以,需要经常给培养缸内通气,尤其对旱作物来说更为重要,通气的方式最好是用鱼缸通气泵每天定期通气两三次。在栽植前对所用幼苗的生育状况,如株高、根长、鲜重等要有测定记载,以便于和生育中或结束后的测定结果进行比较。

四、喷雾培养法

喷雾培养法或滴流培养法均属空气培养法,对于旱田作物,尤其是研究旱田作物的根系生理时,这是一种非常好的培养方式,这种培养法不仅能使根系在良好通气条件下正常生长,而且在测定时能很方便地得到完整无损的根系材料,喷雾培养法的装置大致如图1-2所示。

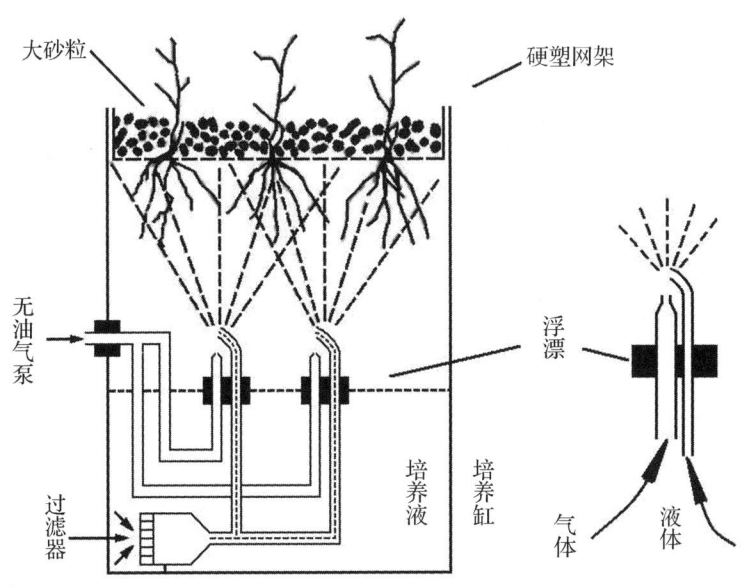

图1-2 喷雾培养装置示意图

由无油气泵把空气从喷气嘴压出,从而使紧靠喷气嘴的喷液嘴将营养液以雾状喷向上方的根系。营养液经过滤器进入喷液管。该法的缺点是必须要有气泵不断送气。为了克服这一不足,还可采用滴流培养法,如图 1-3 所示。

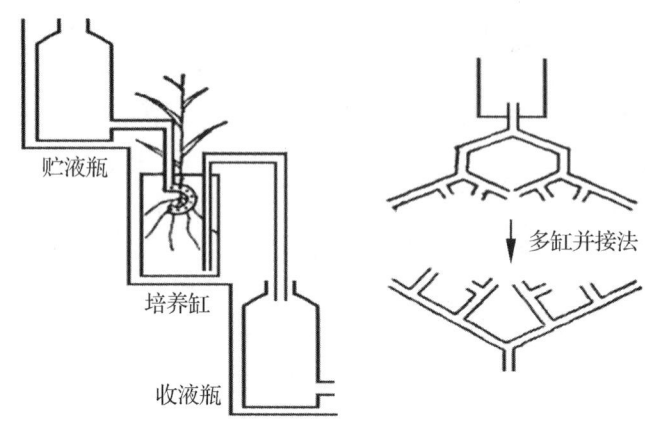

图 1-3　滴流培养装置示意图

用胶管将贮液瓶的营养液导入培养缸的喷滴头。喷滴头可用硬塑管做成,将其前端出口堵住,并热曲成圆环状,在环状部分用烧热针刺出许多小孔用以喷滴营养液。喷滴头的另一端用胶管和滴液瓶连接,并用乳胶管夹子控制输液量。

培养缸一般可用 30 cm 的水培缸,对于较长时期的培养,特别是用于玉米等高大作物时,可用 60 cm 以上的长形标本缸。缸盖可用塑料泡沫板制成,其上打三个孔,中间的较大孔栽苗,另外两个小孔,一个插入喷滴头,另一个插入胶管。虹吸并导出营养液,贮于收液瓶,导出胶管用乳胶管夹子控制流速。待收液瓶满后再和贮液瓶互换。

这种培养方式也可实行多缸并联使用,即由贮液瓶流出的营养液同时分流入许多培养缸的喷样头上,再将各培养缸底部的营养液虹吸导入收液瓶,这种培养法可省去由于无油气泵和用电等带来的投资等问题。

五、立体培养法

立体培养法可以综合水培栽植法与喷雾培养法的优点,有效利用环境,节省空间,是一种新型的培养方式,不仅用于育苗,如果采用智能化调控温、光、水和二氧化碳,还可以用于蔬菜、花卉等的周年生产(图 1-4,图 1-5)。

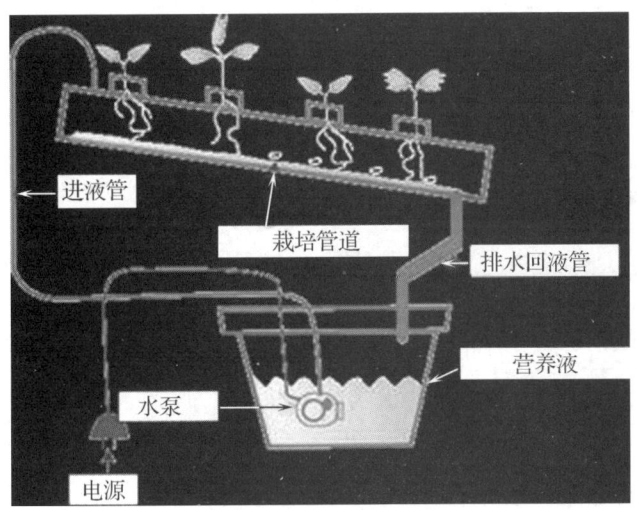

图 1-4　立体培养的工作原理

图 1-5　蔬菜的立体培养

第二章 植物细胞生理研究

细胞是植物结构和功能的基本单位,研究植物的生命活动规律离不开细胞学方法的应用。

第一节 植物细胞生理研究的主要方法

一、细胞组分与发育的研究技术

细胞组分与发育的研究通常包括下列几个方面:

1. 细胞壁的实验技术

主要是关于细胞壁结构、组成成分、功能及其中所含酶类活性的测定。如用显微技术观察细胞壁的结构及其纤维素排列情况;用 $KI-H_2SO_4$ 法测定细胞壁的主要成分;用荧光增白剂染色法观察细胞壁是否完整及细胞壁再生情况;细胞壁中过氧化物酶等的测定。

2. 原生质的实验技术

用酶制剂消化细胞壁得到完整而有活力的原生质体;用胞质环流、活性染料染色及改变渗透压等方法测定原生质体的活力;用电泳法测定原生质的带电性;用离心法和质壁分离法测定原生质的黏滞性;用固定制片的方法可观察原生质的穿壁运动;用显微镜观察原生质流动情况;用质壁分离法测定物质透过膜的速度及难易程度和测定细胞的渗透势;用染色法测定原生质的等电点,用化学或物理的方法促使两种亲本原生质体融合以得到优质物种,其化学方法是加入诱导剂(如聚乙二醇)诱导原生质体融合,物理方法是用电场或显微操作,离心、振动等机械力促使原生质体融合。

3. 亚细胞结构的实验技术

各种亚细胞结构的体积和密度不同,它们的沉降系数也不相同,因此可以用差速离心的方法将各亚细胞结构分级分离出来,再用密度梯度离心法进行纯化。另外还可用不同的方法对亚细胞结构的功能进行测试,如用氧电极法测定线粒体的氧化磷酸化机能。

4. 细胞生长发育的实验技术

用无菌培养液培养细胞;用显微技术测定细胞增长数目、细胞大小,用离心法测细胞体积;用称重法测细胞重量等。

二、细胞生理的研究方法

细胞生理的研究方法据目的不同主要有如下一些:

1. 细胞形态结构的观察

可用光学显微镜技术(体视、光镜、偏光、相差、微分干涉差、荧光、暗场、激光共聚焦显微镜、显微摄影)以及电子显微镜技术(透射电镜、扫描电镜、扫描隧道效应显微镜)等。

2. 细胞化学的方法

各种生物制片技术(徒手切片、整体装片、涂片、压片、冰冻切片、滑动切片、石蜡切片)、超薄切片的制备(电镜制片技术)、电镜负染方法、冷冻断裂电镜技术、金属投影电镜技术等。

细胞内各种结构和组分的细胞化学显示方法,如核酸、蛋白质、酶、多糖、脂类等的特异染色方法,线粒体、溶酶体、叶绿体及细胞核等细胞器的染色方法。

定性和定量的细胞化学分析技术方法,如:显微分光光度计、流式细胞技术等。

3. 细胞组分的生化分离分析的方法

包括差速离心和密度梯度离心,层析技术(纸层析、聚酰胺薄膜层析、纤维素柱层析),电泳技术(琼脂糖凝胶电泳、PAGE、双向电泳),分子杂交技术(原位杂交、Southern 杂交、Northern 杂交)等。

4. 标记与示踪技术

如同位素标记的放射自显影技术,免疫荧光抗体技术,酶联免疫反应和酶标技术,胶体金、胶体金银标记技术。

5. 细胞生物工程技术

如细胞工程技术(细胞培养、细胞融合、细胞克隆、单克隆抗体、细胞突变体的筛选),染色体工程技术(染色体标本制备、染色体显带、染色体倍性改造)等。

采用传统的细胞研究方法,可对植物的生长发育进行观察,如对植物花粉、胚珠、果实发育的观察,对玉米单倍体的体细胞和性细胞进行染色体行为观察和计数等。植物细胞培养是植物细胞工程和植物基因工程的基础,在研究细胞生长、分化、细胞信号转导、细胞凋亡等理论问题和遗传育种、转基因植物等应用方面都不可或缺。

对细胞内各种细胞器的结构和功能的研究使人们在亚细胞水平解释植物的生命活动现象方面进入了新的阶段。对各种植物生物膜结构所执行的电子传递、能量转换、离子吸收、信号转导等生理功能的研究也取得了许多重要成就。

第二节 植物细胞组分的分离方法

为了研究细胞组分的结构与代谢功能的关系及其调控过程,需要对细胞的各部分进行分离与纯化,分别进行研究和处理。细胞的分级分离大体分为细胞的匀浆化、分离纯化和分离组分的纯度鉴定三个步骤。

一、组织细胞的匀浆化

待测样品在分离前,首先要进行匀浆化,也就是在材料中加入适当的提取介质,将植物组织和细胞破碎后制成匀浆。常用的方法有组织捣碎机捣碎法、超声细胞破碎法、匀浆器法和研磨法。理想的匀浆介质应能保持细胞器的形态和功能完整,并能防止正常分隔的细胞区域中内含物混合而产生的有害变化。在匀浆介质中通常含有下列成分:

(1) 蔗糖(或甘露糖醇)溶液:以保持提取介质与细胞溶液之间的渗透平衡,避免在水势突然变化时,细胞中的结构被破坏。

(2) pH 7~8 的磷酸缓冲液或 Tris-HCl 缓冲液:以中和酸性的细胞内容物,避免 pH 变化太大,使酶失活。

(3) 巯基化合物(如二硫苏糖醇或巯基乙醇等):以防止具有半胱氨酸残基活性位点的酶氧化失活。

(4) Mg^{2+}:以阻止细胞质和细胞器的核蛋白体解聚。

(5) Ca^{2+}:以阻止细胞核结块。

(6) 聚乙烯吡咯烷酮(PVP):能结合有毒的酚类化合物,通常作为抗酚保护剂。

在进行细胞破碎和匀浆化的过程中,都必须保持在 1~4 ℃的低温下操作,可在冷室中操作,也可用事先冷却的仪器和溶液在冰浴下进行各项操作。

二、分离纯化的程序

制备好的匀浆液先用多层纱布或尼龙网过滤,除去细胞壁等纤维组织和未破碎的细胞等杂质后,根据实验目的选择某一种或几种离心方法,将滤液进行分级分离。

经过初步分离的细胞组分往往含有各种杂质,因此需要进一步对其进行纯化。常用的纯化技术有密度梯度离心和差速离心。将细胞组分再悬浮于匀浆介质中,然后小心地铺放在离心管里的蔗糖梯度液顶部。梯度液的制备方法,是通过连续地将浓度递减的蔗糖溶液(此即密度梯度液)轻轻地分层加入离心管中,使其不至于有较大程度的混合,然后将离心管放在 2~4℃下静置约 1~2 h,令其扩散,使密度梯度界面平滑,当加入再悬浮的细胞组分后,将离心管置水平转头上离心。细胞成分靠离心力通过蔗糖梯度,并按照它们的相对密度分成不同的区带。用这种方法分离开的各个区带,可用吸管小心地吸出。其次,还可以采用二相分配技术、层析技术和电泳技术等进行分离纯化。

三、细胞组分的纯度鉴定

经过纯化后的细胞组分在应用前需要鉴定其纯度。其鉴定方法可采用专一的染料处理后进行显微镜镜检,或检测一种特征化合物或标志酶(表 2-1)的活性。

表 2-1　常用细胞组分的生物化学标志物

细胞组分	标志物
细胞核	DNA、RNA 聚合酶等
叶绿体	叶绿素、RuBP 羧化酶(C_3 植物)、丙酮酸,磷酸双激酶(C_4 植物)等
线粒体	细胞色素 C 还原酶、细胞色素氧化酶、琥珀酸脱氢酶、延胡索酸酶等
过氧化体(完整的)	过氧化氢酶;羟基丙酮酸还原酶
乙醛酸体(完整的)	过氧化氢酶;异柠檬酸裂解酶;苹果酸合成酶
微体	磷脂合成酶;抗霉素 A 不敏感的 NAD(P)H;细胞色素 C 还原酶
液泡(完整的)	核糖核酸酶;磷酸二酯酶;植物中的特殊色素

第三节
植物细胞组分的分离制备技术

一、原生质体的分离制备

1. 植物材料的选择

制备原生质体一般选择植物叶片、无菌苗、愈伤组织或人工培养的悬浮细胞等容易解离并能获得大量完整原生质体的材料。有些材料还需要进行预培养，使细胞达到质壁分离状态后才能进行解离，如棉花外植体，须在含有适当渗透剂的 MS 培养基上预培养 24 h，待细胞发生质壁分离后用真空减压法使酶液渗入，然后进行振荡解离。又如甘蓝需要在含有 Ca^{2+}、K^+、Mg^{2+} 的培养基的溶液中进行质壁分离 1 h，再渗入酶液，才能获得大量完整而又具有活力的原生质体。

2. 解离酶的种类及分离条件

在加入酶制剂之前，必须选择适合的酶制剂和用量、配比。由于植物种类和外植体部位的差异，所用的酶制剂种类也有所不同，现将部分实验用例列于表 2-2，仅供参考。

表 2-2　几种用于分离植物原生质体的酶及其配比

植物种类	酶类及配比浓度*/%					MES** /mmol·L^{-1}	备注
	Y-23	RS	纤 R-10	果 R-10	半纤维素酶		
水稻	0.1～0.2	1～1.2	—	0.5	—	5	
小麦	0.1～0.5	2	—	—	—	0～3	
棉花	—	—	1	0.5	—	—	有用蜗牛酶
甘蔗	0.1	—	2	0.5	—	5	0.5%或崩溃
油菜	—	—	1	0.2～0.5	—	0～3	酶1%
甜菜	—	—	0.2	0.5～1	—	0.3	
豆类	—	—	—	2～4	0.3～0.5	0.5～2	

续表

植物种类	酶类及配比浓度*/%					MES** /mmol·L^{-1}	备注
	Y-23	RS	纤R-10	果R-10	半纤维素酶		
药用植物	—	—	0.5~2	0.2~0.5	0~0.5	—	有用蜗牛酶0.5%或崩溃酶0.2%
瓜	—	—	2	0.5	—	—	
马铃薯	—	—	1	0.2	—	—	用蛋白酶2%、鲍鱼酶3%、蝶螺酶3%
苎麻	—	—	4.5	0.8	0.8	—	
紫菜	—	—	—	—	—	50	

*：Y-23 果胶酶(Pectolyase Y-23)；RS 纤维素酶(Cellulase"ONOZUKA"RS)；纤R-10 纤维素酶(Cellulase"ONOZUKA"R-10)；果R-10 离析酶(Macerozyme R-10)

**：MES：2-N-吗啉乙基磺酸(2-N-morpholino ethanesulfonie acid)

3. 分离与纯化方法

(1) 酶液及洗涤液的配制

根据所用材料选择酶制剂的种类和浓度配比，酶液及洗涤液中还须加入 0.4~0.6 mol·L^{-1} 的甘露醇等渗透剂和一些保护物质(表 2-3)。酶液和洗涤液须经微孔滤膜(0.45 μm)过滤灭菌后使用，洗涤液也可用高温高压灭菌。

表 2-3 分离原生质体酶液中常用的附加物　　　　单位：mmol·L^{-1}

适宜的植物	CaCl$_2$·2H$_2$O	KH$_2$PO$_4$	KNO$_3$	MgSO$_4$·7H$_2$O	甘露醇
小麦	5	0.7	—	—	0.55
油菜	10	—	—	—	0.45
甘蓝	7	0.7	—	—	0.45~0.5
马铃薯	10	0.7	—	—	0.45
甜瓜	10	0.7	—	—	0.40
苜蓿	9	0.7	—	—	0.25+0.25(蔗糖)
甜玉米	1.5	0.62	0.74	0.75	0.45

(2)原生质体的纯化方法

一般植物材料在25~28 ℃条件下酶解1.5~3 h后,可出现圆形的游离原生质体,如果是叶肉细胞则叶绿体常常均匀地分布在原生质体的周边。原生质体悬浮液中常含有未消化的组织碎片、细胞和破裂的原生质体,需进一步除去和洗涤,其常用的方法有沉淀法、漂浮法、界面法和梯度离心法等等。现将原生质体的一般制备和纯化程序归纳于图2-1,仅供参考。

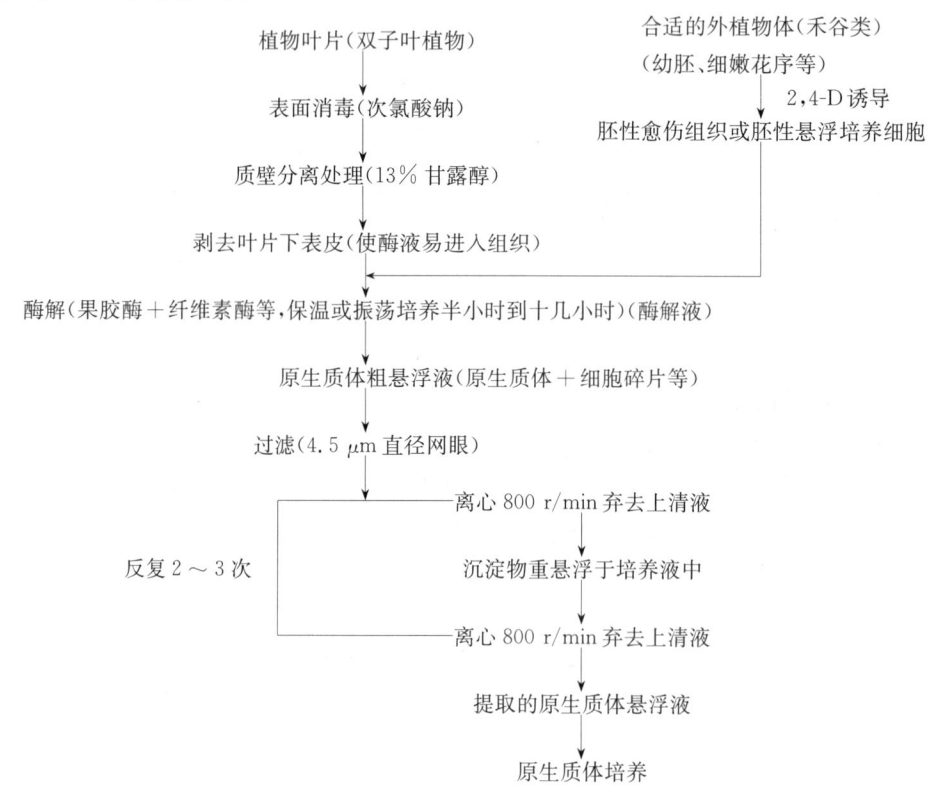

图 2-1　原生质体制备和纯化的一般流程

①沉淀法:由于原生质体的密度大于溶液,可将原生质体沉在底部。酶解后的原生质体悬浮液先用400目的网筛过滤,除去未解离的细胞碎片,滤液在500~1 000×g下离心5~6 min,收集沉淀,并加入洗涤液重新悬浮、离心、收集沉淀,如此反复2~3次,最后再用原生质体培养液洗涤1次,并悬浮在培养液中备用。

②漂浮法:应用渗透剂浓度较高的洗涤液使原生质体漂浮在液体表面,每次加入洗涤液后,用滴管吸取漂浮在上面的原生质体,反复洗涤2~3次,最后再用原生质体培养液洗涤1次即可。

③界面法:选用两种不同渗透浓度的洗涤液,其中一种溶液的密度大于原生质体的密度,另一种溶液的密度则小于原生质体的密度,于是原生质体即介于两种溶液之间,离心后,收集界面层上的原生质体,最后再用原生质体培养液洗涤1次,即可获得纯净的原生质体。

二、植物线粒体的制备

1. 线粒体制备的基本要求

线粒体是植物细胞的重要细胞器,是进行生物氧化、提供能量的场所。其结构及变化与多种生命现象有关。植物线粒体一般直径为 0.5～1.0 μm,长 3 μm。其沉降系数为 $(1～1.7) \times 10^4$ S。通常用差速离心技术进行分离。也可以进一步采用密度梯度离心进行纯化。用差速离心分离时,其离心力(g)和离心时间随植物材料而异。一般先用低速($500～1\,000 \times g$)短时间(5～15 min)去除细胞碎片,然后再 $11\,000～20\,000 \times g$ 沉降线粒体。

制备植物线粒体最大的困难是组织结构破碎常伴随线粒体膨胀,以及内源脂肪酸、酚类、醌类物质引起正常线粒体功能的抑制。因此,在制备线粒体时有下列要求。

(1)溶液系统必须维持一定的渗透压,避免线粒体膨胀而破裂。

(2)加 EDTA 等螯合剂或巯基化合物以降低或去除酚类化合物的毒害作用。

(3)加入 1 $mg \cdot mL^{-1}$ 的牛血清白蛋白(BSA)抵抗游离脂肪酸或其他脂类物质的毒害。

(4)根据不同的植物材料,确定一个合适的缓冲系统,维持一定的pH。

2. 植物材料的选择

制备线粒体最好采用黄化的幼苗或贮藏组织,应避免使用组织坚硬、细胞壁老化及含叶绿体的材料,而且要求材料新鲜,生长旺盛。

(1)分离介质和保存介质

①分离介质:包括渗透剂、缓冲系统和线粒体保护物质。常用的缓冲系统有磷酸盐系统、Tris-HCl 系统和 HEPES(N-2-羟乙基哌嗪-N'-2-乙磺酸)系统等。pH 值一般维持在 7.4 左右。常用的渗透剂包括甘露醇和蔗糖,在分离介质中加入渗透剂的目的是保持渗透平衡,避免线粒体膨胀而破裂。保护物质主要包括 EDTA 等螯合剂、巯基化合物和牛血清白蛋白(BSA)等,以降低或去除酚类化合物对线粒体的毒害作用,抵抗游离脂肪酸或其他脂类物质对线粒体的毒害,维持线粒体的正常功能。

②保存介质:保存介质常用含有 0.3 $mol \cdot L^{-1}$ 甘露醇的缓冲液。

③操作环境:在制备线粒体过程中,必须在 0～4 ℃ 低温条件下进行,而且要求动作迅速,1.5 h 内完成全过程,以避免线粒体老化。分离后的线粒体应该保存在专门的保存介质中。

(2)线粒体的分离和纯化

①线粒体的分离:选择植物材料→匀浆→4 层纱布过滤→滤液→低速离心→分离上清液→高速离心→分离(沉淀即为粗制线粒体)→纯化。

②线粒体的纯化:纯化线粒体可采用反复差速离心技术,按照下列步骤进行。

粗制线粒体→再悬浮→高速离心($20\,000 \times g$, 40 min)→沉淀(重复操作 2～3 次)→

沉淀（纯化线粒体）→悬浮在保存介质中，0~4 ℃下保存备用。

（3）线粒体的活性鉴定

①詹纳斯绿B染色液：詹纳斯绿B(Janus green B)是对线粒体专一的活细胞碱性染料，解离后带正电，线粒体膜则带负电，由于电性吸引而堆积在线粒体膜上。存在于线粒体膜上的细胞色素氧化酶可使该染料保持在氧化状态而呈蓝绿色。而在细胞质中则被还原为无色。可以用光学显微镜进行粗略的观察。也可以经磷钨酸负染后，用电子显微镜观察线粒体结构的完整性和杂质的污染情况。

②呼吸速率的测定：线粒体的呼吸耗氧量可用氧电极法或微量减压法测定。此外，还可以测定线粒体上的标志酶活性，如细胞色素氧化酶、琥珀酸脱氢酶等酶的活性。

三、叶绿体及其色素蛋白复合体的分离制备

1. 叶绿体的分离制备

叶绿体是植物进行光合作用的细胞器，富含于叶肉细胞内。分离和制备有活性的离体叶绿体是研究叶绿体结构与功能、光合作用机理及其遗传控制的重要技术条件。根据分离所得叶绿体的完整程度，大致可分为被膜破碎的叶绿体和被膜完整的叶绿体两类。前者具有光合放氧和光合磷酸化功能，后者则具有完全的光合作用功能。

分离和制备叶绿体的方法很多，目前最常用的方法是采用差速离心技术进行分步离心。一般叶绿体的直径约为几个微米，因此细胞破碎后，在较低的离心力范围内即能分离沉淀出叶绿体。

（1）材料的选择

分离和制备叶绿体最常用的高等植物材料有菠菜、豌豆、玉米、大麦等。低等植物中的衣藻、小球藻等也是常用的材料。

（2）叶绿体制备液的组成

用于分离制备叶绿体的溶液系统包括缓冲液，如 Tris-HCl、HEPES、Tricine(N-3 羟甲基甘氨酸)和磷酸缓冲系统等；渗透剂，如甘露糖醇、山梨醇、蔗糖和 NaCl 等，以及其他一些保护性物质，如 EDTA、$MgCl_2$ 和抗坏血酸等。

（3）叶绿体的分离程序

下面以制备菠菜叶绿体为例，简要说明制备叶绿体的操作程序。取新鲜菠菜叶片剪成小段，加入6倍量的制备液匀浆，用纱布或尼龙网过滤，滤液在 $500×g$ 下离心 2 min，除去细胞碎片，上清液在 1 000~1 200×g 下离心 5~10 min 即可得到叶绿体沉淀。将其悬浮在提取介质中 0~4 ℃下保存。

注意分离所用的试剂、器皿都需要事先在 0~4 ℃下预冷，整个操作也应在低温下进行，并要求尽量迅速，以免影响叶绿体的完整性和生理活性。

2. 完整叶绿体的分离纯化

分离后的叶绿体沉淀中包括了破碎叶绿体和完整叶绿体两类，如果要得到纯粹的

完整叶绿体,还需要进一步分离纯化。

(1) 差速离心悬浮法

匀浆液→离心→收集沉淀,并用提取介质洗去沉淀表面浮物→改用 HEPES 缓冲液再悬浮→离心→纯化叶绿体(60%～70%完整度)。

(2) 速率区带离心纯化法(界面法)

分别配制 40%和 80%的二氧化硅溶胶(Percoll,为高密度、低渗透势物质,原浓度为 100%,所配置的密度梯度介质用过后还可以多次反复使用,不连续梯度液),在离心管底部加入 3 mL 80%Percoll,再将 3 mL 40%Percoll 加在其上,静置 1 h,将 1 mL 叶绿体悬浮液(含叶绿素 2 mg·mL^{-1})小心地加在最上层,于 1 500×g 下离心(注意尽量减慢离心机的加速和减速过程)3 min,收集中部界面层的绿色部分,即为完整叶绿体,其纯度可高达 95%以上。

3. 叶绿素-蛋白复合体的分离和制备

在绿色植物中,叶绿素依其功能不同可分为两种类型,一种为捕光色素或称天线色素,另一种是存在于光合作用反应中心的中心色素分子。尽管这些色素分子的功能各不相同,但都是以色素-蛋白复合体的形式存在于叶绿体类囊体膜上的。为了研究不同色素-蛋白复合体的性质及其与光合作用的关系,往往需要对它们进行分离。常用的方法是将分离好的叶绿体用去污剂(如 SDS)进行增溶,然后再结合电泳的方法将不同色素-蛋白复合体分开。也可以采用离心与柱层析相结合的方法进行分离。

(1) 电泳分离法

由于叶绿素-蛋白复合体的色素组成不同,电泳后各个区带的颜色也不相同;同时,不同类型的叶绿素-蛋白复合体的相对分子量不同,电泳迁移速率也不相同。根据这些特性,可以对叶绿素-蛋白复合体进行鉴定。此外,叶绿素的光谱吸收特性也可以作为一个重要的鉴定指标。

① 悬浮叶绿体的调制:将分离好的叶绿体悬浮在 50 mmol·L^{-1} 的 Tricine 缓冲液中,测定叶绿素含量后,用 Tricine 缓冲液稀释至叶绿素含量约 10 mg·mL^{-1} 备用。

② 样品增溶:电泳前用预冷的 SDS 样品增溶液(0.3 mol·L^{-1} Tris-HCl 缓冲液,内含 10%的甘油、2%SDS,pH 8.8)增溶 1～2 min,立即点样进行电泳。增溶后的叶绿体悬浮液中叶绿素浓度以 1 mg·mL^{-1} 为宜。

③ 电泳:采用 SDS-PAGE 不连续系统,分离胶中的丙烯酰胺浓度为 10%,在 4℃下进行,浓缩胶和分离胶的配制方法见表 2-4。

表 2-4　不连续缓冲系统凝胶的配方

贮备液(配制 30 mL 用量)	浓缩胶/mL	分离胶中的丙烯酰胺浓度/%					
		20	15	12.5	10	7.5	5.0
丙烯酰胺：甲叉双丙烯酰胺(30：0.8)	2.5	20.0	15.0	12.5	10.0	7.5	5.0
浓缩胶缓冲贮备液	5.0	—	—	—	—	—	—
分离胶缓冲贮备液	—	3.75	3.75	3.75	3.75	3.75	3.75
10%SDS	0.2	0.3	0.3	0.3	0.3	0.3	0.3
1.5%过硫酸铵	1.0	1.5	1.5	1.5	1.5	1.5	1.5
蒸馏水	11.3	4.45	9.45	11.95	14.45	16.95	19.45
TEMED	0.015	0.015	0.015	0.015	0.015	0.015	0.015

贮备液配制方法：(1)丙烯酰胺-甲叉双丙烯酰胺(30：0.8),30 g 丙烯酰胺溶液,0.8 g 甲叉双丙烯酰胺溶于蒸馏水中,定容至 100 mL,滤纸过滤后 4 ℃下贮藏;(2)浓缩胶缓冲贮备液,0.5 mol·L^{-1} Tris-HCl,pH 6.8,6 g Tris 溶于 40 mL 蒸馏水中,约需加 48 mL 1 mol·L^{-1} HCl,调 pH 至 6.8 后定容 100 mL;(3)分离胶缓冲贮备液,3.0 mol·L^{-1} Tris-HCl,pH 8.8;(4)电极缓冲液,0.25 mol·L^{-1} Tris,1.92 mol·L^{-1} 甘氨酸,1%SDS(pH8.3);30 g Tris,144 g 甘氨酸及 10 g SDS 制成 1 L,用时稀释 10 倍

④叶绿素-蛋白质复合体的鉴定

A. 颜色：P$_{700}$-叶绿素 a-蛋白复合体呈蓝绿色；光系统 II 反应中心蛋白复合体呈绿色；捕光色素-蛋白复合体呈黄绿色；而游离色素带是由叶绿素 a、叶黄素和 SDS 构成的复合体,呈绿黄色。

B. 电泳迁移率：迁移速度最快的是游离色素带,其次是捕光色素-蛋白复合体,迁移最慢的是 P$_{700}$-叶绿素 a-蛋白复合体；光系统 II 反应中心蛋白复合体迁移率则介于捕光色素-蛋白质复合体的不同多聚体之间。

C. 吸收光谱：电泳结束后用刀片将各条色素带切成厚度相同的薄片,用双波长双光束分光光度计从 380～720 nm 进行自动扫描,P$_{700}$-叶绿素 a-蛋白复合体的吸收光谱在 436 nm 和 670 nm,捕光色素-蛋白质复合体在 435 nm、652 nm 和 670 nm 都有吸收；光系统 II 反应中心蛋白复合体在 435 nm 和 670 nm 有吸收。捕光色素-蛋白质复合体在 435 nm、470 nm、652 nm、670 nm 都有吸收；光系统 II 反应中心在 435 nm 和 670 nm。

(2)离心-层析结合法分离光系统 II 颗粒及其反应中心复合物

光系统 II 颗粒(PSII)主要存在于基粒类囊体的垛叠部位,其主要功能是进行水的光解和放氧,目前已经在各种水平上得到了 PSII 颗粒。因为其制备快速简便,为人们研究 PSII 光化学反应和电子传递特性提供了十分便捷的途径。其制备方法如下所述：

①叶绿体的调制:将分离出来的叶绿体悬浮在 MN 溶液(含 50 mmol·L^{-1} MES, 15 mmol·L^{-1} NaCl,10 mmol·L^{-1} MgCl$_2$,pH 6.0)中,逐滴加入 20%(w/v)Triton X-100,使叶绿素最终浓度达到 2 mg·mL^{-1},并使 Triton X-100 与叶绿素的重量比达到 25∶1;在 4 ℃ 黑暗条件下搅拌 30 min,40 000×g 离心 30 min,所得沉淀即为 PSII 颗粒,将其用含有 20% 甘油(w/v)的 MN 溶液悬浮,使叶绿素浓度为 3~5 mg·mL^{-1},放置在液氮中保存。

②将保存在液氮中的 PSII 颗粒解冻,用 TN 溶液(含 50 mmol·L^{-1} Tris-HCl, 30 mmol·L^{-1} NaCl,pH 7.2)稀释,使叶绿素浓度为 1 mg·mL^{-1},40 000×g 离心 30 min,沉淀即为重新得到的 PSII 颗粒。将 PSII 颗粒悬浮在 TN 溶液中,叶绿素浓度调整为 1 mg·mL^{-1},加入 20%(w/v)的 Triton X-100,使其最终浓度达到 4%,在 4 ℃ 黑暗条件下搅拌 1 h,100 000×g 离心 1 h。将上清液吸附到预先用 0.05% Triton X-100 的 TN 缓冲液平衡好的 DEAE-toyopearl 650S 离子交换树脂层析柱上,再用同样的缓冲液洗至无色。这一步可洗脱大部分的叶绿素,流出液富含 47 kD 和 43 kD 多肽、捕光色素-蛋白复合物等,而不含有 D1、D2 和 Cyt b559 多肽。然后换用含 0.05% TritonX-100 和 50 mmol·L^{-1} Tris-HCl, pH 7.2 的 NaCl 梯度溶液(30~200 mmol·L^{-1})洗脱,收集具有 670 nm 特征吸收峰的部分,即得到 PSII 反应中心复合物。所得样品直接使用或在液氮中保存备用。

四、植物细胞质膜的分离

1. 细胞质膜分离的基本要求

植物细胞的质膜(plasma membrane)具有很重要的功能。它关系到细胞与周围环境之间的物质交换、细胞壁物质的合成、质膜与其他膜系(membrane system)的分子交换、细胞融合(cell fusion)、细胞识别(cell recognition)以及多种病理学作用等。质膜的分离纯化可采用离心技术和二相分配法进行。

(1)材料的选择

用于分离质膜的材料有原生质体或植物组织,如根、茎、叶片以及花粉等各种植物组织。其中原生质体最方便。

(2)提取和悬浮介质

用于质膜提取分离制备的溶液介质一般为含有 0.25 mol·L^{-1} 山梨醇的 10 mmol·L^{-1} Tris-HCl 缓冲液体,pH 7.4。

2. 用离心技术分离质膜

(1)以原生质体为材料分离原生质膜

分离好的原生质体悬浮液,经尼龙网过滤之后,加酶液继续在室温下放置 1~2 h, 进一步水解残留的细胞壁。然后用差速离心法富集质膜,再用蔗糖密度梯度离心法进行纯化,即可获得质膜沉淀。具体步骤如下:

原生质体悬浮液→过滤→滤液→离心(500×g,3 min)→沉淀→匀浆→匀浆液→离心(10 000×g,15 min)→上清液→蔗糖梯度离心(80 000×g,1 h)→于界面吸附取质膜→再如此重复2次→沉淀(纯化质膜),将其在 4 ℃下保存于悬浮液中(图 2-2)。

(2)以小麦根为材料分离原生质膜

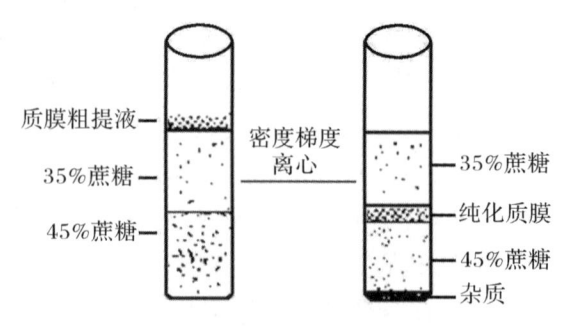

图 2-2 蔗糖梯度离心纯化质膜示意图

小麦根尖→匀浆→过滤→滤液→离心(2 000×g,15min)→上清液→离心(80 000×g,45 min)→收集沉淀→再悬浮→蔗糖密度梯度离心(80 000×g,2 h)→于界面处吸取质膜→再如此重复2次→沉淀即为纯化质膜,将其在 4 ℃下保存于悬浮介质中。

此外,在分离质膜程序中,组织匀浆要尽量温和。强烈的机械作用会造成细胞核和各种细胞器的大量破坏。这些细胞器所释放出来的各种成分可被质膜吸收而导致污染。

2. 二相分配法分离纯化原生质膜

(1)原理

二相分配法同传统的蔗糖密度梯度离心法相比,具有操作简便,提取的质膜纯度高,获得的样品量大等优点,其原理主要是依据被分离物表面的电荷性质以及膜的疏水性等表面特性。由于被分离物对上下二相液的亲和力不同,从而可将它们分开。

目前广泛采用的二相分配系统的介质是葡聚糖 T500(Dextran T500)和聚乙二醇(polyet hyene glycol PEG)。PEG 的相对分子质量有 3 350、4 000、6 000 等几种。用不同离子的缓冲液和不同浓度的聚合物介质,可配制成各种类型的二相系统。在用葡聚糖 T500 和 PEG 配制的二相液里,分层后的上相液富含 PEG,下相液富含葡聚糖 T500。某一种膜在特定的二相系统内的分配率取决于膜表面的电荷性质、界面势和包括聚合物浓度在内的其他因素。

由于不同的盐离子对上下两相溶液的亲和力不同,如 $H_2PO_4^-$ 对下相液(Dextran T500)的亲和力大于 K^+,用 KH_2PO_4 缓冲液配制的二相液可得到具有正电性的上相和具有负电性下相。许多质膜在 pH 中性时显示负电性,因此很容易进入上相液。以高等植物材料为例,组织匀浆后的质膜颗粒在葡聚糖和 PEG 的两相系统中的分布,按其对上相液的亲和力大小顺序为:质膜、原生质体(液泡膜)>多细胞器复合体>类囊体>内质网>过氧化体、线粒体>完整叶绿体>翻转的类囊体。

(2)分离步骤

主要包括二相分离系统的配制和分离纯化。

①二相分离系统的选择和配制:可根据不同的植物材料选择相适宜的二相分离系统,现将常用二相分离系统列于表 2-5。

表 2-5　分离质膜的二相分离系统及所用的植物材料

二相分离系统*	%(w/w)	植物材料
	6.0/6.0	小麦根(溶液培养,水分胁迫)
Dextran T500/PEG$_{6000}$	6.2/6.1	蚕豆叶片、玉米茎、大麦茎
	6.3/6.3	小麦根、丝瓜粉管
	6.0/6.0	棉花子叶、小麦根(溶液培养)
Dextran T500/PEG$_{4000}$	6.2/6.1	玉米茎、大麦茎、玉米芽鞘
	6.3/6.3	小麦、燕麦根(暗中培养)
Dextran T500/PEG$_{3350}$	6.0/6.0	小麦根(溶液培养)

＊ 用于配制以上二相分离系统的缓冲液均为含有 0.25 mol·L^{-1} 蔗糖的 5 mol·L^{-1} 磷酸钾缓冲液,pH 7.8。

②原生质膜的分离方法:以小麦根为例,选择 Dextran T500/PEG$_{6000}$ 二相分离系统(6.0/6.0),将材料洗净后匀浆,在 4℃下 10 000×g 离心 20 min,收集上清液为粗膜提取物。

③在离心管中加入等量的上、下二相液,再将粗膜提取物与二相液充分混合后 1 000×g 下低速离心,使二相系统分层,上相中含有初步提纯的原生质膜(U$_1$)。杂质进入下相。

④用皮头滴管轻轻吸出上相液(勿触动界面),转入另一支离心管,在管中加入等体积新的下相液,充分混合后用同样方法离心所得到的上相液为二次纯化质膜(U$_2$)。

⑤U$_2$ 中加入预冷的蒸馏水,充分混合后于 80 000×g 下离心 1 h,收集沉淀,再用预冷蒸馏水如上法反复洗涤沉淀 2 次,最后将质膜沉淀悬浮于样品贮存液(0.25 mol·L^{-1} 山梨醇,10 mmol·L^{-1} Tris-HCl,pH 7.4)中备用。现将二相分离程序总结于图 2-3。

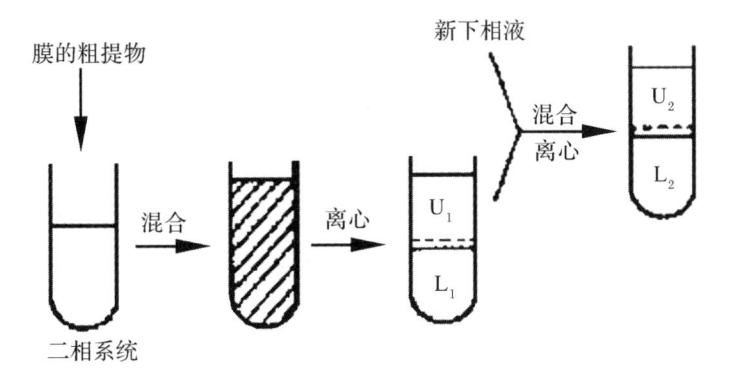

图 2-3　二相分离法分离纯化原生质膜示意图

(3) 质膜的纯度鉴定

常用的纯度鉴定方法主要有 3 种。

①在电镜下观察质膜囊泡的形状和其他膜系的污染情况。

②可以用同位素、荧光物质、免疫酶、铁蛋白等与伴刀豆球蛋白(简称 Con A)结合作为标记物研究质膜的表面特征。

③检测质膜上存在的特征酶活性,如 Mg^{2+}、K^+-ATPase、葡聚糖合成酶等。

五、膜脂的提取分离技术

1. 原理

高等植物中的膜脂通常以类脂形式存在,类脂的成分及含量明显影响生物膜的流动性和生理功能。植物膜脂是以极性头基和脂肪酸端基组成,因此组成生物膜的类脂具有极性,可以用氯仿-甲醇溶液研磨提取后,再利用极性溶剂将不同的类脂分开,分离后的类脂在碱性条件下水解出高级脂肪酸并制成甲酯后,即可进行气相色谱分析。

2. 方法步骤

(1)膜脂的提取

①将新鲜植物组织于 105 ℃下处理 5 min,以杀死脂酶。取出,冷却至室温后剪成小段,放入匀浆器中,加入5~6倍量的氯仿-甲醇溶液,匀浆 1 min(氯仿-甲醇溶液的用量视样品含水量而定,一般应使氯仿∶甲醇∶水的比例在匀浆中为1∶2∶0.8)②用5~10 mL 氯仿清洗 1 次,抽滤或离心后将滤液[氯仿∶甲醇=1∶1(v/v)]合并。③向滤液中加入 0.76% 的 NaCl 溶液 5 mL(使氯仿∶甲醇∶水的比例为1∶1∶0.9),充分振荡 15 min,静置到溶液清晰分为两层后,收集下层溶液减压蒸干或氮气吹干后即为总类脂(图 2-4)。

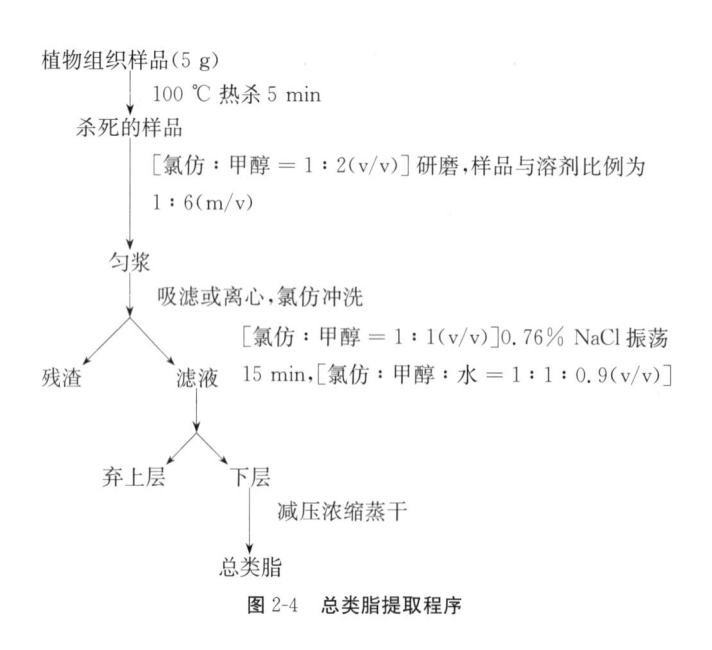

图 2-4 总类脂提取程序

(2)去除中性脂

从上述步骤中获得的总类脂也包括了材料表面的蜡质或角质层中的一些中性脂,所以在分离生物膜的类脂成分时应予以去除。方法是将已获得的总类脂溶于被甲醇饱和的石油醚中,充分振荡、静置分层后,中性脂进入上层石油醚,而极性脂存在于下层甲醇中。如此反复处理2~3次,甲醇液经减压浓缩后即得到不含中性脂的极性类脂。

浓缩后的极性类脂可采用硅胶G双向薄层层析技术将磷脂和糖脂分开。一向展开剂为氯仿、甲醇、7 mol·L^{-1}氨水,其比例为65:30:4;二向展开剂为氯仿、甲醇、乙酸、水,其比例为170:25:25:6;层析分离后的极性类脂斑点经显色后进行定性或定量。当在薄层板上用钼粉-硫酸显色剂显色时,所有磷脂为天蓝色斑点,若再喷上二氯荧光素试剂,在253 nm紫外光下磷脂斑点显出荧光,可对其进行定位后刮下斑点用定磷法进行定量。如果用5-甲基苯二酚显色时,糖脂则为淡黄色,刮下斑点后用蒽酮法定量。

①磷脂的定量:将刮下的含磷脂斑点的硅胶粉放入长试管中(同时在层析板上的空白处刮下同样大小的硅胶G作为对照),加入0.5 mL 5 mol·L^{-1}硫酸,于250 ℃加热消化30 min,冷却后加几滴H_2O_2,继续在250 ℃下加热30 min,冷却后用钼蓝法定磷。

②糖脂的定量:将刮下的糖脂斑点一次用氯仿-甲醇[1:1,1:2(v/v)]和甲醇各4 mL分别提取,每次都经4 000×g离心10 min,共3次,得12 mL提取液,置表面皿中,于70 ℃水浴蒸干。然后用3 mL甲醇洗入试管中,再加入3 mL 2 mol·L^{-1}的HCl,开口煮沸45 min,冷却后加3 mL乙醚振荡,静置分层后去下层液用蒽酮法定糖,用乳糖作标准样。

③脂肪酸的测定:首先应将类脂进行甲酯化,方法是将极性类脂用石油醚-苯混合液溶解后,再加入KOH-甲醇溶液,充分震荡后静置。再加入蒸馏水,使溶液分为清晰的两层(若上层液混浊,可加几滴无水乙醇,几分钟后可澄清),上层清液即为甲酯化的高级脂肪酸,可直接进行气相色谱分析。根据标准脂肪酸的保留时间确定膜脂中脂肪酸的组分,再用面积归一法计算含量。

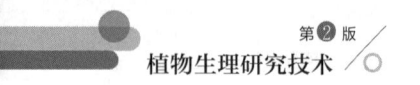

第四节
植物组织细胞培养技术

一、组织培养的概念与类型

组织培养(tissue culture)是指在无菌条件下将离体的植物器官(如根、茎、叶、花、果等)、组织(如形成层、胚乳等)、细胞(如大、小孢子及体细胞)以及原生质体,在人工控制的培养基上培养,使其生长、分化并形成完整植株的技术。从植物体上分离下来,用于离体培养的器官、组织及细胞团等材料叫作外植体(explant)。

组织培养的理论基础是植物细胞具有全能性(totipotency)。外植体在培养基上经诱导,逐渐失去原来的分化状态,形成结构均一的愈伤组织(callus)或细胞团的过程,叫脱分化(dedifferentiation)。愈伤组织是指具有分生能力的细胞团。处于脱分化状态的细胞或细胞群,再度分化形成不同类型的细胞、组织、器官,乃至最终再生成完整植株的过程,叫作再分化(redifferentiation)。通常,愈伤组织的再分化有两种类型:一是器官发生型,即直接分化形成芽与根,从而获得小植株;二是胚胎发生型,即分化形成了一些类似胚胎结构的细胞(或细胞群),称之为胚状体(embryoid),胚状体的一端分化形成芽原基,另一端分化形成根原基,进而获得小植株。

外植体的分化或进一步再分化,一方面受其内部基因的控制,另一方面可以受到激素的调控。在培养基中加入不同种类和比例的生长调节剂,可使已经分化的组织脱分化形成愈伤组织,愈伤组织进一步再分化出根或芽,最终发育成小植株。

植物组织培养的范围日益扩大,已包括植物和它的离体器官、组织、细胞和原生质体的离体无菌培养。因此包括了不同水平的培养技术,即整体的、器官的、组织的、细胞的和原生质体的培养技术。

1. 植株培养

指以具备完整植株形态的材料(如幼苗和较大的植株)为外植体的无菌培养。

2. 胚胎培养

指以从胚珠中分离出来的成熟或未成熟胚为外植体的离体无菌培养。

3. 器官培养

指以植物的根、茎、叶、花、果实等器官为外植体的离体无菌培养,如根的根尖和切段,茎的茎尖、茎节和切段,叶的叶原基、叶片、叶柄、叶鞘和子叶,花器的花瓣、雄蕊(花药、花丝)、胚珠、子房、果实等的离体无菌培养。

4. 组织培养

指以分离出植物各部位的组织(如分生组织、形成层、木质部、韧皮部、表皮、皮层、胚乳组织、薄壁组织、髓部等），或已诱导的愈伤组织为外植体的离体无菌培养。这是狭义的组织培养。

5. 细胞培养

指以单个的游离细胞（如用果酸酶从组织中分离的体细胞，或花粉细胞、卵细胞）为接种体的离体无菌培养。

6. 原生质体培养

指以除去细胞壁的原生质体为外植体的离体无菌培养。

二、组织细胞培养的设备及其操作

1. 洗涤设备

离体组织的培养对培养的用具要求较高，不仅其质地要好，对其清洁工作也有较高的要求，以防止一些有毒的或其他有害化学物质（如重金属离子、酸碱等）对培养物的不利影响。最大量的清洗工作是对玻璃培养瓶的洗涤，且要求较严。

有一定规模的组织培养室，必须有专用洗涤室，专门供辅助人员进行工作和贮藏洗净的培养瓶。洗涤室应设置大的二联洗涤池，工作台架，玻瓶晾干架，放培养瓶的架子和箱子，大型烘箱；应有水桶，各种刷子等。

根据不同要求和器具的污物种类和程度，应选择适当的洗涤剂。可供选择的洗涤剂有：肥皂、洗衣粉、洗涤精、洗液和有机洗涤剂。

2. 灭菌设备

植物组织培养中，凡用于培养和无菌操作的房间、器具、培养瓶、培养基、培养材料和操作者的衣物和手，都应随时进行灭菌，以确保不受杂菌污染。否则，由于杂菌的繁殖速度比细胞生长速度快，虽只有少量杂菌，但它在含有丰富养分的培养基中能迅速增殖，2~3 d内就发生严重污染。所以，无菌设备是进行植物组织培养不可缺少的关键设备。灭菌设备依采用灭菌的方法不同而区分。

(1) 灭菌种类

灭菌有两种类型：物理灭菌和化学灭菌。

物理灭菌有：高温高压灭菌、干热灭菌、射线辐照灭菌、过滤除菌。

化学灭菌有：熏蒸灭菌、消毒液灭菌（酒精、氯化汞、苯酚、漂白精、新洁尔灭、次氯酸钠、次氯酸钙、过氧化氢）。

(2) 灭菌方法

①高温高压灭菌法

将需要灭菌的物品放在一密封的高温高压灭菌锅内，在121 ℃高温和每平方厘米为5个大气压的压力下，一般持续15~20 min后，就可杀死一切微生物的营养体及其孢子。适于器皿、工具、衣物和培养基灭菌。

②干热灭菌法

将物品放入烘箱,利用高温使微生物细胞内的蛋白质凝固而达到灭菌的目的。适用于玻璃器皿。

③过滤除菌法

将带菌的液体或气体通过孔径小于 0.45 μm 微孔滤器装置,使杂菌受到阻隔留在滤板上而液体或气体进入无菌空瓶内,从而达到除菌目的,此法常用于不能以高温高压灭菌的培养液、有机物质溶液和酶液的除菌,以及超净台空气除菌。组织培养中常用的过滤除菌器是滤膜过滤器,它清洗方便,过滤效果好。

④射线灭菌法

紫外光常用于无菌室、培养室和接种箱内的灭菌。在室内装上紫外光灯,操作前开灯 20 min 可达到灭菌效果。紫外光会伤害人的眼睛,故绝不可在紫外光下操作,紫外光的穿透力差,3~5 mm 厚的玻璃能阻挡紫外光,保护人的眼睛。

⑤熏蒸灭菌法

用能杀死微生物的蒸汽进行灭菌,适用于无菌室的定期灭菌。常用的方法是将甲醛和高锰酸钾混合后,产生大量蒸汽,以杀死微生物,效果较好。

⑥化学灭菌法

依化学灭菌剂的不同而适用于不同场合灭菌。70%酒精几乎适用于组织培养中的各种灭菌,如各种器皿、培养材料、无菌室、接种箱、工作台、操作人员的手等。漂白粉、次氯酸钙(或钠)、氯化汞、新洁尔灭、过氧化氢、抗菌素等适于培养材料的灭菌。所用浓度、消毒时间,因不同材料而定,应灵活运用,总结经验。

3. 化学实验设备

植物细胞和组织培养所需器具的洗涤、干燥和保存,培养基的配制分装和灭菌,化学试剂的配制,重蒸馏水的生产,接种材料的制备和生理生化的分析等操作,都可在一间配置适当的综合化学实验室内进行。

4. 无菌操作设备

操作时可根据需要和可能选用下列诸种设备,都可取得良好效果。

(1)无菌室

供外植体的接种、培养物的转移和原生质体的游离培养操作之用。要求用紫外光灯灭菌后,能较长时间保持无菌状态。无菌室的建造要求严格,除出入口和通气口外,应当密闭。

(2)超净台

普遍在超净台上进行无菌操作,有无菌效果好,使用方便,操作人员舒适等优点。把它放在较清洁的房间内即可使用。

(3)接种箱

最简易的办法是用无菌箱,它对继代转接和微生物操作的无菌效果较好。接种箱的上、前两侧均为玻璃,前面有两个圆孔,装有布袖套。箱内装有紫外光灯和日光灯。

(4)超净室

由专用厂生产的组合式超净室,无菌效果好,操作方便舒适,但价格昂贵,非一般实验能用。其工作原理是,由一侧(边侧或前侧)向封室内压入过滤除菌的净化空气,另一侧抽出带菌的空气,使室内经常保持无菌状态。

(5)接种工具

可根据需要选医疗和微生物实验室使用的工具。

5.培养设备

(1)培养箱室

它是离体组织和试管苗生长发育的场所,相当于作物的生长场所——大田。因此,应为培养物创造适宜的温、光、水、气等条件。

①培养室。室内要求内壁保温和涂以油漆,具有磨光水泥的或油漆过的地板,顶高以 2.6 m 为宜,易于控制温湿度,窗户上要装双层密封玻璃窗。有窗户虽对保温保湿不利,但有自然光射入,对苗的生长和无菌有好处。室内要有足够的电源。

室内要保持清洁,定期用 20% 新洁尔灭消毒,防止杂菌生长。

②培养箱。供组织培养用的培养箱有各种类型,主要有:

A. 调温培养箱。供暗培养之用,即普通温箱。

B. 调温调湿培养箱。供暗培养之用,可防止培养基干枯。

C. 光照培养箱。供光照培养之用。用于分化培养和试管苗生长之用。有可调湿和不可调湿的功能之分。

③人工气候箱室。可以程序控制的全自动的调温调湿控光的人工气候装置。小的称人工气候器,中的称人工气候箱,大的称人工气候室。用于组织和细胞培养,以人工气候器为佳,它可放在工作室中使用。

(2)培养容器

培养用的玻璃器皿种类规格繁多,根据条件和需要可采用各种玻璃瓶皿作培养容器,现在已开始采用一次性使用的透明聚乙烯培养容器。

6.细胞学观察设备

在植物细胞和组织培养过程中,需随时观察和记录其细胞学和形态解剖学的变化,故要进行显微观察、显微和普通摄影、组织切片、细胞染色等工作。因此,细胞学实验室应由三个小间(室)组成,即进行一般操作间(如切片、染色和材料准备等)、显微镜观察间和暗室。

三、培养基及其配制

1.培养基的种类

在植物组织培养中,适当地选用培养基,对取得组织培养成功是至关重要的。因此,在组织培养中首先考虑的是采用什么培养基,附加什么成分。自 1937 年 White 建

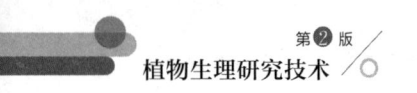

立第一个植物组织培养的综合培养基以来,许多研究者报道了适于各种植物组织培养的培养基,其数目无法统计,常用的培养基也不下几十种。

2. 培养基的成分

植物组织培养过程中,外植体生长所必需的营养和生长因子,主要是由培养基供应的。因此,培养基中应包括植物生长必需的 16 种营养元素和某些生理活性物质。所有这些物质,可概括为 5 大类:

(1) 无机营养物

包括植物必需的元素:氮(N)、磷(P)、钾(K)、钙(Ca)、镁(Mg)、硫(S)、铁(Fe)、硼(B)、锰(Mn)、铜(Cu)、锌(Zn)、钼(Mo)、氯(Cl)等。前 6 种属大量元素,后 7 种属微量元素。培养基的各种盐类中均含有上述这些元素。碘虽不是植物生长的必要元素,但几乎所有组织培养基中都有碘元素,有些培养基还加入钴(Co)、镍(Ni)、钛(Ti)、铍(Be),甚至铝(Al)等元素。

无机氮可以由两种形式供应,即硝态氮和铵态氮。有些培养基以硝态氮为主,另一些以铵态氮为主,多数二者兼而有之。

铁往往以无机铁供应,如 $FeSO_4$。为了防止沉淀,使之利用率下降,故目前皆用螯合铁,即硫酸亚铁加乙二胺四乙酸钠(Na_2-EDTA)配成。

(2) 有机物质

主要有两类:一类是作为有机营养物质,为植物细胞提供碳(C)、氢(H)、氧(O)和氮(N)等必要元素,如糖类(蔗糖、葡萄糖和果糖)、氨基酸及其酰胺类(如甘氨酸、天门冬酰胺、谷氨酰胺);另一类是一些生理活性物质,在植物代谢中起一定作用,如硫胺素(B_1)、吡哆醇(B_6)、烟酸、生物素、肌醇、单核苷酸及其碱基如腺嘌呤等。

(3) 植物生长刺激物质

主要加入植物生长物质,如生长素中常用的有吲哚乙酸(IAA)、萘乙酸(NAA)、2,4-二氯苯氧乙酸(2,4-D)、吲哚丁酸(IBA);细胞分裂素中常用的有激动素(6-呋喃氨基嘌呤、KT)、6-苄基氨基嘌呤(BA,BAP)、玉米素(ZT);赤霉素类(GA)中常用的有赤霉酸(GA_3);脱落素类中常用的有脱落酸(ABA);乙烯类中常用的有乙烯和乙烯利。

(4) 其他附加物

这些物质不是植物细胞生长所必需的,但对细胞生长有益。如琼脂是固体培养基的必要成分,活性炭可以降低组织培养物的有害代谢物浓度,对细胞生长有利。

(5) 其他对生长有益的未知复合成分

常用的为植物的天然汁液,如椰乳、酵母抽提物、荸荠汁、西瓜水、苹果汁、生梨汁等等。它们的作用是供给一些必要的微量营养成分、生理活性物质和生长激素物等。

表 2-6　植物组织培养常用培养基配方　　　　　　　　　　单位:mg·L^{-1}

	组　成	MS	N$_6$	H	B$_5$	尼许	怀特
大量元素	NH$_4$NO$_3$	1 650	463	720	—	—	—
	(NH$_4$)$_2$SO$_4$	—	—	—	134	—	—
	KNO$_3$	1 900	2 830	950	2 500	125	80
	Ca(NO$_3$)$_2$·4H$_2$O	—	—	—	—	500	300
	CaCl$_2$·2H$_2$O	440	166	166	150	—	—
	MgSO$_4$·7H$_2$O	370	185	185	250	125	720
	KH$_2$PO$_4$	170	400	68	—	125	—
	Na$_2$SO$_4$	—	—	—	—	—	200
	NaH$_2$PO$_4$·H$_2$O	—	—	—	150	—	16.5
	KCl	—	—	—	—	—	65
	KI	—	0.83	0.8	—	0.75	—
微量元素	H$_3$BO$_3$	6.2	1.6	10	3	0.5	1.5
	MnSO$_4$·H$_2$O	—	—	—	10	—	—
	MnSO$_4$·4H$_2$O	22.3	4.4	25	—	3	7
	MoO$_3$	—	—	—	—	—	0.0001
	ZnSO$_4$·7H$_2$O	8.6	1.5	10	2	0.05	3
	Na$_2$MoO$_4$·2H$_2$O	0.25	—	0.25	0.25	0.025	—
	CuSO$_4$·5H$_2$O	0.025	—	0.025	0.025	0.025	0.001
	CoCl$_4$·6H$_2$O	0.025	—	—	0.025	—	—
	Na$_2$·EDTA	37.3	37.3	—	—	—	—
	FeSO$_4$·7H$_2$O	27.8	27.8	—	—	—	—
有机附加物	肌醇	100	—	100	100	—	100
	烟酸	0.5	0.5	0.5	1	—	0.3
	盐酸硫胺素	0.1	1.0	0.5	10	—	0.1
	盐酸吡哆胺(醇)	0.5	0.5	0.5	1	—	0.1
	甘氨酸	2.0	2.0	2	—	—	3
	叶酸	—	—	0.5	—	—	—
	生物素	—	—	0.05	—	—	—
碳源	蔗糖	30 000	50 000	20 000	20 000	20 000	20 000
	pH	5.7	5.8	5.5	5.5	6.0	5.6

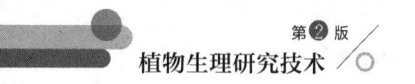

3. 培养基母液的配制

实验中常用的培养基,可将其中的各种成分配成10倍、100倍的母液,放入冰箱中保存,用时可按比例稀释。配制母液有两点好处:一是可减少每次配制称量药品的麻烦,二是减少极微量药品在每次称量时造成的误差。母液可以配单一化合物母液,但一般都配成以下四种不同混合母液。

(1)大量元素混合母液

即含 N、P、K、Ca、Mg、S 六种盐类的混合溶液,可配成10倍母液,用时每配1 000 mL 取100 mL 母液,配时要注意以下几点:①各化合物必须充分溶解后才能混合。②混合时注意先后顺序,特别要将钙离子(Ca^{2+})与硫酸根离子(SO_4^{2-})、磷酸氢根离子(HPO_4^{2-})错开,以免产生硫酸钙、磷酸钙等不溶性化合物沉淀。③混合时要慢,边搅边混合。

(2)微量元素混合母液

即含除 Fe 以外的 B、Mn、Cu、Zn、Mo、Cl 等盐类的混合溶液,因含量低,一般配成100倍甚至1 000 倍,用时每配100 mL 取10 mL 或1 mL。配时也要注意顺次溶解后再混合,以免沉淀。

(3)铁盐母液

铁盐必须单独配制,若同其他无机元素混合配成母液,易造成沉淀。过去铁盐都采用硫酸亚铁($FeSO_4$)、柠檬酸铁、酒石酸铁等,而今都采用螯合铁,即硫酸亚铁和 Na_2-EDTA 的混合物。配法是将5.57 g $FeSO_4 \cdot 7H_2O$ 和7.45 g Na_2-EDTA 溶于1 000 mL 水中,用时每配1 000 mL 培养基取5 mL。

(4)有机化合物母液

主要是维生素和氨基酸类物质,这些物质不能混合配成母液,一定要分别配成单独的母液,其浓度为每 mL 含0.1、1.0、10 mg 化合物,用时根据所需浓度适当取用。

(5)植物激素

每种激素必须单独配成母液,浓度为每 mL 含0.1、0.5、1.0 mg 激素,用时根据需要取用。由于多数激素难溶于水,它们的配法如下:

①IAA、IBA、GA_3 先溶于少量95%酒精,再加水定容至一定浓度。

②NAA 可溶于热水或少量95%酒精中,再加水定容至一定浓度。

③2,4-D 不溶于水,可用1 mol 的 NaOH 溶解后,再加水定容至一定浓度。

④KT 和 BA 先溶于少量1 mol 的 HCl 中,再加水定容。

⑤玉米素先溶于少量95%酒精中,再加热水至一定浓度。

4. 培养基的配制方法

(1)混合培养基中的各成分

先量取大量元素母液,再依次加入微量元素母液、铁盐母液、有机成分,然后加入植物激素及其他附加成分,最后用蒸馏水定容至所需配制的培养基体积的一半。

(2) 溶化琼脂

称取应加的琼脂和蔗糖,加蒸馏水至所需配制的培养基体积的一半,在壁上做一液面记号,放置约 0.5～1 h,待蔗糖溶解、琼脂发胀后,加热烧开熔化琼脂。若失水,则加蒸馏水至液面记号处。

然后将上述成分合在一起,搅匀。

(3) 调节 pH

用 pH 计或 pH 试纸,并用 0.1 mol 的 NaOH 或 HCl 调节 pH 为 5.8。

(4) 分装

将配好的培养基分装于培养容器内,分装时注意不要把培养基倒在瓶口上,以防引起污染,然后用棉塞或硫酸纸封好瓶口。

(5) 灭菌

用高温高压灭菌,一般用 1.1 kg/cm^2 压力,在 121℃下灭菌 15～20 min,时间短,易引起污染,时间长会引起培养基有机成分分解失效。

(6) 放置备用

待冷却后,及时取出,放在同培养室接近的温度下。固体培养基应放平,以免形成斜面。

四、组织细胞培养的操作技术

植物组织培养工作的全过程大致包括以下几个环节。

1. 器皿的清洗

植物组织培养用的各种玻璃器皿特别是培养瓶和盛培养基的器皿,一定要严格清洗,以防油污、重金属离子、酸、碱等有害物质残留在瓶内,影响培养物的生长。

2. 培养基的配制

培养基的选择对成功地进行植物组织培养至关重要,因此,在进行某项植物组织培养之前,应总结前人和本人工作中的经验教训,拟定出自认为较好的和有可能成功的培养基成分。

配制培养基是一项极细致的工作,不能有丝毫疏忽。在一般情况下,最好亲自动手,或交给熟练的技术人员配制。为了减少错漏,可印制一份配制培养基的成分单,然后按项按量加入,这样即使弄错,也可查找原因。

3. 接种室用具消毒

接种室是进行无菌操作的地方,对其无菌要求是很严格的。用作接种室的房间,不管是在超净台上操作还是在一般台上操作,都要求室内洁净,空气中不带菌。因此,不仅在接种前要用紫外光灯照射 20 min 以上,而且要在用后或平时经常进行熏蒸(如用甲醛和高锰酸钾),或酒精喷雾、新洁尔灭等杀菌。超净台上最好安装紫外光灯。

4. 材料灭菌

在接种前,必须使材料完全无菌,这是取得植物组织培养成功的根本保证。为了做到材料完全无菌,应从两个方面加以解决。

第一,要选取植物组织内部无菌的材料。这一方面要从健壮的植株上取材料,不要取有伤口的或有病虫的材料。另一方面要在晴天,最好是中午或下午取材料,绝不要在雨天、阴天或露水未干时取材料。因为健壮的植株和晴天光合呼吸代谢旺盛的组织,有自身消毒作用,这种组织一般是无菌的。

第二,完全地杀死材料表面带有的各种微生物。表面消毒的基本要求是既要杀死材料表面的全部微生物,又要不伤害材料,这要根据不同材料,选用适当的消毒剂、合适的浓度和处理时间,灵活掌握使用。

5. 无菌操作

植物组织培养是一种无菌技术,因此不仅要求整个操作过程、一切用具、材料、培养基、培养室、工作人员的衣物都要无菌,而且要求工作人员在操作过程中要遵守无菌操作规程,如稍有疏忽,都会造成无法挽回的恶果,使工作前功尽弃。

6. 无菌培养

植物组织培养是在人工控制的条件下进行的,对培养室的条件要求较严格,这些条件能否满足对成功至关重要。培养室的基本要求是:

(1)消毒灭菌

室内培养要做到无菌是困难的,因为常有人的进出,物品的进入,空气的交换等,会带入各种菌类。因此,即使经常消毒,也难保证无菌,事实上只能做到清洁少菌。为此,最好在室内装上紫外灯,定期开灯杀菌,也可用新洁尔灭喷洒灭菌。

(2)温度控制

植物细胞的生长发育和组织器官的分化,皆须在一定的温度下才能进行,因此培养室的温度一定要能周年控制,使其处在一定的昼夜温度或全日恒温下,以保证组织正常生长。培养室的温度一般保持在20~28 ℃下,最好有日夜温差,如白天 26 ℃,晚上 20 ℃,对植物生长有利。

(3)光照控制

组织培养物虽是异养生长,但其生长好坏和发育进程也往往受到光照的影响。当然,光照主要不是供给组织培养物以碳素营养,而是生长和分化的一种刺激因素或诱导因素。如葡萄的日照敏感品种培养物,仅在短日照下才能形成根,而日照不敏感品种培养物,在不同光周期下皆可形成根;长日照植物菊苣培养物,仅在长日照下才能形成花芽,而短日照植物紫雪花培养物,仅在短日照下才能形成花芽。

培养室内一般都采用日光灯,光强保持 800~2 000 lx 即可。光照时间的控制可用 24 h 定时器,自动控制 12 h 光照和 12 h 黑暗。对愈伤组织诱导培养往往需在黑暗下进行,因此最好有暗培养室。若无暗培养室,可用二层黑布盖住或隔开都可。

(4)湿度控制

组织培养中的湿度影响主要有两个方面,一是培养容器内的湿度,它的湿度条件常可保证100%;二是培养室的湿度,它的湿度变化随季节而有很大变动,往往是冬天因室内温度比室外高,结果室内湿度低,而夏天因室内温度比室外低,结果室内湿度高。湿度过高过低都是不利的:过低会造成培养基失水而干枯,或渗透压升高,影响培养物生长和分化;过高会造成杂菌滋长,导致大量污染。因此,要求室内常年保持70%~80%的相对湿度。其方法是可在冬天于加热器上放一盆水,并常拖地板,增加湿度。在夏天可用去湿器,或少开培养室的门。一般都很少对室内的湿度进行人工控制。

7. 定期检查和细胞学观察

进行培养的材料,应定期检查,特别是接种后的3~7 d内,要每天检查,主要是检查其污染情况,发现污染材料,应及时处理掉。

一般每隔3~5 d都要进行观察,可用肉眼观察形态变化,也可用显微镜进行细胞学观察,如平板培养可进行定点观察,液体培养可用倒置显微镜进行观察,观察到的结果或值得记录的结果,应随时拍成照片,作为资料保存,并进行计数,以便统计分析。

第三章 植物水分生理研究技术

第一节

植物的水分生理指标

有关植物水分生理可以从诸多方面去进行研究,如植物的含水量、自由水和束缚水的含量、根系对水分的吸收、蒸腾强度、气孔开度、水势等。每一方面都有多种测定方法,尤以细胞对水分吸收这方面的测定从理论到实验技术都有较系统的研究。

一、鲜重含水量和干重含水量

植物组织的含水量是反映其水分生理状况的重要指标。一般来说植物组织含水量的多少与其生命活动强弱密切相关,在一定范围内,组织的代谢强度与其含水量成正相关。种子、果品蔬菜的含水量对其品质及安全贮藏都有重要影响。

根据水遇热蒸发的原理用烘干法来测定作物组织的含水量,通常把材料放在70～105 ℃下烘干,从鲜重和干重的差来求水分含量,把这个水分量用鲜重来除,求出鲜重百分含水量。如用干重去除可得干重百分含水量。

二、相对含水量和饱和亏缺

相对含水量(relative water content,RWC)和饱和亏缺(water saturation deficit,WSD)是不受水分以外其他物质影响的水分生理指标,可以反映纯水的变化水平,所以,它能更好地反映细胞的水分生理状态。

相对含水量是组织含水重占饱和含水重的百分值,它便于组织干重基础差异较大材料之间进行相对比较。

水分饱和亏缺(也叫饱和差)是作物组织的饱和含水重与实际含水重的差值占饱和含水重的百分值。由于植物组织的含水量可分为自然含水量和临界含水量(即水分减少到将要发生伤害时的含水量)两种,所以又可分为自然饱和亏缺和临界饱和亏缺。前者能说明作物水分亏缺的严重程度,即其值愈大说明愈缺水,后者能说明作物组织的抗脱水能力,即其值愈大说明作物抗脱水能力愈强。

相对含水量和饱和亏缺的测定方法:用打孔器取样放入已知重量的称量瓶中称重,求出鲜样重。将样品浸泡入蒸馏水中数小时(因材料而不同),取出样品用滤纸吸干表面的附着水分,立即放入原称量瓶称重。再将样品泡入蒸馏水中几个小时后,取出吸干表面的附着水分,放入原称量瓶中称重,直至恒重为止,即可求出饱和重。

这种浸泡测定饱和重的方法需要很长的浸泡时间,草本植物一般需要4～10 h,木本植物需要10～40 h,而且在浸泡过程中还会发生呼吸消耗和物质外渗的影响。

为了克服浸泡法的缺点,也可采用真空渗入法,即把材料放入称量瓶中加水后,放入真空干燥器内,减压(0.5负压)渗入0.5～1.0 h即可,以叶片出现易鉴别的"浸水斑点"为止。

结果计算

$$相对含水量(\%) = \frac{组织鲜重 - 组织干重}{组织饱和重 - 组织干重} \times 100$$

$$自然饱和亏缺(\%) = \frac{组织饱和重 - 组织鲜重}{组织饱和重 - 组织干重} \times 100$$

$$自然饱和亏缺(\%) = 100 - 相对含水量$$

$$临界饱和亏缺(\%) = \frac{组织饱和重 - 临界鲜重}{组织饱和重 - 组织干重} \times 100$$

三、自由水与束缚水

水分在植物细胞内通常呈束缚水和自由水两种状态。

细胞质主要由蛋白质组成,蛋白质分子很大,其水溶液具有胶体的性质,因此,细胞质是一个胶体系统(colloidal system)。蛋白质分子的疏水基(如烷烃基、苯基等)在分子内部,而亲水基(如 —NH$_2$,—COOH,—OH 等)则在分子的表面。这些亲水基对水有很大的亲和力,容易起水合作用(hydration)。所以细胞质胶体微粒具有显著的亲水性(hydrophilic nature),其表面吸附着很多水分子,形成一层很厚的水层。水分子距离胶粒越近,吸附力越强;相反,则吸附力越弱。靠近胶粒而被胶粒吸附束缚不易自由流动的水分,称为束缚水(bound water);距离胶粒较远而可以自由流动的水分,称为自由水(free water)。

自由水与束缚水的比值,可随植物体内代谢状况发生改变。自由水与束缚水比值高时,植物代谢旺盛,生长较快,但抗性较差。自由水与束缚水比值降低,代谢活动减弱,生长缓慢,抗性增强。

自由水未被细胞原生质胶体颗粒吸附而可以自由移动、蒸发和结冰,也可以作为溶剂。束缚水则被细胞原生质胶体颗粒吸附而不易移动,因而不易被夺取,也不能作为溶剂。基于上述特点以及水分依据水势差而移动的原理,将植物组织浸入高浓度(低水势)的糖溶液中一定时间后,自由水可全部扩散到糖液中,组织中便留下束缚水。自由水扩散到糖液后(相当于增加了溶液中溶剂)便增加了糖液的重量,同时降低了糖液的浓度。测定此降低了的糖液的浓度,再根据原先已知的高浓度糖液的浓度及重量,可求出浓度降低了的糖液的重量。用浓度降低了的糖液的重量减去原来高浓度糖液的重量,即为植物组织中的自由水的重量(即扩散到高浓度糖液中的水的重量)。最后,用同样的植物组织的总含水量减去此自由水的含量即是植物组织中束缚水的含量。

四、水势及其组分

水势(water potential,Ψ_w)是植物水分状况最基本、应用最广泛的度量指标,为某物系中的水与同温度下纯水每偏摩尔体积的化学势差。

在植物生理学中,水势的单位为:帕(Pa)、兆帕(MPa),它与过去常用的压力单位巴(bar)或大气压(atm)的换算关系是:

1 bar＝0.987 atm＝10^5 Pa＝0.1 MPa

1 atm＝1.013 bar＝1.013×10^5 Pa

1 MPa＝10^6 Pa＝10 bar＝9.87 atm

植物细胞水势至少要受到三个组分的影响,即溶质势(Ψ_s)、压力势(Ψ_p)、衬质势(Ψ_m),因而植物细胞水势的组分为:

$$\Psi_w = \Psi_s + \Psi_p + \Psi_m$$

1. 溶质势(solute potential,Ψ_s)

也称为渗透势(osmotic potential,Ψ_π),是指由于溶液中溶质颗粒的存在而引起的水势降低值,呈负值。植物细胞中含有大量的溶质,其中主要是存在于液泡中的无机离子、糖类、有机酸、色素、酶类等。胞液所具有的溶质势是各种溶质势的总和。植物细胞的溶质势因内外条件不同而有差别。细胞液中的溶质颗粒总数愈多，细胞液的溶质势就越低。一般陆生植物叶片的溶质势是 $-2 \sim -1$ MPa，旱生植物叶片的溶质势可以低到 -10 MPa。凡是影响细胞液浓度的内外条件，都可引起溶质势的改变。

2. **压力势**（pressure potential，Ψ_p）

由于植物细胞吸水，原生质体膨胀，便会对细胞壁产生一种正向的压力，称为膨压（turgor pressure）。细胞壁在受到膨压的作用后，便会产生一种与膨压大小相等，方向相反的力量，即壁压。这种由于壁压的产生，使细胞内水的自由能提高而增加的那部分水势，称为压力势。压力势一般为正值。草本植物叶片细胞的压力势，在温暖天气的午后为 0.30~0.5 MPa，晚上则达 1.5 MPa。在特殊情况，压力势也可为负值或等于零。例如初始质壁分离时，压力势为零；剧烈蒸腾时，细胞壁出现负压，细胞的压力势呈负值。

3. **衬质势**（matrix potential，Ψ_m）

指由于细胞中亲水胶体物质和毛细管对自由水的吸附和束缚而引起水势的降低值。因此，衬质势呈负值，$\Psi_m < 0$。未形成液泡的细胞，具有一定的衬质势，如干燥的种子的衬质势可达 -100 MPa。对于液泡化的成熟细胞而言，原生质仅一薄层，其衬质为水所饱和，衬质势趋向于零，即 $\Psi_m = 0$，可以忽略不计。

物质总是从高化学势部位向低化学势部位迁移，因此，只要知道了细胞内外水的化学势，就可判断水的移动方向了。当 $\Delta\mu$（$\Delta\mu = \mu_{细胞} - \mu_{外}$）大于零时，细胞失水；$\Delta\mu$ 小于零时，细胞吸水；$\Delta\mu$ 等于零时，细胞与外界的水分交换达动态平衡。

水势梯度决定了水分运输的方向和速度。充分紧张的细胞当含水量下降时水势变化相当敏感。但水势本身与组织生理功能之间不一定有明显的关系，而与生理功能直接相关的是细胞的膨压。例如，当组织水势下降时，有时并不是膨压相应下降，而是渗透势下降，膨压相对保持不变，因而组织的生理功能并不伴随水势的下降而发生明显的改变。

五、植物水势的测定

植物水势的测定技术大致可分为三类：第一类，补偿法，包括小液流法、折射仪法、电导法和重量法等。第二类，热电偶湿度法，包括悬滴法、露滴法等。第三类，压力室法。

1. 补偿法测定水势

补偿法是将植物组织浸于一系列已知渗透势的溶液中，寻找其等渗溶液，根据等渗溶液的浓度计算组织的水势。

低渗溶液：其水势高于植物组织。当植物组织浸于其中时，组织吸水，外液浓度变大，密度增加。

高渗溶液:其水势低于植物组织。当植物组织浸于其中时,组织失水,外液浓度变小,密度降低。

等渗溶液:当达到动态平衡时,组织的重量和体积,外液的浓度和密度都不会发生改变。

根据这一原理,发展了一些测定水势的简易技术。

(1)小液流法

经典的水势测定方法,根据外界溶液密度不变的原理而测定。

溶液水势的计算:

$$\Psi_s = -iCRT$$

式中:Ψ_s——溶液的水势,以 MPa 为单位。

R——气体常数,为 0.008 314 MPa·L·(mol·K)$^{-1}$。

T——热力学温度,单位为 K;即 273 + t,t 为实验温度,单位为℃。

i——为解离系数,$CaCl_2$ 为 2.6,蔗糖为 1。

C——等渗溶液的浓度,单位为 mol·L^{-1}。

(2)折射仪法

用折射仪测定外液糖分浓度的变化,根据外液浓度不变的原理而测定。

(3)电导法

测定电解质溶液的电导率来计算外液浓度,电解质溶液一般采用 10∶1 的 $NaCl/CaCl_2$ 混合盐配置。

(4)组织体积(重量)法

根据水分达到动态平衡时组织体积(重量)不变的原理而测定,适用于块根、块茎类等植物材料。

常用的试液有蔗糖、甘露醇、聚乙二醇(PEG)等。原则上选择不能透过原生质膜,对细胞无毒的溶质。质膜对溶质的透性以该溶质的反射系数(σ)表示。$\sigma=1$ 表示该溶质不能透过质膜,$\sigma=0$,表示质膜对该溶质是通透的。蔗糖 $\sigma=0.6\sim0.7$、甘露醇 $\sigma=0.8\sim0.9$。因此,在测定水势时,应注意组织浸在溶液中的时间,应随植物组织类型和温度而变化。如多数植物叶片在 30 ℃下需浸 30~45 min,低温下要浸 1~2 h。块根、块茎、针叶一般要浸 3~4 h。

表3-1 补偿法测定水势的种类与原理

判据 $\Delta\Psi=\Psi_外-\Psi_细$	组织的水分得失	组织的体积、长度或重量变化	外液的密度变化	外液的浓度变化	外液的电导变化
$\Delta\Psi>0$	吸水	增加	升高	增加	增高
$\Delta\Psi<0$	失水	降低	降低	降低	降低
$\Delta\Psi=0$	平衡	不变	不变	不变	不变
测定方法		组织体积(重量)法	小液流法	折射仪法	电导仪法

续表

判据 $\Delta\Psi=\Psi_外-\Psi_细$	组织的水分得失	组织的体积、长度或重量变化	外液的密度变化	外液的浓度变化	外液的电导变化
使用器材		用直尺(天平)测量组织的体积(重量变化)	用毛细移液管测定外液的密度变化	用折射仪测定外液的浓度变化	用电导仪测定外液的电导变化
适用的材料		块茎、块根和果实	叶片或碎的组织	叶片或碎的组织	叶片或碎的组织

2. 测定水势的其他方法

测定植物水势还有很多方法。

(1) 蒸汽压法

该法用于测定含有样品的密闭容器中的水蒸气压。包括使用热电偶或热敏电阻干湿球湿度计法、露点热电偶湿度计法以及体积张力计法(悬滴法)等。

如运用热电偶测定气、液等水势值。把植物组织样品封入小室中,小室内装有作为温度传感器的热电偶(thermocouple),热电偶上带一滴溶液。开始时,水分同时从组织和液滴蒸发,使小室内的湿度升高,直至小室中的空气被水蒸气饱和或接近饱和。此时,如果植物组织与液滴的水势相同,则在组织与液滴间就没有水分的净迁移,液滴的温度将与环境温度相同。如果二者水势不同,则会发生水分的迁移,液滴温度也会发生变化。通过改变液滴溶液浓度,有可能找到一个与组织水势相同的溶液,使液滴温度不变。如果把植物组织事先冷冻,破坏细胞膜的结构,然后按上法测定,所得结果为植物组织的渗透势。而压力势为 $\Psi_p=\Psi_w-\Psi_\pi$。用此法也能测定纯胶体溶液的衬质势。

(2) 压力室法

压力室(pressure chamber)法是一种快速测定枝条、完整叶水势的方法。可将植物枝条或叶片切下,导管中原为连续的水柱断裂,水柱会从切口向内部收缩。将切下的材料密封于钢制压力室中;使枝条的切割端或叶柄伸出压力室。测定时向压力室通压缩空气(或氮气),直至小水柱恰好重新回到切面上为止,所加的压力,称为平衡压力(balance pressure),可以从仪器的压力表上读出,加上负号即为该水柱的压力势,又由于木质部的溶质势绝对值很小,因此可用测得的压力势来近似地代表该器官的水势。该法简单迅速,被广泛应用。

(3) 测定同一细胞压力势、渗透势和水势

已有测定单个细胞膨压的压力探针(pressure probe)和测定单个细胞渗透浓度的仪器。压力探针类似微注射器,其针头是一端拉尖(断面直径约 1 μm)的毛细管,可刺入细胞,与针头相通的注射器和置压力传感器的小室内充满了油(通常为硅油),油难以压缩,并易与细胞液区分。当针尖刺进细胞到达液泡时,由于细胞内的膨压相对较高,细胞液就会进入毛细管。转动测微计上旋钮,推动金属活塞,能使油与细胞的界面

回到针头尖端,并保持平衡,这个压力(P)经压力传感器,可从仪表上读取或经记录仪记录。这样就直接测定了细胞的压力势($\Psi_p=P$)。测定细胞膨压后,利用压力探针的针头吸取该细胞的一小滴细胞液,并将此滴细胞液注入滴加在半导体致冷器金属板上的油滴里,由于细胞液的密度比油大,沉在油里,因而细胞液中水分不被蒸发。然后让半导体致冷器致冷,当油的温度下降至零下某一温度时,细胞液便凝固,此温度即为细胞液的凝固点,也为水的冰点下降值(ΔT_f),根据冰点下降值与溶液质量摩尔浓度(C)的关系式 $\Delta T_f=1.86C$(1.86为水的冰点下降常数)可求出细胞液的质量摩尔浓度($C=\Delta T_f/1.86$)即渗透浓度;将 C 代入渗透势计算公式,就可求出细胞液的溶质势,汁液溶质势也就是细胞的渗透势。

$$\Psi_s=-\pi=-CRT=-\Delta T_f RT/1.86$$

上述操作在解剖显微镜下进行。测微计上的旋钮可用微型电机带动。测定了细胞的 Ψ_p 和 Ψ_s,根据细胞水势组成公式,就可以计算出该细胞的水势($\Psi_w=\Psi_p+\Psi_s$)。

六、蒸腾速率的测定

蒸腾作用(transpiration)是指植物体内的水分以气态散失到大气中去的过程。与一般的蒸发不同,蒸腾作用是一个生理过程,受到植物体结构和气孔行为的调节。

蒸腾速率(transpiration rate)又称蒸腾强度或蒸腾率。指植物在单位时间内、单位叶面积上通过蒸腾作用散失的水量。常用单位:$g \cdot m^{-2} \cdot h^{-1}$、$mg \cdot dm^{-2} \cdot h^{-1}$。大多数植物白天的蒸腾速率是 $15\sim250\ g \cdot m^{-2} \cdot h^{-1}$,夜晚是 $1\sim20\ g \cdot m^{-2} \cdot h^{-1}$。

蒸腾速率的测定方法主要有:

1. 植物离体部分的快速称重法

切取植物体的一部分(叶、苗、枝或整个地上部分)迅速称重,2~3 min 后再次称重,两次重量差即为单位时间内的蒸腾失水量。这个方法的依据是植物离体部分在切割后开始的 2~5 min 内,原有的蒸腾速率无多大改变。称重时可采用扭力天平或电子分析天平。

2. 测量重量法

把植株栽在容器中,茎叶外露进行蒸腾作用,容器口适当密封,使容器内的水分不发生散失。在一定间隔的时间里,用电子天平称得容器及植株重量的变化,就可以得到蒸腾速率。

3. 量计测定法

这是一种适合于田间条件下测定瞬时蒸腾速率的方法。主要是应用灵敏的湿度敏感元件测定蒸腾室内的空气相对湿度的短期变化。当植物的枝、叶或整株植物放入蒸腾室后,在第一个 30 s 内每隔 10 s 测定一次室内的湿度。蒸腾速率是由绝对湿度增加而得到的,而绝对湿度是由相对湿度的变化速率和同一时刻的空气温度计算出来的。

有一种稳态气孔计,其透明小室的直径仅 1~2 cm,将叶片夹在小室间,在微电脑控制下向小室内通入干燥空气,流速恰好能使小室内的湿度保持恒定。然后可根据干燥空气流量的大小计算出蒸腾速率。

4. 红外线分析仪测定法

红外线对双元素组成的气体有强烈的吸收能力。H_2O 是双元素(H 和 O)组成,因此,用红外线分析仪(IRGA)可测定水的浓度,即湿度,并用来计算蒸腾速率。这种仪器是测定两种空气流中水浓度(绝对湿度)的差值,且可以作两种类型的测量:一是绝对测量,即测定蒸腾室中水蒸气浓度与封闭在参比管内的惰性气体或含有已知浓度的水蒸气的浓度的差值。二是相对测量,即测定流入蒸腾室前和流出蒸腾室后的两种水蒸气浓度间的差值。

第二节

植物水分逆境生理研究技术

一、植物水分逆境的类型

植物的生长和产量是植物遗传基因在特定环境下表达的产物,是植物新陈代谢类型和强度在形态上的综合表现。植物的地理分布、生长发育的节奏以及产量形成均受环境制约,同时,植物又随时影响着环境,是维持环境中生态平衡的重要因素。

水分是最重要的生态环境因子之一,水分多少往往决定植物的生长、分布及群体结构。植物在对水分的长期适应过程中逐步演变、分化出了不同的生态类型,如专性水生植物、兼性水生植物、旱生植物、盐生植物、荒漠植物等。

水分胁迫应包括涝害和干旱。因而水分胁迫(water stress)、水分亏缺(water deficit)、干旱胁迫(drought stress)等概念应有所不同,但人们往往将其同时使用,不加区别。

通常将水分过多(water excess)对植物的危害称涝害(flood injury),植物对积水或土壤过湿的抵抗与忍耐能力称为植物的抗涝性(flood resistance)。

干旱是农林业生产中所遇到的频率最高、范围最广、危害最严重的一种逆境。全世界总耕地面积中干旱、半干旱地区约占 43%,由此造成的产量的减少量超过所有其他自然灾害的总和。因此世界各国对干旱农业给予了极大的重视。

陆生植物最常遭受的环境胁迫是缺水,当植物耗水大于吸水时,就会发生水分亏缺。过度水分亏缺的现象,称为干旱(drought)。旱害(drought injury)是指土壤水分缺乏或大气相对湿度过低对植物的危害。植物对干旱胁迫的抵抗与忍耐能力称为抗旱性(drought resistance)。

干旱的类型包括下面几种：

(1) 大气干旱(atmosphere drought)是指空气过度干燥，相对湿度过低，引起植物蒸腾过强，根系吸水补偿不了失水，从而使植物发生水分亏缺的干旱现象。

(2) 土壤干旱(soil drought)是指土壤中没有或只有少量的有效水，使植物水分亏缺引起永久萎蔫的干旱现象。

(3) 生理干旱(physiological drought)是指由于土温过低、土壤溶液浓度过高或积累有毒物质等原因，妨碍根系吸水，造成植物体内水分亏缺，受到旱害的现象。

大气干旱如果持续时间较长，必然导致土壤干旱，所以这两种干旱常同时发生。在自然条件下，干旱常伴随着高温，所以，干旱的伤害可能包括脱水伤害(狭义的旱害)和高温伤害(热害)。中国西北、华北地区常有大气干旱发生。如许多地方发生的"干热风"，即高温低湿，并伴有一定风力的农业气象灾害性天气，可以认为是高温和干旱相结合对农作物危害的典型事例。

表 3-2　干热风的指标

项目	轻干热风	重干热风
日最高温度	≥32 ℃	≥35 ℃
相对湿度	≤30%	≤25%
风速	≥2 m/s	≥3 m/s

干旱也是气象学中的一个术语，指长期缺雨的天气。无雨或雨水稀少造成土壤含水量下降，植物因得不到所需水分而受害即为旱害。干旱只具定性概念，干旱程度对植物的影响主要反映在植物的水分状况上。我国干湿气候区域的划分主要是根据降雨量这一决定干旱的主要气候因子，结合植被景观特点而确定的。

干旱区：年降雨量在 200 mm 以下。

半干旱区：年降雨量在 200～400 mm 之间。

半湿润区：年降雨量在 450～650 mm 之间。

湿润区：年降雨量在 650 mm 以上。

干旱对植物的影响非常广泛而深刻，其影响可以表现在生长发育的各个阶段，同时影响各种生理代谢过程。植物抗旱性的研究从两个主要方面入手。

形态解剖的反应和适应性：主要包括叶片和根系的生长、排列和结构的变化。

生理反应和适应性：主要包括渗透调节、光合能力、脯氨酸积累、气孔反应和激素作用等。

二、植物抗旱性的鉴定方法

1. 干旱胁迫处理

要鉴定植物的抗旱性,首先要给植物创造一个适当的干旱胁迫环境。按照植物生长环境的不同,抗旱性鉴定方法可分为田间鉴定法、干旱棚法和人工气候室法。

(1) 田间鉴定法

在自然条件下,控制灌水,造成不同程度的干旱胁迫,分析对作物形态、生理或产量的影响,以评价作物的抗旱性。此法简便易行,但受环境影响很大,每年结果难以重复,工作量大。

(2) 干旱棚法

在干旱棚或温室内通过控制土壤水分来鉴别作物的抗旱性。这是常用的方法,避免了自然降雨的影响。但干旱棚与大田的环境有一定差异,对实验结果有一定的影响。

(3) 人工气候室法

在控制温度、湿度和光照的人工气候室内,观测作物对干旱胁迫的反应,鉴定作物的抗旱性,该法需一定的设备,难以广泛地采用,但试验结果可靠,重复性好。

对植物进行干旱处理有3种方法。

①土壤干旱处理:即通过控制土壤含水量给植物一定程度的干旱处理。可在大田进行,但通常是在干旱棚或温室内采用盆栽控水的方法(应注意盆和土的选择)。

②大气干旱处理:在能控制温度和湿度的干旱室或人工气候室中进行。也可给作物叶面喷施化学干燥剂,或把水培的植物根系暴露在空气中,时间不同,可造成不同强度的水分胁迫。

③渗透溶液处理:通常是用一定浓度的聚乙二醇(PEG)和甘露醇溶液处理植物,给植物一定程度的渗透或水分胁迫。处理时应注意渗透物质进入植物体内并积累所产生的影响。

干旱处理的程度对试验结果影响很大,处理过轻或过重都不能获得理想或真实的结果。一般选择中度胁迫,或采用由轻到重的连续胁迫过程。

2. 鉴定指标

植物的抗旱机理十分复杂,抗旱性是受许多形态、解剖和生理生化特性控制的遗传性状。虽然可用于鉴定植物抗旱性的指标很多,但在选择指标时要针对植物的特性和本地区气候、土壤特点。一般说来,植物在干旱条件下生长和形成产量的能力是鉴定抗旱性的可靠指标,但简易、快速的形态和生理指标在研究植物抗旱性中也具有重要的意义。

(1) 形态指标

①根:反映植物的吸水能力,可测定的指标有根系的活力和发达程度,如根的深度、广度、根数、根长、根重、根/冠比、根系密度等。

②茎:反映水分的疏导能力,如茎内导管数目及排列方式(环孔材与散孔材),导管

直径等。

③叶：反映水分散失和保水能力，包括叶片大小、形状、颜色、茸毛、蜡质、角质层厚度、气孔数量以及开度、栅栏细胞的层数等。

(2) 生长与产量指标

植物生长时对水分高度敏感，水分亏缺时细胞膨压降低，细胞分裂减慢或停止，伸长生长明显受抑制，水分亏缺严重时，伸长生长停止。因此受到干旱危害的植物一般低矮、叶片小。由于总光合面积减少，产量会大大降低。

植物在干旱条件下的生长速率、株高、叶面积、生长量、干物质积累量，在高渗透溶液中种子的萌发率、生长量，干旱处理——解除干旱后的恢复和存活率等都可用来评价植物的抗旱性。由于用幼苗做试验节省时间和空间且易于操作控制，因而幼苗受水分胁迫时的生长状况以及胁迫后幼苗的恢复和存活情况，常用来鉴定作物的抗旱性。

生长时植株对水分胁迫的综合反映，即水分胁迫对植物体内各种生理过程的影响最终是通过生长的变化和产量的形成表现出来，因此生长和产量是比较可靠的综合指标。

(3) 生理生化指标

可用于评价植物抗旱性的生理生化指标很多，各指标都有其一定的优越性和局限性。

①水分状况指标：是鉴定植物抗旱性必不可少的一组生理指标，特别是 Ψ_w、RWC（相对含水量，relative water content）、束缚水含量等。

②渗透调节能力：渗透调节（osmotic adjustment）是指细胞通过增加或减少细胞液中溶质浓度来调节细胞的渗透势，以期达到与外界环境渗透相平衡。渗透调节是在细胞水平上进行的。由细胞合成和吸收积累对细胞无害的溶质来完成。其主要功能在于维持膨压，从而维持原有的代谢过程。植物的渗透调节能力越强，细胞在干旱条件下水势降低的幅度越大，吸水和保水能力越强。

3. 渗透调节能力的测定

植物渗透调节能力主要表现在渗透胁迫条件下细胞膨压的全部或部分维持。根据 $\Psi_w = \Psi_s + \Psi_p$，当植物受旱 Ψ_w 降低时，只要 Ψ_s 也随之降低，Ψ_p 才能维持不变或变化很小。因而当以植物的 Ψ_w 为横坐标，Ψ_p 为纵坐标作图时，其相关直线的斜率（即 $\Delta\Psi_p/\Delta\Psi_w$ 值）越小，渗透调节能力越强（图 3-1）。

渗透调节能力受水分胁迫的速率和程度影响，水分亏缺过快，调节能力

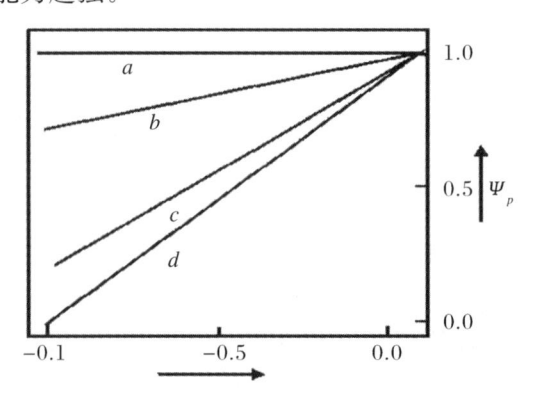

图 3-1 压力势和水势之间的关系模式图
a：膨压完全维持　b：膨压部分维持
c：膨压　　　　　d：植物组织内恒定的渗透势

小,甚至丧失。干旱缓慢发展时,渗透调节能力强。

一般水分亏缺速率为 0.15～0.7 MPa/d 时,植物可产生渗透调节,超过 1.2 MPa/d 时渗透调节能力丧失。水分亏缺程度也影响渗透调节能力,严重干旱时调节能力丧失。渗透调节是暂时的、有限的,缺水时建立,复水时消失。

4. 细胞质膜的透性

多种逆境都会引起膜结构、组织和功能的改变,导致膜透性增大,内溶物外渗。因此在水分胁迫下膜的完整性和正常功能的维持可作为耐旱性指标。

通常是用电导仪测定组织或细胞内溶物外渗引起外液电导率的变化来表示膜的相对透性和伤害率:

$$膜相对透性(\%)=\frac{胁迫试样电导值}{试验煮死电导值}\times 100$$

同时测定正常(对照)样品的相对透性,进行比较并计算伤害率:

$$伤害率(\%)=(1-\frac{1-T_1/T_2}{1-C_1/C_2})\times 100$$

式中:T_1——胁迫试样电导值;

T_2——试验煮死电导值;

C_1——对照电导值;

C_2——对照煮死电导值。

测定该指标时,应与引起膜伤害的其他指标相结合,以便综合比较。

5. 光合能力

(1)光合速率:在干旱胁迫下,抗旱性较强的品种能维持一定水平(或较高水平)的光合作用,积累较多的干物质。干旱对光合作用的影响分气孔因素和非气孔因素,判断的依据是气孔限制值(L)和胞间 CO_2 浓度(C_i):

$$L=1-A/A_0$$

L——气孔限制值;A——胞间 CO_2 浓度;A_0——大气 CO_2 浓度。

C_i 降低,L 升高——气孔因素;C_i 升高,L 降低——非气孔因素。

(2)光合恢复能力:恢复供水后光合能力恢复的程度和速度。

6. 水分利用效率(WUE)

气孔对水分胁迫的反应不仅对光合作用,同样对蒸腾作用也有重要的影响,二者的关系可用水分利用效率(water use efficiency,WUE)来表示。WUE 指植物消耗单位水分所生产的同化物质的量,它反映了植物生产中单位水分的能量转化效率,在本质上与蒸腾效率相同。可以从单叶和群体两个水平上表达。

单叶水分利用效率:又称瞬时水分利用效率,用单叶净光合速率 P_n 和蒸腾速率 T_r 之比值表示,也可用 P_n 与气孔水汽导度 C_s,按上述公式计算出单叶水分利用效率。

$$WUE=P_n/T_r \text{ 或 } WUE=P_n/C_s$$

操作方法:

(1)在人工或自然光照条件下,用光合测定系统同时测定植株同一叶片的瞬间净光合速率 P_n 和蒸腾速率 T_r,或气孔导度 C_s,按上述公式计算出单叶水分的利用效率。

个体或群体水分利用效率,以一段时间或整个生育期内地上部分生物量 DW 的增加数与同期蒸腾量 T 之比表示,即:

$$WUE=DW/T$$

(2)用盆栽法。在盆栽条件下,用塑料薄膜、蛭石或麦草等覆盖,抑制盆土的水分蒸发,通过一段时间或整个生育期的整株植物或群体耗水量计算出植物的蒸腾失水,同时测出相应时段增加的生物量,根据上述公式进行计算。由于田间条件下缺少抑制土壤水分蒸发的手段,因此,盆栽法可以弥补这方面的不足。

农学上的水分利用效率系指蒸腾蒸发效率,是生物产量或籽粒产量[DW(Y)]与同期蒸腾蒸发量(ET)之比,其中蒸腾蒸发量用田间水量平衡法计算,与这里所述水分利用效率有所不同,前者更接近田间的实际情况,而后者则更好地反映了植物本身的性能,实际应用中应注意区分。

单叶水分利用效率仅反映测定时植物本身的性能,而群体水分利用效率则是一段时间内植物适应其生长环境的反映,因而与最终生产力之间的关系更密切。

7. 渗透调节物质的含量

(1)脯氨酸与甜菜碱:植物受到水分和盐分胁迫时会积累大量脯氨酸与甜菜碱。其意义在于:

①作为渗透调节物质参与渗透调节。

②作为无毒氮源以及起解毒作用。

③作为细胞内某些生物大分子疏水基团与亲水基团结合的中间桥梁,维持生物大分子的光合作用。

④作为细胞质渗透调节剂平衡细胞质与液泡间的渗透势。

(2)可溶性糖:许多植物在进行渗透调节过程中,可溶性糖含量增加起主导性作用。

8. 保护酶活性及 MDA 含量

自由基(free radical)是指具有不配对(奇数)电子的原子、原子团、分子或离子。自由基具有不稳定,寿命短;化学性质活泼,氧化还原能力强;能持续进行链式反应(即自由基引发的反应一旦开始,就会导致一连串反应,一直到新形成的自由基被清除或相互碰撞结合成稳定分子,反应才能终止)等特点。生物体内自身代谢产生的自由基,叫生物自由基,主要包括氧自由基(如 O_2^-、—OH、ROO—)等氧化能力很强的含氧物质,也叫活性氧(active oxygen, reactive oxygen species, ROS)和非含氧自由基(如 CH_3— 等)。这些自由基极易与周围物质发生反应,并能持续进行连锁反应,对细胞及生物大分子有破坏作用,对生物系统造成潜在危害,因此自由基有细胞杀手之称。自由基引起的代谢失调,及其在体内的积累是植物逆境下受到伤害的重要原因之一。

逆境对植物的伤害与逆境下植物体内的氧代谢失调,与活性氧积累有着密切的关系。活性氧是指性质活泼,氧化能力很强的含氧物的总称。这些物质都是由氧转化而成的氧代谢产物及其衍生物,他们都含有氧且比氧的化学反应还活泼,故称为活性氧。

活性氧氧化能力很强,对许多生物大分子具有破坏作用,因此活性氧积累势必会引起细胞损伤,植物在长期的进化过程中形成了一个完善的活性氧清除系统,在正常条件下活性氧的产生与清除处于动态平衡;在逆境下植物体内代谢失调,活性氧产生加快而清除活性氧系统的活性降低,致使活性氧积累,对植物造成伤害,甚至死亡。

植物体内有些酶如超氧化物歧化酶(superoxide dismutase, SOD),主要功能是清除 O_2^-,将其歧化为 H_2O_2,H_2O_2 可进一步在过氧化物酶或过氧化氢酶作用下分解,参与自由基的清除和膜的保护。

保护酶:
①超氧化物歧化酶(SOD):主要清除超氧化物阴离子自由基。
②过氧化物酶(POD):主要清除 H_xO_2 过氧化物。
③过氧化氢酶(CAT):主要清除 H_2O_2。

SOD、POD、CAT 三者相互协调,有效清除活性氧,防止膜脂过氧化作用。丙二醛(malondiadehyde,MDA)是膜脂过氧化作用的产物,MDA 含量高,表明细胞受到的伤害大。

9. 叶绿素含量

植物体内的水分状况明显影响叶绿素的生物合成与分解,抗旱性强的植物受旱时能维持接近正常水平的代谢,包括叶绿素的含量不会明显降低。

10. 叶绿素荧光

叶绿体吸收光后,激发了捕光色素蛋白复合体(light harvesting pigment complex,LHC),LHC 将其能量传递到光系统 II 或光系统 I。其间所吸收的光能有所损失,大约 3‰~9‰ 所吸收的光能被重新发射出来,其波长较长即叶绿素荧光。

荧光发射与原初光化学活动、热耗散过程是互相竞争的一种关系。因此,荧光产量的变化反映了光化学效率和热耗散能力的变化。

水分胁迫可能导致光合系统受损,从叶绿素荧光测定的参数变化可以了解植物抗旱性的情况。

如果用光合仪器与叶绿素荧光仪器同时测定进出叶室空气的 CO_2 及 H_2O 浓度差来测定叶片的 CO_2 同化速率、蒸腾速率、气孔导度和细胞间隙 CO_2 浓度等光合气体交换参数,从而获取光合作用、气孔及水汽散失等相关信息,则可能更好地评价植物的抗旱性。

11. 逆境蛋白

在逆境条件下植物的基因表达发生改变,植物会关闭一些正常表达的基因,启动或加强一些与逆境相适应的基因。研究发现,在逆境胁迫下,植物不仅形态结构和生理生化产生相应的变化,而且在植物体内诱导合成一类新的蛋白质,以提高植物对逆境的适应能力,这些蛋白质可称为逆境蛋白(stress protein)。

通过检测干旱逆境蛋白(drought stress protein),即植物在干旱胁迫下产生的蛋白,可以从分子机制了解干旱胁迫下植物的抗旱性。水分胁迫蛋白一部分可能是通过参与生理生化过程,直接与细胞和器官应对水分胁迫有关,包括水通道、离子通道、渗透调节物质合成酶、分子伴侣、活性氧淬灭酶类等;另一部分是信号转导和基因表达调节所必需的。

12. 抗旱性评定的综合指标——综合评价

一种指标一般不能作为抗旱性的定论,必须测定多种指标,相互参照对比,进行综合评价。

(1)抗旱总级别法

根据多项指标测定数据,把每一项指标数据分为4～5个级别,再把同一品种(或试样)的各个指标级别值相加,得到该品种的抗旱性总级别值,以此来比较不同品种间的抗旱性。

(2)抗旱性隶属函数法

用模糊数学中隶属函数的方法,对品种各隶属值进行累加,求取平均数。

(3)五级评分法

将各项指标的测定值经过换算进行定量表示,根据各指标的变异系数确定各指标参与综合评价的权重系数矩阵,经过权重分析,进行抗旱综合评价,根据综合评价值大小,确定品种抗旱性强弱。

(4)抗旱性聚类分析法

根据多项指标所测数据,对供试材料进行系统聚类。根据聚类图将参试材料分成等级,如抗旱性强、抗旱性中等、抗旱性弱。

(5)灰色关联度分析法

根据灰色系统理论进行鉴定指标的灰色关联度分析,筛选出高效鉴定指标,从而以此为据评价作物抗旱性的强弱。

在抗旱性鉴定指标的使用中需注意如下几点。

①形态指标具有简单易测的优点,反映了作物在遭受干旱胁迫后植株的整体表现,在鉴定中应注意采用。

②生理生化指标在生理学上研究很多,叶水势、外渗电导率、MDA含量等,在干旱条件下的反应及其抗旱性的关系明确,比较适用于作为抗旱性鉴定指标。

③产量指标虽然是评价抗旱性的一个相对的综合指标,但不可一概而论。作物的抗旱性是一个复杂的综合特性,发生在生长发育的各个阶段。作物的不同生育时期对水分的反应不同,抵抗干旱胁迫的内在机制也不同。尤其目前所采用的抗旱性研究方法多为阶段性控水处理。因而对一个品种全生育期抗旱性进行鉴定,不仅需将形态指标、生理生化指标及产量指标相结合,而且需综合评定各生育时期的抗旱性,从而提高抗旱性鉴定的可靠性和科学性。

第四章 植物生长的研究方法

植物生长研究主要从植物个体的生长、植物群体结构和植物群体物质生产这几个方面来进行。

第一节 植株生长量的研究

植物群体的物质生产,来源于植物个体的生长量。植物的株高、重量和叶面积,是表示植物个体生长量的基本指标,也是植物生理研究和植物生产中,经常需要测定的基本项目。

在植物的生长过程中,细胞、器官及整个植株的生长速率都表现出"慢—快—慢"的基本规律,即开始时生长缓慢,以后逐渐加快,至最高点再逐渐减慢,最后停止生长。将生长的这三个阶段总和起来,叫作生长大周期(grand period of growth)。

通常以时间为横坐标,以植株的净增长量变化(生长速率)为纵坐标作图,可得到一条抛物线;若以植株的生长积量(如株高)为纵坐标作图,则得到一条"S"形的生长曲线。生长曲线反映了植物生长大周期的特征,即由三部分组成:对数期(logarithmic phase)、直线期(linear phase)和衰老期(senescence phase)。

一、植物株高的测定

株高是植物生长量的基本标志之一。在植物育种实践中,尤其是对稻麦等密植植物来说,普遍主张在一定范围内,适当降低株高,以利合理调节群体结构。在栽培实践中,经常以株高来衡量各种技术措施的效果,尤其是在相对比较中,更具有重要的参考

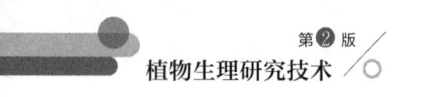

价值。所以,植物植株高度的测量是经常会遇到的问题,植株高度是植物栽培育种的研究和生产实践中用来表示植物生长量的重要指标之一。

植物植株的高度可用株高和自然株高两种方法表示。株高就是植物体被拉直后,从地面到植物体最高点的垂直高度。这里所指的植物体最高点,可能是叶片的尖端,也可能是植株的顶端。株高表示植物植株的纵向生长量,也叫生理株高。

自然株高表示植物群体的高度,即生长状态的群体植株,从地面到冠层顶部表面的高度。株高和自然株高的值相差越大,植株的叶片(尤其是上部叶片)配置越呈现水平型,就使群体内部的受光条件越差。

植物植株的高度一般以 cm 为单位表示。对于室内培养的小苗,测定数量一般以 10 株为宜。在田间测定试验小区或生产田块的植株高度时,除要注意测定植株的代表性外,各测点(或小区)的高秆植物如玉米、高粱等一般应测 10 株,而矮秆植物如稻、麦等则应测 10~50 株。另外,也可采取判断选株测定的方法,即首先目测判断,避开过高和过低的植株,从能代表该测点(或小区)整体高度的植株中来选株测定。

二、植物叶面积的测定

叶片是植物进行光合作用、蒸腾作用等生理过程的主要器官,叶面积的消长是衡量植物个体和群体生长发育好坏的重要标志。叶面积的大小直接影响到植物的光合面积的大小,最终影响到产量的高低。

叶面积与产量关系最密切、变化最大,同时又是比较容易控制的一个因素,许多增产措施,包括合理密植和合理肥水技术之所以有显著的增产作用,主要在于适当地扩大了叶面积。叶面积小不好,但面积过大又会造成群体内光照条件恶化,影响光合作用和产量。

测定叶面积的方法很多,目前应用比较多而且测定结果较准确的方法有:叶形纸称重法、鲜样称重法、长宽系数法、回归方程法和叶面积仪法等。

1. 植物叶面积的测定方法

(1)叶形纸称重法

对于叶片平展但叶形不规则的叶片可用叶形纸称重法测定。该法是首先求出质地均匀的优质纸的面积重量比,然后再根据叶形纸的重量求出叶面积。

(2)鲜样称重法

对于叶形不规则、曲折不平展的叶片,可用鲜样称重法,尤其是大量测定时这是方便而快速的方法,该法是首先求出代表性叶片的面积鲜重比($cm^2 \cdot g^{-1}$),然后再根据叶片鲜重求出叶面积。

(3)干样称重法

鲜样称重法的精确性关键在于如何防止鲜样失水的影响,但在大量样品测定时,又很难避免因失水差异造成的误差。所以,为了克服失水的影响,可以采用干样称重法,即将所打取的小圆片和所有待测的叶片,全部烘干后称重,并同鲜样称重法一样计算叶面积。鲜样称重法和干样称重法都只能测定离体叶片,不能进行活体测定。

(4) 长宽系数法

对于平展而规则的叶片可用长宽系数法,如禾谷类植物和豆类叶片等均可应用此法测定。该法不需要剪取叶片,测定方法简便易行,能对田间活体植株进行连续测定,长宽系数法是由叶片的长(L)宽(b)乘积再乘以一系数 K,即可算出叶面积($S = L \cdot b \cdot K$)。

据资料,系数 K 的参考:大豆叶片的 K 值为 0.69~0.70;小麦叶片的 K 值为 0.75~0.83;向日葵叶片的 K 值为 0.72~0.75;棉花叶片的 K 值为 0.74~0.81;高粱叶片的 K 值为 0.75。

(5) 回归方程法

单叶的面积和叶片的长度、宽度、长宽乘积、叶片干重或叶片的长宽比,都有很高的相关性,所以可以由这些自变量通过一定的回归方程计算出因变量、叶面积,同样也可由单叶计算出单株的叶面积。回归方程不仅适用于规则形叶片,也适用于不规则形叶片。所以,回归方程法是把对叶面积的测定转化为对长、宽等线性性状的测定,使测定工作快速方便、准确高效,便于进行非离体的田间测定。

(6) 叶面积仪测定法

目前测定叶面积的仪器大多是按光电原理设计的,虽然有多种型号,但从原理看大致分为两种类型,一是利用光电成像转换的原理来测定叶面积,另一种是利用独特的机械光电扫描原理来测叶面积。

三、植株重量的测定

植物体的重量通常是由鲜重、风干重和干重来表示。测定对象可以是植物的器官、植株个体,也可以是群体的一部分或整个群体。

1. 植物体的鲜重

植物体的鲜重也就是植物在生长的含水量状态下的活体重量。鲜重的测定在一般的植物研究中都会遇到,尤其在蔬菜和果实的研究中是经常需要测定的项目。鲜重的测定可以及时方便快速地进行,但测定结果易受失水的影响。

新鲜材料在室温较高的情况下,为了防止呼吸消耗的影响,应及时进行称重。

鲜重的测定最易受失水的影响,为了克服这种影响,从取样到称量,整个过程中都要注意防止水分的损失。尤其是在处理样品多的情况下,既要防止失水,又要注意使各样品的操作条件和过程相同,以保证各处理间相对比较的一致性。

2. 植物体的干重

衡量植物体生长的主要标志是干重的不可逆增加,所以,干重是植物体重量的基本表示方法,不受失水的影响,测定结果准确。

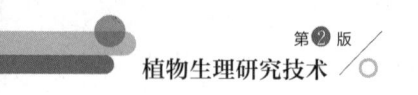

最好是用鼓风烘箱进行烘干,在样品放入烘箱前,先使温度升至 105 ℃,将装有样品的纸袋放入 105 ℃烘箱中(用打孔器打取的叶圆片,应放在称量瓶中烘干),根据样品的不同(如叶片、茎秆等)高温烘 0.5~2 h,以停止酶的作用,然后在 70~80 ℃下烘干 1~2 d 至恒重,为了均样而迅速地干燥,对茎秆和果穗等粗大的材料,应该用刀切薄或切细,尽可能均匀地铺成薄层,以促进干燥。从烘箱中取出的干样品,应放入干燥器中冷却至室温时再称重,对于大量样品也可在烘箱中冷却(断电)至室温时称重。

在产量调查或处理大量供试材料时,通常是风干法测定干重。将测定样品放在通风良好的室内经 1~3 周,或直接在阳光下暴晒,当其重量减少至最低时的值叫风干重,这时的含水量约为 12%~16%。

在进行风干时,根据材料不同,可以直接挂起来,也可装入尼龙网袋中挂起风干,对于易碎落的材料应在器皿中薄层摊晾风干。

由于长时间风干会引起样品的呼吸消耗和成分的变化,所以成分测定的样品不宜用风干法。另外,样品含水量也会因空气湿度而变化,所以应尽量缩短风干时间,处理较多的样品,应尽量保证样品间风干时间和条件的一致性。

从风干的大量样品中,取一小部分代表样品进行烘干处理(80 ℃),从而求出晾干/烘干比值,这样就可以把风干样品折算成烘干样品,从而便于进行统一的比较。

第二节

植物群体结构研究法

植物群体是指同一块地上的植物个体群,个体是群体的组成单位,群体是由个体形成的整体。但它并不是个体的简单相加,同一群体内的各个个体,既相对独立,又密切联系,相互影响,形成了许多错综复杂的关系。

植物的产量就是植物群体的产量,它是由每个植物个体的产量所构成,但又不是这些个体的生物学潜力全部发挥出来时的产量的总和。由许多个体聚集在一起,形成的群体,使群体内的小环境如光、温、湿、气以及土壤条件都发生了很大的变化,这种群体内环境的变化,强烈地影响着各个个体的生长发育和产量,反过来又影响着群体的发展和产量。群体发展最终结果的好坏,和群体结构是否合理有着直接的关系。

群体结构就是指单位土地面积内,植物群体的组织和方式,如植物种类、数量、株型、叶面积指数和植株配制方式等。由于群体是个体的综合表现,而个体是群体的基础,所以在分析和处理问题时,必须从群体找规律,从个体找原因。农业技术措施的目的是针对群体,而实际是作用于个体、器官甚至是细胞。例如,用水、肥等措施控制群体的分蘖数,实际上就是控制个体的分蘖、控制腋芽的分化、控制细胞的分裂。通过合理的农业技术措施,使单位土地面积内,有合理的密度、光合面积、空间分布等,也就是要有合理的群体结构。使植物群体与个体、地上部与地下部、营养器官与生殖器官都能得到协调发展,进而使植物群体能充分利用光能、热能、地力等自然资源,最终实现高产、稳产、优质、低消耗的目的。

一、植物群体结构的调节

植物的群体结构可以自动调节,也可以用人工调节来使之更趋合理。植物的自动调节力是一种适应性的表现。随着条件(如种植密度和肥、水、光等)的变化,植物某些生育过程(如枝叶生长、分蘖消长等)的速度和方向也随之变化,以适应新的环境。通过自动调节,能在条件变化比较大的情况下,保证群体相对稳定性,并在多数情况下,使群体结构从不合理变得比较合理,对植物更有利。这在不同密植试验里最明显。以单季晚稻的密植试验为例,当种植密度增大时,穗数虽在增多,但变幅小于种植密度,且因每穗粒数减少,千粒重减小,所以最后产量的差异变小。此外,不论种多少苗,最后叶面积系数和总干重都比较接近。这些都是自动调节的表现。

植物群体自动调节基本特点如下:

1. 一定的时间性

自动调节是个适应过程,需要一定时间。时间愈长,自动调节愈明显。所以在各种指标中,出现愈晚,差异愈小,说明自动调节的作用愈大。例如在稻麦等植物的产量构成因素上,变化幅度一般是:每亩穗数(或单株穗数)＞每穗粒数＞千粒重。

就同一指标来看,例如总蘖数、总叶面积、总干重等,它们的变幅通常是前期＞中期＞后期。上海植生所对小麦的调查研究指出,在种植密度为每亩 7.5 万、15 万、30 万苗基础上,冬前叶面积系数分别为 1.4、2.1、3.1;拔节前差异已较小,分别为 3.8、3.7、4.5;到孕穗期差异更小,分别为 3.9、3.7、4.0。地上部分干重也有类似情况,冬前为 78、108、161 kg,拔节前 224、237、297 kg,孕穗期为 609、554、635 kg。

2. 群体的稳定性和个体的变异性

自动调节的结果,体现出群体的稳定性和个体的变异性。这一规律在不同种植密度下最为明显。小麦的试验结果表明,在不同播量基础上,通过层层调节,使群体逐步趋于接近,所以各项群体指标比值的差异是较早的大于较晚的。即基本苗数＞总蘖数＞总穗数＞总粒数＞总粒重。

对于总蘖数来说,比值的差异也是前期较大,中期较小,后期更小。但从个体指标看则相反,愈到后期差异愈大。正因为这样,才能在个体数相差很大的基础上,最后群体能稳定在一个比较合理的范围内。

由于同一原因,在个体数较多而群体较大时,调节的结构趋向于削弱个体的生育,对生产不利;反之,则能促进个体生育。所以在自动调节能力范围内,以基本苗较少为有利。

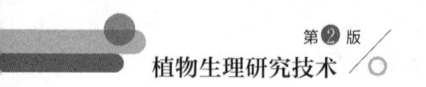

3. 一定的顺序性

植物的自动调节通常表现出一定的顺序性。当某些条件变化后,一般在以后的生育过程中首先调节出现较前的某一性状,然后循环影响以后的其他性状。例如对稻、麦等植物增施肥水,首先增加分蘖数,其次增加穗数,再次增加每穗粒数,最后才影响千粒重。按这一顺序,通过层层调节,肥水的影响就越来越小。所以,蘖数、穗数的变化较大,而穗粒重与千粒重比较稳定。生产上促进穗重比增加穗数要难得多,主要原因即在于此。

4. 调节能力与生活力有关

个体生活力愈强,自动调节能力愈强。所以在肥水充足时,个体生长健壮,种植密度可以小些,仍能获得足够的穗数。相反,如果由于种植密度过大,或肥水不足而削弱了个体生育时,则自动调节能力受到限制,易于造成群体结构的不合理。

5. 有一定的限度

植物的自动调节能力都有一定的限度,例如种植密度过小、过大,最后都难达到一个比较合理的群体结构。如水稻每亩插9万~27万苗,最后有穗数都在25万左右;但亩插3万和36万苗的,最后穗数偏少或偏多,说明自身已难完全调节。由于自动调节能力有限度,而且需要一定时间才起作用,如种植密度较大、肥水又较多时,往往生长过旺,茎叶过茂,分蘖过多,造成群体过大,反而不利于光合生产力的提高。

由于植物的自动调节是有一定限度的,故需要合理的栽培措施,用人工调节的方法,以建立一个有利于提高光合性能的合理群体结构。如用间作、套作、混作的方式或改变群体的组成;控制播种量与基本苗、叶面积系数等方式改变群体的大小;通过株、行矩布局及株型与叶片角度的伸展改变群体的分布;等等。

二、植物的叶面积指数

植物叶片的光能捕获量与其扩展面积有关,二氧化碳的吸收也是通过叶片的表面进行的,因此,植物群体的光合规模往往用叶片的面积来表示,而不是用重量来表示,另外,产量差异很大的田块之间,单位叶面积的同化速率差异并不大,引起差异的主要因子是叶面积(即容量因子)而不是同化速率(强化因子)。所以,在表示植物群体的光合规模时,主要是使用叶面积指数(Leaf Area Index,LAI)。植物的叶面积指数是衡量植物群体生产规模即植物群体大小的主要指标。

叶面积指数就是指单位土地面积上有多少倍的叶面积,即

$$LAI = \frac{叶面积}{土地面积}$$

当叶面积指数等于1时,就表示单位土地面积上的叶片平铺拼起来,其面积正好等于土地面积。土地面积一般以一亩地为单位。如叶面积指数为2,就是叶子正好能铺满两层。以此类推,叶面积指数可为3、4、5等。

植物群体的结构是否合理,在很大程度上取决于群体内株间的光照状况,而叶面积指数是影响株间光照最大的因子。另外,它既包含了群体的密度因素,也反映了个体的生长状况及肥水等条件的影响。所以,在研究植物品种和栽培措施的增产效应、群体结构与产量的关系等许多问题时,都需要测定叶面积指数。

测定叶面积指数是在测定单叶面积、单株叶面积的基础上,再根据单位土地面积内的作物的株数,就可以计算叶面积指数。

三、光合势和叶面积持续时间

1. 光合势

光合势是指单位土地面积上(如一亩),植物群体在整个生育期或某一生育阶段,总共有多少平方米的叶面积,按其功能期折算成为"工作日",来衡量它对产量的影响。所以,它是叶面积和其工作持续日数的乘积,也就是一个群体的叶面积以平方米为单位工作的日数,其单位是"$m^2 \cdot d$"。在一定范围内,光合势越大,干物质生产越多,产量也越高。

2. 叶面积持续时间

和光合势类似的另一个指标是叶面积持续时间(Leaf Area Duration,LAD),是表示叶面积及其持续时间的指标,通常是用叶面积指数对时间作图,求在一段时间内曲线下的梯形面积。

$$D_{2-1}=\frac{(L_1+L_2)(t_2-t_1)}{2}$$

式中:L_1,L_2 分别为两次测定的叶面积指数值;

t_1,t_2 分别为两次测定的时间。

因为叶面积指数是无量纲单位的,所以,叶面积持续时间的单位是时间,通常以天来表示。

四、植物叶片着生状态的研究

植物叶片的着生状态是植物株形的重要组成部分,它直接影响着植株的空间态势,理想的株形就应该是能够最有效地利用光能,协调群体冠层叶和中下层叶之间对光能的竞争。也就是说,主要是解决叶面积指数和透光率的矛盾,保证中下部叶片能有较长时期的光合功能,以保证根部的生命活力,从而促进上部有较大的叶面积和更长时期的光合功能,并使光合产物迅速转运到穗部,所以,这也是提高产量的关键问题之一。

植物叶片的着生角度、直立性、披垂程度、长短和宽窄、平展和卷曲等,都是植物叶片着生状态的具体表现,它们都影响着植物对光能的利用率。

1. 有关概念
(1)叶片基角(叶倾角、着生角)

叶片基角即叶基角,它是茎秆和叶片平直部分的夹角,即图 4-1 中的角 1。它决定叶片"立"的程度。

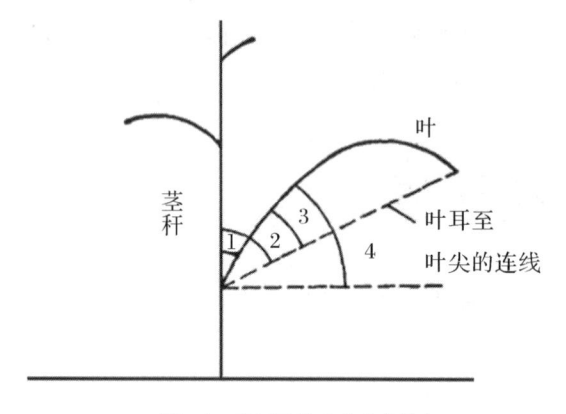

图 4-1 表示叶片着生状态的角

(2)张开角

是茎秆与叶耳至叶尖连线的夹角,即图 4-1 中的角 2。

(3)弯曲度

是开张角与叶基角的差值。即图 4-1 中的角 3 部分。它是表示叶片"直"的指标,也就是说,"直"是指叶片的弯曲程度。而叶片的"立"是由叶基角的大小来表示的。所以,叶片的直立性包括了"直"和"立"两个特征,分别是由弯曲度和叶基角来表示的。

(4)仰角

是叶片平直部分和水平面的夹角。即图 4-1 中的角 4。

2. 叶片着生状态与光能利用

叶片的着生角度(叶基角)和空间分布,直接影响着植物群体对光能的利用。一般上层叶片比较挺立,有利于光能较多地射入群体内部;而下部叶片近于水平有利于截获进入群体的光能。

叶片的着生角大小与叶片的遮阴面积有密切的关系。

这种关系可以表示为:

$$S = A \sin \alpha$$

式中:S——为遮阴面积(直射阳光面积);A——叶面积;α——着生角。

当 $\alpha = 90°$ 时,$\sin 90° = 1$,$S = A$,也就是遮阴面积最大。当 $\alpha < 90°$ 时,$\sin \alpha < 1$,$S < A$,即遮阴面积随叶片的挺立程度的减小而减小。所以,直立叶和平展或弯垂叶相比,改善了群体内的光照条件,提高了光能利用率。

对于从天顶直射的等量阳光来说,叶片的受光面积随叶片着生角的减小而增大,特别是在小于 30°后受光面积增大很快,一般植物叶片的着生角都大于 30°,所以在 30°~10°之间的潜力很大。

在叶片受光面积增加的同时,叶面的受光量也相应按正弦定律减弱相同的倍数,即:

$$I = I_0 \sin \alpha$$

式中:I——叶面光强;I_0——天顶直射光强;α——叶片着生角。

由植物的光饱和点和各地区植物生长季中的自然光强,根据叶片着生角和截获光能的关系,便可从理论上推算出不同植物比较适宜的叶片着生角度。如水稻的光饱和点以 40 000 lx 计,而生长季中最大光强以 100 000 lx 计,即为饱和点的 2.5 倍,相应的叶面积也应为投影面积的 2.5 倍,于是,$\sin \alpha = 1/2.5 = 0.4, \alpha = 23°33'$。

在植物生育期内和一天之中,最大光照时间是较短的,再考虑到群体中下层叶片的照光问题,上位叶的着生角度还可小些,一般认为水稻剑叶以 15° 为宜,小麦以 20° 为宜。玉米果穗以上的叶片着生角以 10° 为宜,中下部的叶片着生角较大为好。

挺立叶在早晚弱光下,与阳光接近垂直,可以充分接受光能进行光合作用,而在中午的强光下,阳光斜射叶面,可以减少强光(伴随高温)的不利影响,如对光合作用的抑制等,所以,挺立叶的光合作用通常比较强。

适宜的叶片着生角度,是一个很复杂的问题,不同植物、不同环境条件下都不相同,没有统一标准,许多问题有待深入研究。

第三节

植物群体物质生产的研究

植物的产量通常是以干物质的重量来衡量的,所以在植物生育过程中,也以植物体干物质增长过程为中心进行研究,这是植物群体物质生产研究的基本途径。植物通过光合作用生产有机物的方式称为初级生产,某一地点,某一时期生成的植物体重量称为现存量或生物量。植物合成有机物的最大能力叫植物的生产力,也叫潜在生产力。而把目前实际得到的最高产量叫现实生产力,一般的平均产量叫一般生产力。

一、植物群体的层次分析

把植物群体看作一个整体,按不同高度及其功能来划分,可得到植物群体的层次结构。如殷宏章先生把水稻群体的大田结构划分为三个层次。

1. 光合层(或叶穗层)

这是水稻群体的最上层,包括绿色叶子、穗及茎的一部分。这一层接受几乎全部阳光,而下面接受的阳光很少(<1 000 lx),不超过补偿点。这一层一般在 0.3~0.5 m

之间,它的功能主要是吸收阳光和 CO_2 进行同化作用,制造光合产物,同时蒸发水分。

2. 支架层(茎层)

支架层联系光合层和根层,并运输传导。这一层既支持光合层,又对根系所吸收的营养物质、水分及由叶片供应的物质进行传导,支架层是在少光或无光的状况下生长。

3. 吸收层(根层)

这一层包括根和根周围的土壤、水分、肥料、土壤微生物等。这一层主要是吸收水分和营养,以及进行合成和代谢等作用,它对光合层和支架层的作用十分大,俗语"根长叶茂",就说明了吸收层的作用原理。

水稻田群体结构的分层划分法,也适用于小麦、玉米以及大豆、棉花等其他植物,只是由于各类植物的群体结构不一样,使光合层和支架层的光能分布也不同而已。光合作用是在植物地上部分的绿色组织里进行的,故群体地上部绿色组织(主要是叶片)也可按不同高度进行层切。不同层次的叶面积,光照强度和干物质等都呈现有规律的变化,这对于研究植物群体结构与光能利用和物质生产的关系有很大帮助。

4. 层次结构与光能利用

(1) 光线在不同层次中的消减规律

光强在群体内的分布状况与光能利用效率和产量有密切的关系。群体内光强分布越均匀,各层叶片获得的光照越多,则整个群体的光能利用的效率也就越高。

不同层次结构的叶面积,光照强度和分布及叶片的生理状况各不相同,因而可以比较研究群体光能利用率的规律性。

通过层切法和光分布体系的研究,证明群体内的阳光在透过叶层的过程中不断地被叶片等器官所截获,在群体内光照强度自上而下逐渐减弱。可用门司—佐伯(Monsi and Saeki)公式表示:

$$l_n \frac{I_F}{I_0} = -KF$$

或

$$I_F = I_0 e^{-KF}$$

式中,I_F 代表经过叶层 F 后的光照强度,I_0 为进入冠层顶部前的光照强度,K 为消光系数,F 为光所通过的叶面积指数,e 为自然对数的底数。此式表明群体内部光照强度与群体之上自然光照强度成正比,与光所通过的叶面积指数成反比,或者说与叶面积指数的负对数成正比。

消光系数是表示光照强度在群体内垂直方向上衰减特征的参数。消光系数越大,则通过单位叶面积指数后光照强度减弱越显著。在这样的群体中,下部叶片往往受光不足,因而光合强度低;同时也不能容纳较多的光合器官,因而产量潜力小。相反,消光系数越小,则通过单位叶面积指数后光照强度减弱越少。这样的群体可容纳更多的光合器官,其增产潜力是很大的。所以,据植物不同种类或品种的消光系数可以计算出该种类或品种的合理密度。

(2) 植物群体结构中的光强分布

投射到群体中的阳光,一部分被反射掉,一部分透过群体而漏射到地面,其余部分被不同层次的叶片吸收并用于光合作用。群体对光的反射率、吸收率和透射率与太阳高度角有关,更与群体的茂密程度有关。

随着种植密度和叶面积指数的增加,群体的反光率也逐步增加,透光率逐步减少,但反光率的增加幅度小于透光率减少的幅度,最终表现为截获光的能力增加(表4-1)。

表4-1 玉米密度与截获光能(自然光照的%)的关系

种植密度(株/亩)	叶面积指数	反光率/%	透光率/%	截获率/%
2 000	2.60	8.5	23.7	67.8
3 000	3.91	8.5	12.5	78.7
4 000	5.39	10.9	7.3	81.8

适当密植使叶面积指数提高,显然有利于截获更多的光能。但是,截获的光能达到最大值后,群体光合强度不再增加,若再增加叶面积,可能还会引起减产,因为这时会增加呼吸消耗和其他损耗。

二、物质生产的数量分析

1. 植物生长的基本特点

就像植株的生长积量(如株高)通常有一条"S"形的生长曲线一样,植物从种子萌发、幼苗生长、开花结实到成熟衰老等过程,不论是营养体还是生殖体,其生长进程一般都表现出慢—快—慢的基本规律。

由图4-2可见,整个生长过程大致可分为三个时期。在创始期,生长很慢。进入生长前期,生长急剧上升,是一个不断扩大再生产的自促过程(正反馈)。到了生长后期,生长逐渐减慢,有达到饱和的趋势。进入成熟期,生长量反而略有减少。这就是生长的"S"形曲线。不论对细胞、器官、个体还是群体都是适用的。根据研究对象不同,虽然可用鲜重、干重、体积、长度和细胞数量,甚至是蛋白质的增加等不同方式表示,但总趋势都是一致的,即表现出"S"形的生长规律。

如将"S"形生长过程分为三个时期,则前期为指数生长期,是一个不断扩大再生产的正反馈过程。中期为平稳的直线生长期,在这期间,其生长速率可以看成为一常数。后期可以看成为二次抛物线的生长期,是一个负反馈的过程。

把生长的这三个阶段总和起来,即生长大周期。如果以时间为横坐标,以植株的净增长量变化(生长速率)为纵坐标作图,可得到一条抛物线;若以植株的生长积量(如株高)为纵坐标作图,则得到一条"S"形的生长曲线(图4-3)。生长曲线反映了植物生

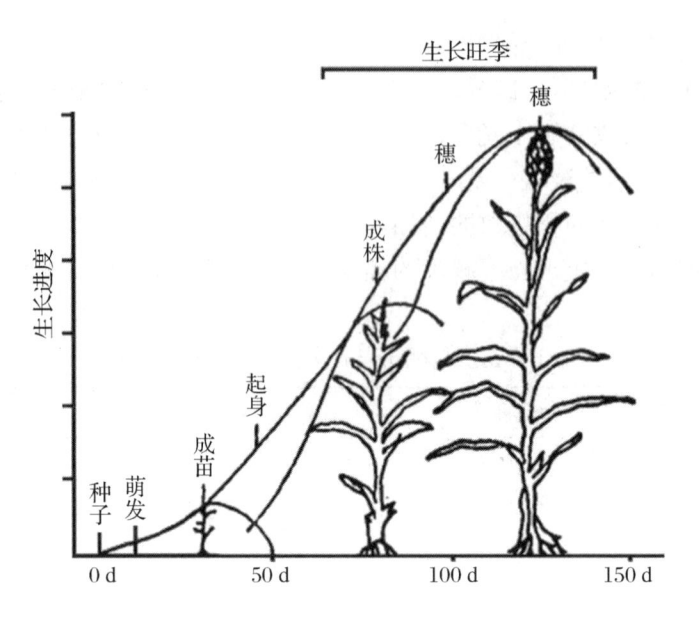

图 4-2　一年生禾谷类植物的生长进程

长大周期的特征。在对数期绝对生长速率是不断提高的,而相对生长速率则大体保持不变;在直线期绝对生长速率为最大,而相对生长速率却是递减的;在衰老期生长逐渐下降,绝对与相对生长速率均趋向于零值。

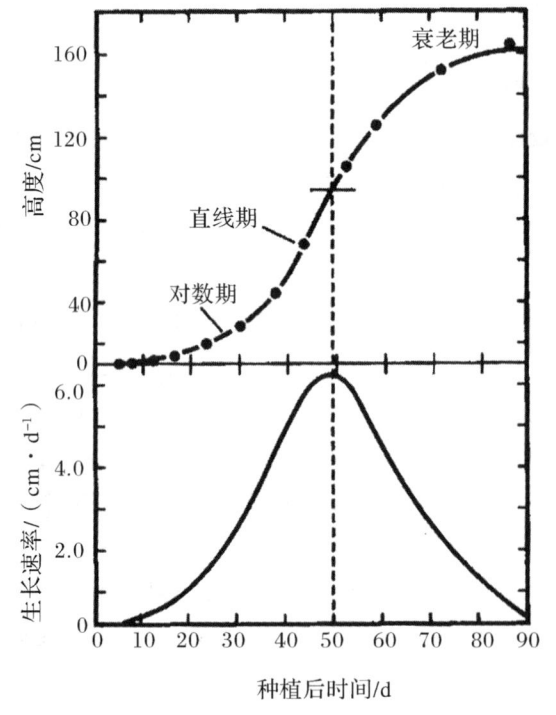

图 4-3　玉米的生长曲线

2. 生长速率（Growth Rate，GR）

生长量和时间的关系曲线如图 4-4。植物的重量 W（或高度、面积等）是随时间 t 的变化而变化的，在生长前期，生长速率和测定时植物材料的数量成正比；在生长中期，干重增长比较平稳，单位土地面积上干重 W 与时间 t 成直线关系，即：

$$W_2 = W_1 + r(t_2 - t_1)$$

式中，W_1、W_2 分别为 t_1 和 t_2 时的干重。r 为直线增长的速率，即：

$$r = \frac{W_2 - W_1}{t_2 - t_1}$$

在中期以后，当叶面积继续增大时，由于叶片互相遮阴的影响，使单位叶面积干重的增加减少，到一定限度后，即达到最适叶面积指数时，叶面积再增加，对总干物质的增加几乎不再起作用，此时，总干重增加的决定因素是群体生长率。

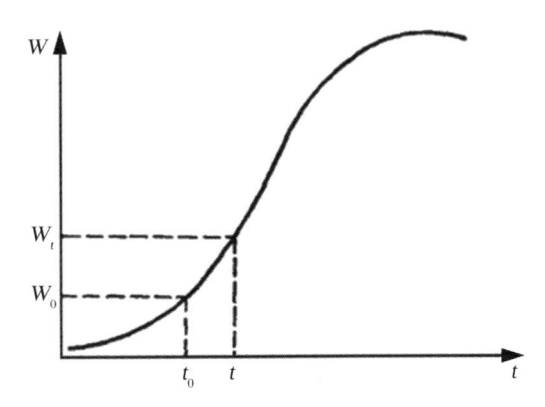

图 4-4　生长量和时间的关系曲线

3. 群体生长率（Crop Growth Rate，CGR）

群体生长率是表示在单位时间内，单位土地面积上所增加的干物质重量。

$$CGR = \frac{W_2 - W_1}{A(t_2 - t_1)}$$

式中，A 是土地面积，W_1、W_2 分别为 t_1、t_2 时单位土地面积上的总干重，单位为 $g \cdot m^{-2} \cdot d^{-1}$。

群体生长率实际上就是日平均生产率，即：

$$日平均生产率 = 净生产量/总生育日数$$

大量研究表明，C4 植物的 CGR 为 18 $g \cdot m^{-2} \cdot d^{-1}$，C3 植物的 CGR 为 13 $g \cdot m^{-2} \cdot d^{-1}$ 以下，14~18 $g \cdot m^{-2} \cdot d^{-1}$ 的属于二者的混合物。

4. 相对生长率（Relative Growth Rate，RGR）

表示在某一时间，单位干物质重量的物质生产效率，即表示单位干物质的生产能力。

$$RGR = \frac{1}{W} \cdot \frac{dW}{dt}$$

式中，W 为某一时间的干物质重量，dW/dt 为当时的干物质增长速率。RGR 如

用 R 表示并当作一个常数,在时间 $t_1 \to t_2$ 期间积分,即可求出相对生长率。

$$R = \frac{1}{W} \cdot \frac{dW}{dt}, \frac{dW}{W} = Rdt$$

$$\int_{W_1}^{W_2} \frac{dW}{W} = \int_{t_1}^{t_2} Rdt, \ln\frac{W_2}{W_1} = R(t_2 - t_1)$$

$$R = \frac{\ln W_2 - \ln W_1}{t_2 - t_1} = \frac{2.3(\log W_2 - \log W_1)}{t_2 - t_1}$$

式中,W_2、W_1 分别为 t_2 和 t_1 时的干重,单位是 $g \cdot g^{-1} \cdot d^{-1}$。

同样,叶面积相对生长率(Leaf Relative Growth Rate,LRGR)也可表示为:

$$LRGR = \frac{2.3(\log L_2 - \log L_1)}{t_2 - t_1}$$

式中,L_2、L_1 分别为 t_2 和 t_1 时的叶面积,单位是 $cm^2 \cdot cm^{-2} \cdot d^{-1}$。

5. 净同化率(Net Assimilation Rate,NAR)

是指单位叶面积(m^2)上干物质的增加速率,也就是每平方米叶面积每天能生产多少干物质,所以叫光合生产率或净光合生产率。

$$NAR = \frac{1}{L} \cdot \frac{dW}{dt}$$

式中,L、W、t 分别为叶面积、单株干重和时间。实际应用的公式为:

$$NAR = \frac{2.3(\log L_2 - \log L_1)(W_2 - W_1)}{(L_2 - L_1)(t_2 - t_1)}$$

式中,W_1、W_2 为 t_1、t_2 时的干重,L_1、L_2 为相应时间的叶面积,单位为 $g \cdot m^{-2} \cdot d^{-1}$。

在植物生长中期,即干重直线增长期,净同化率也可用下式表示:

$$NAR = \frac{W_2 - W_1}{1/2(L_2 + L_1)(t_2 - t_1)}$$

式中,$(L_2 + L_1)/2$ 为 $t_1 \to t_2$ 期间的平均面积,W_1、W_2 分别为 t_1、t_2 时的干重。该式不能用于生长的前期和后期的净同化率的计算。

6. 比叶面积和比叶重

比叶面积(Specific Leaf Area,SLA)是单位叶干重的面积,即:

$$SLA = L/L_W$$

式中,L 为叶面积,L_W 为叶干重,单位为 $cm^2 \cdot g^{-1}$。

比叶重(Specific Leaf Weight,SLW)是单位叶面积的叶干重,即:

$$SLW = L_W/L$$

式中,L 为叶面积,L_W 为叶干重,单位为 $mg \cdot cm^{-2}$。

比叶面积和比叶重都可表示叶片的厚度,尤其比叶重应用普遍,它是一个相当稳定的指标,可作为选育高净同化率品种的指标。

7. 叶面积比和叶重比

叶面积比(Leaf Area Ratio，LAR)是叶面积对植株干重的比，即

$$LAR = L/W$$

这表示单位植株干重相对应的叶面积扩展程度的指标，单位为 $cm^2 \cdot g^{-1}$。

叶重比(Leaf Weight Ratio，LWR)是叶干重对植株干重的比，即：

$$LWR = L_W/W$$

这表示与单位植株干重所决定的叶干重的指标。

8. 相对生长率和其他指标的关系

由相对生长率(RGR)可以把净同化率(NAR)、叶面积比(LAR)、叶重比(LWR)、比叶面积(SLA)等相互联系起来，从而便于分析各种因素对相对生长率的影响。

$$RGR = LAR \times NAR = SLA \times LWR \times NAR$$

由此可见，如把相对生长率分解为上述各项分别测定，就有可能分析出生长率是由哪一个因素起主要支配作用以及环境因子对各因素的影响程度。

RGR 可作为植株生长能力的指标，LAR 实质上代表植物光合组织与呼吸组织的数量之比，在植物生长早期该比值最大，可以作为光合效率的指标，但不能代表实际的光合效率，因为 NAR 是单位叶面积对植株干重净增量的贡献，数值因呼吸消耗量的大小而变化。

LAR 会随植株年龄的增长而下降。光照、温度、水分、CO_2、O_2 和无机养分等影响光合作用、呼吸作用和器官生长的环境因素都能影响 RGR、LAR 和 NAR，因此这些参数可用来分析植物生长对环境条件的反应。决定 RGR 的主要因素是 LAR 而不是 NAR。生长分析参数值在不同植物间始终存在差异。以 RGR 为例，低等植物通常高于高等植物；在高等植物中，C4 植物高于 C3 植物；草本植物高于木本植物；在木本植物中，落叶树高于常绿树，阔叶树高于针叶树。NAR 也有类似倾向，但差异较小（表 4-2）。

表 4-2 几种植物的 RGR 和 NAR

	物　　种	RGR /mg·g^{-1}·d^{-1}	NAR/ g·m^{-2}·d^{-1}
	玉　米(C4)	330	22
草　本	绿　苋(C4)	370	21
	大　麦(C3)	116	10
落叶木本	欧洲白蜡(C3)	43	4
常绿木本	酸　橙(C3)	20	3
	云　杉(C3)	8	3

三、群体植物生产力的估算方法

单位土地面积上,单位时间内(一年或一个生长季)植物合成有机物的最大能力叫植物生产力,也叫潜在生产力、最大生产力或最高理论生产力。而把目前实际得到的最高产量叫现实生产力或记录产量。把一般的平均产量叫一般生产力或平均生产力。

植物的产量是植物遗传潜力和与环境条件相互作用的结果,如果记录产量能代表该品种在当地的遗传潜力,那么植物不能表现其潜力往往主要是由不利的环境因素所造成的。目前记录产量比平均产量高 3~7 倍,而最高理论产量比记录产量还要高很多,所以,潜力是很大的,植物生理的主要任务就是研究如何把植物的潜在生产力变为现实生产力,为栽培育种的实践活动提供可靠的科学依据,从而在人类挖掘植物潜在生产力的实践中发挥应有的作用。

通过对最高理论产量的估算,为人类的植物生产活动提出可靠的奋斗目标,研究实际产量与奋斗目标之间的差距,有助于发现自然资源是否利用得充分合理、栽培技术和经营管理措施是否先进合理,如何去改进等等,对促进奋斗目标的实现具有重要意义。

1. 光能利用率与光能转化效率

植物的产量潜力就是植物在最适条件下,群体结构等处于最佳状态时,单位土地面积、单位时间内由光能所决定的植物生产潜力。由于落到植物群体上的太阳能是有限的,所以,植物产量的提高也是有限的。提高单位面积产量,本质上就是提高植物的光能利用率问题。

光能利用率(efficiency for solar energy utilization,Eu)就是植物光合作用所贮存的化学能占光能投入量的比或百分比。即:

$$E_U = \frac{\Delta W \cdot H}{\sum S} \times 100\%$$

式中:W——测定期间单位面积上的干物质的增加量,单位为 $g \cdot m^{-2}$。

H——每克干物质所含能量,一般植物为 167 444~17 800 $J \cdot g^{-1}$,平均可按 17 270 $J \cdot g^{-1}$ 或 17.27 $kJ \cdot g^{-1}$ 计。

$\sum S$——测定期间的太阳能累计值,单位为 $kJ \cdot m^{-2}$。

如测定某一时刻单叶的光能利用率,可根据当时投射在叶片上的辐射能量及叶片的光合速率来计算。

2. 影响光能利用率的因素

影响光能利用率的因素很多,主要有以下方面:

(1)光合有效辐射(photosynthetic active radiation,PAR)

在投射到地面的太阳能(0.3~4.0 μm)中只有 400~700 nm 的部分对光合作用有效,即光合有效辐射(PAR),这部分能量只是太阳能总辐射的 44% 左右。

(2) 反射、透过损失

叶片的反射、透过等损失为 5%～30%，平均约为 15%。

(3) 叶绿体吸收能量

透入植物组织中的光合有效辐射的 70%～90%，被绿色组织吸收，叶绿体平均吸收 80%，而其余 10%～30% 是被非绿色组织吸收。

(4) 光饱和损失

群体表面和上层经常处于光饱和光强下，因光饱和而损失的能量大约为 10%～30%，就整个群体来说，中后期一般为 5% 左右。

(5) 呼吸损失

呼吸消耗的损失大约为 40%，其中 C_3 植物因光呼吸要消耗得多些。

(6) 能量转化效率

可按量子需要量为 8～12 来计算能量转化效率，一般取中间值，大约 22% 进行应用估算。也有人认为，据试验测定量子需要量是 15，其能量转化效率应为：

$$E_U = \frac{469.5}{15 \times 204} \times 100\% = 15\%$$

从各地已经达到的水稻高产纪录来看，已接近于 15 个量子的转化效率。所以，有人把由 15 个光量子计算形成的生产力称为"现实生产力"，而把由 8 个光量子计算形成的生产力称为"潜在生产力"。

许大全等（1988）的测定表明田间植物的最低量子需要量往往大于 16。也有人以量子需要量为 17 来估算玉米的最大光合效率。

合并以上六项，光能利用率可以表示为：

$$E_U = Q \times 0.44 \times 0.85 \times 0.8 \times 0.95 \times 0.6 \times 0.22 \times 100\% = Q \times 3.75\%$$

光能利用率的最大值，不同学者从不同角度进行研究，所得的结果有所不同。对多数植物的研究表明，E_U 值为 3%～5%。如水稻为 3%～4%，玉米、高粱等为 4%～5%。

3. 最高理论产量的估算

最高理论产量的估算有多种不同的方法，一般假定植物群体和环境因素都处于最适宜的条件下，再根据光能资源的多少和植物群体的能量转化效率进行估算。也有按照其他因素进行估算的。

(1) 按全生育期的太阳辐射能估算法

一些研究者以植物全生育期间的太阳能为依据，来估算理论产量。如以沈阳地区为例，设某植物生育期为 140 天，这期间（5～9 月）平均每天太阳能辐射量为 18 988 $kJ \cdot m^{-2} \cdot d^{-1}$（68.04 $kcal \cdot cm^{-2} \div 150 \times 10^4 \times 4.186$），全生育期太阳能总收入为：

$$18\ 988(kJ \cdot m^{-2} \cdot d^{-1}) \times 140 \times 666.7 = 17.72 \times 10^8 (kJ/亩)$$

经以下各项折合：

光合有效辐射：
$$17.72 \times 10^8 (kJ/亩) \times 0.44 = 7.7968 \times 10^8 (kJ/亩)$$

扣除反射、透过及漏光损失 15%，植物组织吸收 85%：
$$7.7968 \times 10^8 \times 0.85 = 6.62728 \times 10^8 (kJ/亩)$$

扣除非绿色组织的吸收，叶绿体吸收 80%：
$$6.62728 \times 10^8 \times 0.80 = 5.301824 \times 10^8 (kJ/亩)$$

扣除光饱和损失 5%：
$$5.301824 \times 10^8 \times 0.95 = 5.0367328 \times 10^8 (kJ/亩)$$

扣除呼吸消耗损失 40%：
$$5.0367328 \times 10^8 \times 0.6 = 3.02203968 \times 10^8 (kJ/亩)$$

能量转化效率以 22% 计：
$$3.02203968 \times 10^8 \times 0.22 = 6.6484873 \times 10^7 (kJ/亩)$$

每千克干物质含能量以 1.727×10^4 kJ 计，生物学产量为：
$$6.6484873 \times 10^7 \div (1.727 \times 10^4) = 3849 (kg/亩)$$

经济系数以 0.35 计，则经济产量为：
$$3849 \times 0.35 = 1347 (kg/亩)$$

这相当于光能利用率
$$E_U = \frac{3849 \times 17270}{17.72 \times 10^8} \times 100\% = 3.75\%$$

(2) 按产量形成期的太阳能估算法

由于植物生育前期漏光损失很多，同时，光合产物主要是用来形成营养器官和产量容器，只有少部分贮藏物质运往以后的穗部。按全生育期太阳能的估算法，没有区别不同生育期对产量的不同贡献。所以有人主张用经济产量形成期的太阳能来计算植物的最高产量和光能利用率。

如以沈阳地区的水稻为例，按其抽穗后 30 d 计算，在这 30 d 中，每天每平方米土地的太阳投入量为 1.758×10^4 kJ·m^{-2}·d^{-1}：
$$1.785 \times 10^4 \times 30 \times 666.7 = 3.516 \times 10^8 (kJ/亩)$$

经各项扣除折合（同前）后为
$$3.516 \times 10^8 \times 0.44 \times 0.85 \times 0.8 \times 0.95 \times 0.6 \times 0.22 = 1.3191919 \times 10^7 (kJ/亩)$$

折合成的生物产量为
$$1.3191919 \times 10^7 \div (1.727 \times 10^4) = 763 (kg/亩)$$

以上干物质输送到籽粒中的量以 90% 计算，结果为
$$763 \times 0.9 = 687 (kg/亩)$$

水稻在营养生长期内，茎秆中贮存的碳水化合物转移到穗中去的约占 1/3，而开花后的光合产物约占产量的 2/3，即
$$687 \div \frac{2}{3} = 1030 (kg/亩)$$

稻米中灰分占 1.4%、谷壳约占粒重的 19%(在开花期形成)、水分约占 14%,则稻谷的理论产量为:

$$\{[1\ 030\div(1-0.014)]\div(1-0.19)\}\times 1.14=1\ 470(kg/亩)$$

这相当于光能利用率:

$$E_U=\frac{1\ 470\times 17\ 270}{3.516\times 10^8}\times 100\%=7.2\%$$

4. 植物产量的潜力

按照我国约 15 亿亩耕地计算,每年约接受 5×10^8 kJ 的太阳辐射能。如按光能利用率 2% 计算,约为 10^{17} kJ。按合成 1 kg 干物质需要 1.727×10^4 kJ,则每年这些耕地可产生 5.8×10^{12} kg(58 亿吨)有机物质,可折合粮食 23 亿吨(经济系数 0.4)。如以 60% 的耕地种植粮食植物,可产生近 14 亿吨粮食。

把光能利用率提高到 2% 是完全可能的。南方、北方都出现了一批较大面积的"吨粮田",这些高产田的光能利用率都超过了 2% 的水平。如某植物生长期间,每亩获得太阳能为 17.72×10^8 kJ,亩产粮食以 1 000 kg 计,经济系数为 0.4,则其光能利用率为:

$$E_U=\frac{1\ 000\ \text{kg}\div 0.4\times 1.727\times 10^4\ \text{kJ}\cdot \text{kg}^{-1}}{17.72\times 10^8}\times 100\%=2.4\%$$

可见,从光能资源来看,我国粮食生产的潜力很大。但是,在估算产量潜力时,还必须考虑其他资源,尤其是在中、低产条件下,土壤的生态容量往往是产量的限制因子。如生产 1 000 kg 小麦籽粒时,小麦群体需要从土壤中吸收 60 kg N、30 kg P_2O_5、60 kg K_2O 及其他矿质元素,特别是还要从土壤中吸收并消耗掉 20 万~50 万 kg 或更多的水分。

据资料报道,世界一些植物的干物质生产同光能利用率见表 4-3。

表 4-3　世界一些植物的干物质生产同光能利用率

植物	国家	干物质生产/$g\cdot m^{-2}\cdot d^{-1}$	光能利用率(占总辐射%)
温带			
高平茅	英国	43	3.5
黑麦	英国	28	2.5
羽衣甘蓝	英国	21	2.2
大麦	英国	23	1.8
玉米	英国	24	3.4
小麦	荷兰	18	1.7
豌豆	荷兰	20	1.9

续表

植物	国家	干物质生产/g·m^{-2}·d^{-1}	光能利用率(占总辐射%)
玉米	美国肯塔基	40	3.4
亚热带			
苜蓿	美国加利福尼亚	23	1.4
马铃薯	美国加利福尼亚	37	2.3
松树	澳大利亚	41	2.7
棉花	美国佐治亚	27	2.1
水稻	澳大利亚	23	1.4
甘蔗	美国德克萨斯	31	2.8
玉米	美国加利福尼亚	52	2.9
热带			
木薯	马来西亚	18	2.0
水稻	菲律宾	27	2.9
紫狼尾草	萨尔瓦多	39	4.2
甘蔗	美国夏威夷	37	3.8
玉米	泰国	31	2.7

(Coombs J and Hall DO(eds). Techniques in Bioproductivity and Photosynthesis,1982 年)

虽然理论光能利用率很难达到,但在一定范围内提高光能利用率,还是可能的。如采取适当密植、合理施肥、增加 CO_2 来源、防治病虫害、套种间作以及化学调控等都可以促进生育、扩大叶面积,减少漏光损失,提高光合能力。特别是选育良好株型以及光合效率高的品种,从而达到增产的目的。表 4-4,4-5 是收集到的一些国家和地区植物光能利用率的情况,以及我国一些高产田块光能利用率的状况,虽然由于计算方法不同而使这些资料有些矛盾,但总的来看,通过提高光能利用率而增加植物产量的前景还是诱人的。

表 4-4 部分国家的谷物平均单产与光能利用率

国家	谷物平均单产/g·hm^{-2}	光能利用率/%	国家	谷物平均单产/g·hm^{-2}	光能利用率/%
日本	5 663	0.64	印度	1 861	0.21
美国	4 310	0.49	巴西	1 872	0.21
英国	5 798	0.66	南非	1 952	0.22
法国	6 106	0.69	荷兰	6 687	0.75
前苏联	1 927	0.22	中国	4 056	0.45

(摘自《21 世纪中国农业科技展望》)

表 4-5　我国几种植物高产田的群体生长率和光能利用率

作　物	地点	总辐射量 /J·cm^{-2}	经济产量 /kg·亩$^{-1}$	生物产量 /kg·亩$^{-1}$	平均 CGR /g·m^{-2}·d^{-1}	光能利用率 /%
单季稻	江苏	278.9	855.5	1 677.5	16.22	1.42
早　稻	湖北	195.7	511.0	1 150.0	14.37	1.40
冬小麦	江苏	269.8	550.2	1 412.5	9.85	1.08
春小麦	青海	351.3	1 013.0	2 026.1	21.70	1.20
玉　米	吉林	263.5	1 113.0	2 782.5	29.80	2.32
高　粱	河北	282.3	855.0	2 443.1	27.10	1.90
甘　薯	广东	340.0	8 380.0	2 656.2	13.28	1.71

（资料来源：骆世明等，《农业生态学》）

注：甘薯含水量为 75%。水稻和小麦的燃烧热分别 15.68 和 13.8 kJ·g^{-1} 计算，其余为 14.6 kJ·g^{-1}。

第五章
植物生长物质的研究方法

　　植物生长物质（plant growth substances）是一些能调节植物生长发育的微量有机物质。大体可分为两类，即植物激素与植物生长调节剂。

　　植物激素（plant hormones, phytohormones）是指在植物体内合成的，通常从合成部位运往作用部位，对植物的生长发育产生显著调节作用的微量（1 μmol/L 以下）小分子有机物。因此，植物激素是内生的、能在植物体内运转的、极低浓度就有调节效应的有机物质。据国际植物生长物质研究专家的建议，要确定一个植物内源物质的激素地位，除了满足上述定义外，还应符合下列 3 个条件：①该物质在植物中广泛分布，而不是特定植物所具有；②是植物完成基本的生长发育及生理功能所必需的，并且不能被其他物质代替；③必须和相应的受体（receptor）蛋白结合才能发挥作用，这是作为激素的一个重要特征。生长素（auxin）、赤霉素（gibberellin）、细胞分裂素（cytokinin）、脱落酸（abscisic acid）、乙烯（ethylene）和油菜素内酯（brassinolide）是六大类植物激素，近年，也有许多学者将茉莉酸（jasmonates, JAs）、水杨酸类（salicylates, SAs）和独脚金内酯类（strigolactones, SLs）等归入植物激素中。

　　由于植物激素含量很少，难以提取，无法满足大规模现代化农业生产的需要，人们根据植物激素的活性与结构之间的关系，合成了许多化学物质，类似植物激素也具有强大的生理活性。为了与内源激素相区别，把人工合成的或从微生物中提取的，施用于植物后对其生长发育具有调节控制作用的有机物叫作植物生长调节剂（plant growth regulators）。包括植物生长促进剂（plant growth promoting substance）、植物生长抑制剂（plant growth inhibitor）和植物生长延缓剂（plant growth retardant）。目前，在农林生产中大量使用的植物生长物质主要是植物生长调节剂。除了上述六大类植物激素以外，人们在植物体内还不断发现了另外一些植物生长物质。如三十烷醇（triacontanol, TRIA）、茉莉酸（jasmonic acid, JA）、水杨酸（salicylic acid, SA）、寡糖素（oligosacharin）、膨压素（trugorin）及系统素（systemin）等。此外，植物体内还有一些生长抑制物质，主要是植物的次生化合物，如酚类物质中的酚酸和肉桂酸族，苯醌中的胡桃醌等，它们对植物的生长发育起着抑制作用。这些存在于植物中的物质，在调节植物生长发育过程中起着不可忽视的作用。随着研究的深入，人们将更深刻地了解这些物质在植物生命活动中的生理功能。

第一节

植物激素的主要检测技术

激素在植物中的含量极微,要求测定的方法必须十分灵敏;而植物激素性质又不稳定,加之细胞中其他化合物会干扰激素的测定,故测定的方法必须十分专一。通常植物组织首先用合适的有机溶剂来提取,既要避免提取许多干扰的化合物,又要避免破坏激素本身。其次采用萃取或层析等步骤,使激素部分提纯。然后用生物的、物理与化学的或免疫分析等方法测定其含量。

一、生物鉴定法

生物测定法是根据激素作用于植株或离体器官后所产生的生理反应的强度来推算植物激素含量的方法。

比如生长素的生物测定,可用小麦胚芽鞘切段伸长法。它的原理是基于生长素能促进胚芽鞘切段伸长的特性。将小麦胚芽鞘切段漂浮在含有生长素的溶液中,切段被生长素诱导伸长。在一定浓度范围内,胚芽鞘切段的伸长与生长素浓度的对数成正比,因而把胚芽鞘切段在样品提取液中的伸长与生长素标准液中的切段伸长相比,即可推算出样品中的生长素含量。

又如根据赤霉素诱导 α-淀粉酶活性的原理,可生物测定赤霉素的含量。将去胚大麦种子与赤霉素一起保温,在一定范围内赤霉素诱导的 α-淀粉酶活性强弱与赤霉素浓度成正相关,据此来估计样品赤霉素的含量。

常用的生物鉴定法还有胚芽鞘伸长法鉴定生长素和ABA,大麦胚乳法、水稻幼苗法、矮生玉米法等鉴定赤霉素,萝卜子叶增重法、尾穗苋黄化幼苗子叶的苋红合成法等鉴定细胞分裂素,以及利用乙烯的三重反应鉴定乙烯等。

早期激素的鉴定几乎全靠生物测定法,但因其灵敏性及专一性均不够高,近已渐渐少用。但对于要从大量人工合成化合物中筛选植物生长调节剂的试验来说,生物测定法仍不失为最可信赖的方法。此外,突变体在植物激素研究中的作用日益引起了人们的重视。例如利用缺乏赤霉素合成基因的水稻突变体,可显著提高赤霉素生物测定法的灵敏度。

二、理化测定法

随着物理和化学方法的发展,植物激素可采用薄层层析法(Thin Layer Chromatography,TLC)、气相色谱(Gas Chromatography ,GC)、高效液相层析(High Performance Liquid Chromatography,HPLC)和质谱法(mass spectrography ,MS)等方法来测定,其原理大都是基于不同物质在不同介质中有不同的分配系数。如生长素测定用这些方法可达到 10^{-12} g 的水平,相当于一个豌豆茎切段或一个玉米谷粒中的生长素含量。运用这些方法还可正确分析生长素的前体、生长素的周转(overturn)以及生长素在植物中的分布等。

色质联谱(GC-MS)可更为精确地检测多种激素,比如赤霉素的测定,先用气相色谱分离提取出混合物中的几十个组分,然后将纯赤霉素组分再进入质谱进行定性定量分析,由于质谱专一性很强,不致造成对非赤霉素物质的错误判断,因此测定结果准确可靠。

一般检测之初,需先用有机溶剂从植物样品中提取游离态激素。但因激素常以各种结合态存在,且结合态含量往往较高,在操作过程中必须防止结合态激素的水解。为了测定内源激素在提取与纯化过程中的损失量,常以放射性同位素^{3}H 或^{14}C,或以稳定性同位素^{2}H 或^{13}C 标记的激素作为内在标准物。

乙烯是一种气态激素,常用气相色谱仪测定,该法灵敏、准确,测定一个样品只要几分钟的时间。先将植物组织置于一个密闭容器中,然后用注射器抽取释放的乙烯气体,在气相色谱仪上分离测定。

高效液相色谱(HPLC)技术是检测、分离与纯化激素的有效手段。在 HPLC 技术中,反相层析应用水溶液为流动相更有利于激素的分离与纯化。

三、免疫分析法

近年来发展起来的免疫分析法被用来定性、定量研究各种植物激素,它是基于动物体对进入其血液中的外来物质的免疫性。当一种抗原导入兔子、老鼠等动物血液中,动物的保卫机制便产生了专一的抗体蛋白。抗原通常是蛋白质,植物激素为小分子物质,无免疫原性,但只要把它(如生长素)结合到蛋白质分子(如牛血清蛋白)上,就可转化成抗原分子,将此结合抗原注射到兔子等动物血液中,在动物的免疫系统作用下,会诱导产生对该激素的专一抗体。抗体是免疫球蛋白,存在于血液的血清部分,在注射抗原几十天后,把血液进行离心,即可得到抗体部分。由于抗体和抗原相互接触时产生沉淀,可用已知浓度的抗原对抗原-抗体沉淀量的关系式,计算样品中的激素含量。如用放射性抗原,可通过测定放射性活度来定量,常用的放射性元素有^{3}H,^{125}I。

放射免疫检测法(radioimmunoassay, RIA)和酶联免疫吸附检测法(enzyme linked immunosorbent assay, ELISA)是当前常用的两种免疫定量技术。其优点在于高专一性,高灵敏性,操作简便,样品往往只需初步纯化。抗体不仅可用于激素含量测定,而且应用抗体与酶或胶体金(银)标记相结合能产生特异可视物的特性,还可用于植物激素在组织与细胞内的定位研究。

随着科学和技术的发展,包括使用单基因突变材料、分子生物学和基因工程技术、灵敏的物理化学分析、免疫检测技术,已经把植物激素研究带入了一个新的阶段,植物激素的基本理论及其在农林、园艺等生产中的应用得到了更快的发展。

第二节　植物激素的分离过程

要深入了解植物激素与植物生长发育的关系,必须检测内源激素在植物体内的分布和含量的变化。从植株组织中提取游离态激素是检测的第一步。但因激素常以各种结合态形式存在,且结合态含量往往较高;同时,样品中还含有许多激素类似物以及其他干扰物质影响测定,因此在检测植物内源激素之前,要经过提取、分离和纯化等多项处理,并确定合理的提取程序,防止结合态激素的水解,去除样品提取液中的干扰物质,以获得真实可靠的检测结果。

一、植物激素的提取程序

采取的新鲜植物样品应立即称重后保存在 $-20\ ℃$ 以下,有条件时可在液氮中速冻或进行冷冻干燥。制取样液时的所有操作都应在低温(4 ℃以下)和弱光下进行,提取溶剂一般采用80%甲醇或丙酮,其材料/溶剂比(w/v)应控制在1:(6~8)为宜。匀浆液经高速冷冻离心后,上清液就可以用于分离纯化。

二、植物激素的分离与纯化

通常,植物样品中的干扰物可分为三类:①待测激素的类似物,例如 ABA 内酯和苯乙酸分别是测定 ABA 和 IAA 的干扰物,其含量有时甚至高于内源激素含量。②叶绿素、类胡萝卜素等亲酯性色素。由于测定中经常采用颜色反应,这些色素和植物激素同时溶解在有机溶剂中而干扰测定。③ELISA 测定中的抗体或酶活性抑制物,例如有些植物材料中含有酚类和有机酸,这些物质对酶和抗体活性都有抑制作用。

由于提取液中激素类似物种类因植物材料种类不同而异,其他干扰物质在不同的植物中存在的数量和种类也各不相同,因此应根据实际情况选择分离纯化的方法。常用的方法有溶剂萃取法、免疫亲和层析、薄层层析和 C_{18} 柱分离等。

1. 溶剂萃取法

由于各种激素在不同的溶剂和不同的 pH 条件下的分配系数不同,因此当用两种互不相溶的有机溶剂萃取时,可使其从一种溶剂转移到另一种溶剂中去。例如,ABA、

IAA 和 GA 等酸性激素在 pH 2.8 时呈分子态进入有机相；CTK 为碱性物质,会与杂质一起留在水相；在将 pH 调节到 8.0 后,CTK 将进入有机相,从而与水相中的杂质分开。用溶剂萃取法可比较彻底地清除样品中的亲酯性色素。其一般程序见图 5-1。

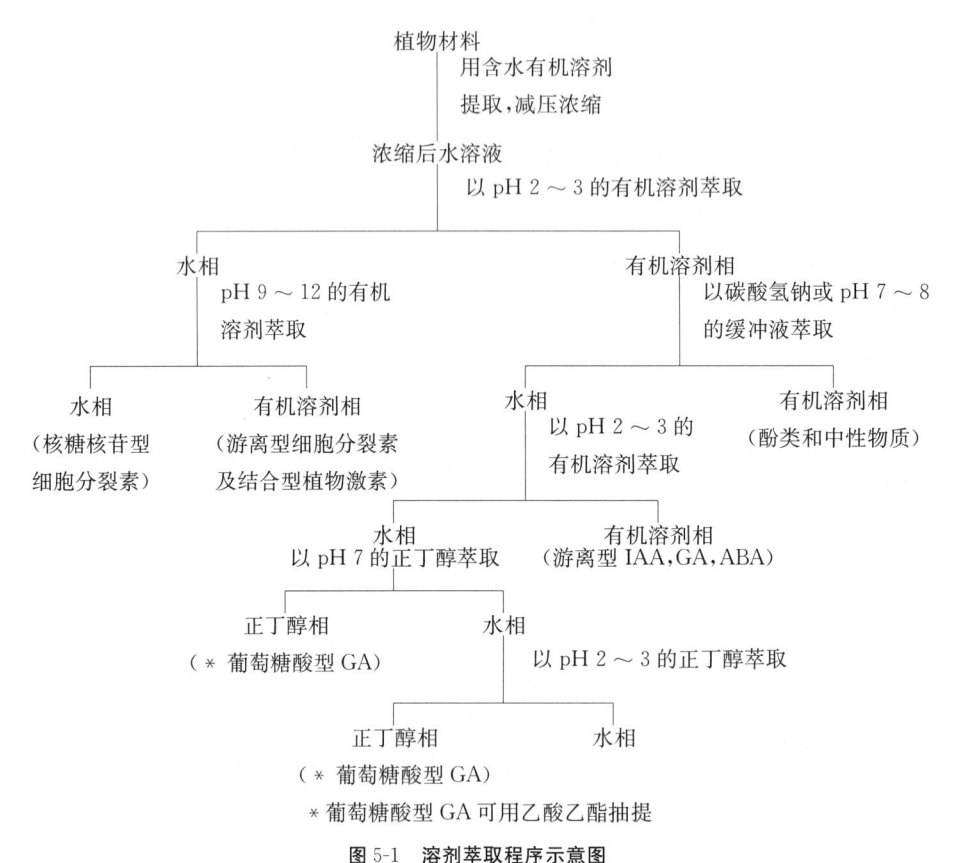

```
                        植物材料
                           │ 用含水有机溶剂
                           │ 提取,减压浓缩
                      浓缩后水溶液
                           │ 以 pH 2～3 的有机溶剂萃取
              ┌────────────┴────────────┐
             水相                    有机溶剂相
              │ pH 9～12 的有机          │ 以碳酸氢钠或 pH 7～8
              │ 溶剂萃取                 │ 的缓冲液萃取
         ┌────┴────┐                ┌────┴────┐
        水相      有机溶剂相         水相      有机溶剂相
     (核糖核苷型  (游离型细胞分裂素   │ 以 pH 2～3 的  (酚类和中性物质)
      细胞分裂素) 及结合型植物激素)  │ 有机溶剂萃取
                              ┌────┴────┐
                             水相      有机溶剂相
                          以 pH 7 的正丁醇萃取  (游离型 IAA,GA,ABA)
                          ┌────┴────┐
                      正丁醇相      水相
                    (*葡萄糖酸型 GA)  以 pH 2～3 的正丁醇萃取
                                  ┌────┴────┐
                              正丁醇相      水相
                            (*葡萄糖酸型 GA)
                          *葡萄糖酸型 GA 可用乙酸乙酯抽提
```

图 5-1　溶剂萃取程序示意图

2. C$_{18}$ 柱分离法

C$_{18}$ 胶柱(Sep-PaK C$_{18}$ Cartridge)可根据样品溶质极性的不同,分离水溶液中或极性较大的水和有机溶剂的混合物。当甲醇或丙酮等有机溶剂的提取液通过 C$_{18}$ 柱时,能有效地去除酯溶性色素。C$_{18}$ 胶柱分离纯化装置如图 5-2 所示。

3. 薄层层析分离法

薄层层析是将吸附剂在玻璃板上均匀地铺成薄层,把要分析的样品加到薄层上,然后用合适的溶剂展开,也可达到分离、鉴定的目的。因为层析是在薄层板上进行的,故称为薄层层析。采用薄层层析技术可以对植物激素进一步分离纯化,然后进行仪器分析,可以得到比

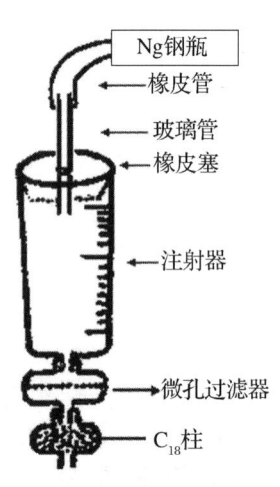

图 5-2　C$_{18}$ 胶柱分离纯化装置

较满意的结果。

薄层层析具有如下优点：①设备简单、操作容易；②层析展开时间短，只需要几分钟到几小时，即可获得结果；③分离时几乎不受温度影响；④可采用腐蚀性的显色剂，而且可以在高温下显色；⑤分离效率高。

(1) 薄层板的制备

制备薄层板有两种方法：一种是不加黏合剂，将吸附剂干粉如氧化铝、硅胶等直接均匀地铺在玻璃板上，通常称为软板。制作起来简单方便，但容易被吹散；另一种是加黏合剂如聚乙烯醇、水或其他液体，将吸附剂调成糊状再铺板，经干燥后才能使用，通常称硬板。制备方法比较复杂，但容易保存。通常用氧化铝G(G表示石膏，即在氧化铝中含有5%的煅石膏)或硅胶GF(在硅胶中含有煅石膏和荧光素粉)制备硬板。此外，还可以用淀粉和羧甲基纤维素钠(CMC)作黏合剂制板。

(2) 吸附剂和展开剂的选择

适宜的吸附剂和展开剂是薄层层析成功的关键。硅胶GF和氧化铝G是纯化植物激素常用的吸附剂。前者适宜于大部分植物激素的分离和纯化，氧化铝G在分离IAA、ABA和细胞分裂素时效果也比较好，层析后的薄板在紫外线灯下可以观察到绿色荧光或者其他颜色背景下的深色激素斑点。

(3) 展开溶剂系统的选择

展层所用的有机溶剂种类很多，可以用单一的溶剂，但通常采用几种成分混合的多元溶剂系统，以提高分离的效果。选用溶剂时应根据层析的类型，考虑溶剂的极性，对分离物质的溶解度和分配系数以及pH等。几种分离植物激素常用的溶剂系统见表5-1。

表5-1　几种展开溶剂的分离效果（引自朱丽华等1990）

编号	展开剂种类	Rf值	分离效果
1	氯仿∶乙醇乙酯∶冰醋酸＝5∶4∶1	$GA_3=0.17$，$ABA=0.41$，$Z=0.09$	GA_3与杂质完全分开，ABA分离不完全，Z处于杂质带处
2	氯仿∶乙醇乙酯∶冰醋酸＝15∶5∶4	$GA_3=0.11$，$ABA=0.41$，$Z=0.05$	GA_3无色带干扰，ABA有杂质带干扰，Z未与杂质完全分开
3	正乙醇∶异丙醇∶氨水∶水＝2∶8∶1∶1	$GA_3=0.41$，$ABA=0.63$，$Z=0.59$	GA未与杂质分开，ABA基本与杂质分开，Z无杂质带干扰

续表

编号	展开剂种类	Rf 值	分离效果
4	正乙醇：氨水：水＝80：5：15	$GA_3=0.22$，$ABA=0.33$，$Z=0.61$	GA 未与杂质分开，ABA 基本与杂质分开，Z 分离很好
5	氯仿：乙醇乙酯：冰醋酸＝12：8：1	$GA_3=0.10$，$ABA=0.40$，$Z=0.03$	GA 与杂质完全分开，ABA 有色带干扰，Z 移动距离太短
6	苯：正乙醇：乙酸＝80：15：5	$GA_3=0.14$，$ABA=0.39$	GA 和 ABA 都分离很好

在表 5-1 中,1、5、6 号溶剂系统适于分离 GA 和 ABA;2、3 号分离 ABA 和玉米素效果较好。经验证明,3 号溶剂系统分离 IAA、ABA 和玉米素效果最好,其 IAA 在薄板的下部,而玉米素和 ABA 则在上部。

层析结束后,将样品用刀片刮下用乙醇或丙酮溶液提取植物激素,离心后,溶液经氮气吹干或减压蒸馏,除去有机溶剂,再用少量乙醇或甲醇溶解后即可用于下一步的分析。

4. 免疫亲和层析

免疫亲和层析又称为亲和色谱法,对于清除样品提取液中的激素类似物特别有效。该法利用免疫原理纯化粗提取液中的植物激素,极大地简化了溶剂萃取分离纯化的过程,并可直接用于 GC-MS 或 HPLC 等仪器分析样品的前处理。

(1) 免疫亲和层析的原理

将抗体(Ab)以共价键的方式固定到含有活化基团的基质(M)上,即成固相化抗体的载体(M-Ab)。把这种载体置于层析柱内,再把欲分离的样液通过该柱,这时样液内该抗体(H)分子就被吸附到固相载体上,形成 M-Ab-H 复合物。而无亲和力的杂质就被缓冲液洗涤出来,形成第一个层析峰(杂质峰)。随后,再通过改变缓冲液 pH 或增加离子强度,或者加入抑制剂等方法即可把植物激素(H)从固相载体上解离下来,形成第二个层析峰。如果在溶液中存在两种或两种以上能与抗体结合,而亲和力有一定差异的物质,可采用选择性缓冲液进行洗脱,将它们一一分开。用过的固相载体经再生处理后,可以多次重复使用。

(2) 亲和层析的技术要点

基质的选择十分重要,所用的基质必须满足下列要求:①非特异性吸附值极低;②亲水性强,便于和水溶液中的抗体和抗原蛋白质结合物接近;③理化性状稳定,当抗体固相化和多种因素(温度、pH、离子强度、抑制剂等)变化时,基质不受或很少受到影响;④具有众多的化学基团,可以有效地被活化,从而容易和抗体结合;⑤具有适当的多孔性。

目前常用的Sepharose4B基本上能符合上述要求。Weiler(1989)特别强调Affigel适合于植物激素的纯化。

(3)抗体的选择与前处理

经过用硫酸铵或辛酸沉淀等方法适当纯化的多克隆抗体(PAb)，基本可以满足亲和层析的要求。

鉴于植物激素是半抗原，只有与BSA等蛋白质偶联才能成为免疫原，由此形成的抗血清中，往往存在BSA等蛋白质抗体。这些抗体并不能被饱和硫酸铵除去，需要用BSA等蛋白质-Sepharose4B亲和柱才能被吸附。经过这种亲和层析的预处理，可以明显提高PAb的纯化性能。

(4)固相抗体型亲和层析柱的制备

常用Sepharose4B交联抗体。交联前应在实验室中自行活化。其方法一般用15～25 mL Sepharose4B和1 g CNBr与5～25mL抗体进行偶联反应。关于Sepharose4B的活化程序可查阅《生物化学技术原理及其应用》(赵永芳，1988)。制备固相抗体型亲和层析柱的操作要点如下所述。

①混合抗体柱制备：可将几种不同激素的抗体等量混合，然后用饱和硫酸铵纯化，再将纯化后的抗体混合液加入到活化过的Sepharose4B柱中，进行交联；交联好的Sepharose4B凝胶悬浮于磷酸缓冲液(含有0.1% NaN$_3$)，4℃下保存和装柱。

②两种抗体的串联柱制备：将不同的激素抗体分别制备Sepharose4B凝胶柱，然后用尼龙针头或橡皮塞将各柱连接在一起。注意装柱时用尼龙绸布封住顶部，以防基质漏出，同时应避免发生气泡。

(5)层析柱的洗脱、再生与保存

①层析柱的洗脱：在亲和层析柱中，抗体与植物激素分子之间的结合是"诱导契合"型的，两者之间的亲和力很强，单用大体积平衡缓冲液或改变缓冲液的性质很难予以分离的。常采用80%冷甲醇溶液进行洗脱，也有用丙酮-缓冲液轮换洗脱的，如果用KCNS也能得到较好的洗脱效果。

②亲和层析柱的再生与保存：洗脱结束后，须用大量的洗脱液和高浓度的盐溶液连续洗涤亲和柱，然后再用缓冲液使其重新平衡，以备再次使用。暂时不用时，需加0.02%的NaN$_3$等防腐剂，于4℃下保存。

三、植物激素的纯度检验

激素粗提液经上述的方法分离提纯后，是否已达到检测要求，可作待测液的稀释曲线来检验。其方法是将待测液稀释成不同的浓度梯度，用同一方法进行检测，再与标准曲线进行比较。如果待测液的曲线与标准曲线平行，说明不同的稀释度之间有良好的比例关系，已达到纯化要求，否则说明有干扰物质存在，需要进一步纯化。图5-3

是在水稻叶片提取液经过 C_{18} 柱和溶剂萃取等纯化步骤后建立的稀释曲线,从两条曲线之间的平行关系可以看出,该样品已经达到 ELISA 检测要求。

为了测定内源激素在提取纯化过程中的损失量,常以放射性同位素 ^3H 和 ^{14}C 标记,或以稳定性同位素 ^2H 和 ^{13}C 标记的激素作为内在的标准物,计算回收率(图 5-3)。

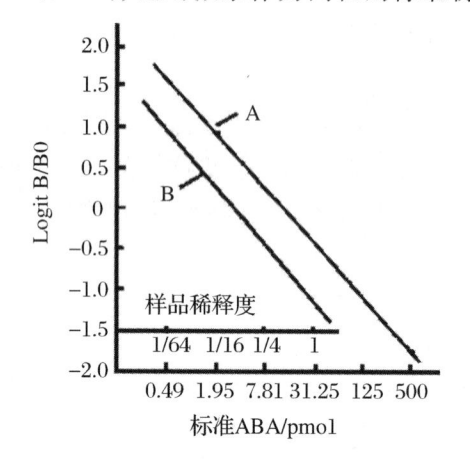

图 5-3　水稻叶片的稀释曲线(A)与标准曲线(B)

第三节

植物激素的免疫研究方法

一、植物激素的一般免疫分析技术

1. 免疫分析技术的概念

免疫分析技术是利用抗原与抗体结合的高度专一性原理设计的一种检测技术。主要包括放射免疫(radio immuno assay,RIA)分析法和酶联免疫吸附检测技术(enzyme linked immunosorbent assay,ELISA),这是当前常用的两种免疫定量技术。

RIA 的测定原理是将放射性同位素标记在抗原或抗体上形成标记抗原/抗体,再与未标记的抗体/抗原进行竞争反应,然后用液体闪烁计来测定反应体系中的放射性。

ELISA 则是利用抗原与抗体反应的高度专一性与酶对底物的高效催化作用相结合的原理而设计的,根据酶与底物作用后产生有色产物,从而以颜色的变化来判断实验结果。

基于动物体对进入其血液的外来物质的免疫性。将一种抗原导入兔子、小白鼠等动物血液中后,动物的免疫系统便产生出专一的抗体蛋白。抗原通常是蛋白质,植物激素如生长素不是完全抗原,但只要把它们用化学方法结合到蛋白质分子上(如牛血清蛋白),就可转化成抗原分子,将抗原注射到兔子中,几十天后兔体便会产生专一抗体。将兔的血液进行离心,即可得到抗体部分。当抗体和抗原相互接触就会发生沉淀反应,根据不同的已知浓度的抗原与抗体沉淀量的关系式,便可计算样品中激素的含量。如果再将酶蛋白标记在抗体/抗原上,就可以同时利用抗原与抗体反应的高度专一性和酶对底物的高效催化性等原理准确而快速地完成测定工作。

免疫分析技术的优点在于高度的专一性和灵敏性,而且操作简单,往往只需将样品进行初步纯化就可用于测定。在免疫分析中,多克隆抗体(PAbs)与单克隆抗体(MAb)不仅可以用于激素的纯化与定量,若与酶和胶体金(银)标记技术相结合,还可用于植物激素在组织内与细胞内的定位研究。今后可望不必从植物组织中提取,就能准确检测激素在植物细胞内的位置与含量。这种微量定位技术对于认识激素生理作用的实质非常重要,因为每一个植物细胞含有许多区间(compartment),激素积集的位置可能与产生效应的位置不同,真正发挥作用的激素可能只是细胞内激素总量的极小部分。以植物器官和组织为分析对象所获得的数据仅能反映激素在这种植物器官和组织内的总量,显然不能代表真实的情况,更难凭此建立植物激素细胞反应的相关性。鉴于 ELISA 的种种优点,它在植物激素研究领域中的应用将日益广泛。

ELISA 除被用于激素纯化、定量与定位分析外,对激素作用机理、合成、代谢、结合态的形成与水解等研究也是有用的工具。因此免疫技术的进一步开发和应用,将更有助于对植物激素基本理论及其与植物生长发育的进一步了解。

2. ELISA 的基本原理

应用固相载体(一种聚乙烯微孔板),使结合在抗原与抗体上的酶标记物以特异性结合的方式吸附于聚乙烯微孔板上,通过竞争性反应来检测抗体/抗原的量。常用的酶有辣根过氧化物酶(HRP)、碱性磷酸酶酯(AP)等,其反应原理及过程可用下面的反应式表示:

$$H+Ab+HP \rightleftharpoons AbH+AbHP$$

式中,H 代表激素分子,Ab 代表特异性抗体,HP 代表酶标记抗原(酶标记激素分子)。当 Ab 与 HP 的量确定时,由于 H 和 HP 共同竞争特性抗体 Ab,体系中 H 越多,反应式右边的 AbHP 复合物越少,因此可以通过检测 AbHP 的形成量来间接地测定 H 的量。测定中常用辣根过氧化物酶与 H 结合形成 HP,该酶可以催化 H_2O_2 分解成 O_2 和 H_2O,O_2 进一步定量地氧化邻二胺(OPD),生成棕黄色物质,其颜色深浅与 HP 的量成正比相关,而与 H 的量成负相关。因此,可用分光光度计进行测定。

抗体与抗原之间高度专一的匹配与结合是其反应的最根本的特性。为了充分认识这种特性,提高使用免疫技术的主动性,下边简要介绍抗原与抗体的基本性质。

(1)抗原

凡能刺激哺乳类、鸟类、两栖类和鱼类等动物产生抗体,并能与这些抗体进行专一性结合的物质,称为抗原(antigen)或完全抗原。它必须具备两种特征:免疫原性与反应原性。前者表示引起免疫响应的能力,可用特异性免疫球蛋白的形成或致敏淋巴细胞的产生来衡量。后者表示被特异性免疫球蛋白识别从而被结合的能力。有些物质,像吲哚乙酸与赤霉素等植物激素,其相对分子量都低于 500,将这些植物激素分子单独注入哺乳动物体内,通常不会引起免疫响应。这表明它们缺乏免疫原性。然而,它们能与相应的抗体结合,具有反应原性,因此特称为半抗原(hapten)。如果将这些半抗原分子先与某种蛋白质分子偶联,然后再注入到哺乳动物体内,就可引起免疫响应,形成能与这种半抗原分子专一结合的抗体。完全抗原与抗体结合并产生沉淀反应,而半抗原则不能。

抗原或半抗原分子表面,能与抗体分子结合的部位,称为抗原决定簇(antigenic determinant),又称表位(epitope),即抗原的反应原性决定于抗原决定簇的性质、数目和空间构型。一个蛋白质分子常常具有数目不等的多种抗原决定簇,每一种抗原决定簇又导致了各自特异的免疫响应,并与由此产生的抗体专一性结合。过去曾把整个半抗原分子看作是一个抗原决定簇,但是,近年来发现用不同偶联部位的赤霉素蛋白质复合物所得到的抗 GA 抗体的专一性相差甚大。这些抗体似乎只是识别 GA 分子的某一部分,而不是整个 GA 分子。从而提示半抗原分子也可能具有两个或者两个以上的抗原决定簇,即使这些抗原决定簇的部分基团是彼此相同的。

(2)抗体

抗体(antibody)是在抗原诱导下由哺乳动物等的免疫系统产生的一种球蛋白。早在 1939 年,就确认了抗体主要存在于血清中的 γ-球蛋白部分,因此以往曾将有抗体活性的球蛋白统称为"γ-球蛋白"。1972 年,免疫学会国际联合会(IUIS)决定取消"γ"这一符号,仅以免疫球蛋白(Ig)表示抗体。

抗体的基本结构是:由四条多肽链构成,即两条相同的重链(H)和两条相同的轻链(L),每条肽链均有氨基端(N)和羧基端(C),各肽链之间由二硫键相连。轻链由一个可变区(V_L)和一个稳定区(C_L)组成;重链则由一个可变区(V_H)与三个稳定区(C_H1、C_H2 和 C_H3)组成。通常,可变区含 110~120 个氨基酸残基,而每个稳定区约含 100 个氨基酸残基。

在 I_g 重链的两个稳定区(C_H1、C_H2)之间有一个能自由折叠或伸展的区域,称为铰链区,该区域富含脯氨酸和二硫键,在抗原与抗体结合时发生转动,使结合位点与抗原决定簇更紧密地结合。

稳定区与可变区分别体现出"共性"与"个性"。在同一类抗体的不同分子中,稳定区的氨基酸排列顺序基本相同,而可变区的氨基酸排列顺序却变化很大。在可变区内,有六个部位的氨基酸残基的变化特别大,称为高变区(hypervariable region HVR),免疫球蛋白的抗原结合部位实质上是由这六条多肽构成的。V_L 有三条多肽(V_L1,V_L2,V_L3),V_H 也有三条多肽(V_H1,V_H2,V_H3)。各种抗体之间由于这些多肽的氨基酸组成和顺序的不同,形成了不同的高变区,可变区中的其余氨基酸的顺序变化不大,可看作是框架部分。

(3)抗原抗体结合的专一性和亲和力

抗体的专一性,又称特异性,实质上是指抗体所具有的特异识别某种抗原决定簇的能力。在一个反应系统中,数量有限的抗体之所以能在较短时间内与抗原或半抗原结合,首先是由于抗体高变区的多肽结构能与抗原决定簇发生"诱导契合"反应,从而表现为抗体对抗原具有高度专一的识别能力。过去曾有"锁钥假说",认为抗原决定簇与抗体可变区之间的关系好比钥匙和锁眼的关系。目前已知抗体的可变区,如同酶的活性中心,像一个凹形的结合袋。而抗原与抗体亲和力最大的区域都是凸形的,且构型是易变的。

抗原抗体间的结合力大小可用亲和力来表示。抗原抗体间的结合就像酶与底物的结合,激素与其受体的结合一样,不是化学反应,而是非共价键的可逆性结合。抗原决定簇和抗体分子可变区构型互补,造成两分子间有较强的结合力。由于空间构型的互补程度不同,抗原抗体间的结合力强弱也不同。互补程度高则亲和力强。亲和力高的抗体与抗原的结合力强,即使抗原浓度很低时也有较多的抗体与抗原结合形成免疫复合物。

免疫测定技术就在于利用抗血清中那些专一性最强、亲和力最高的抗体。

(4)交叉反应

一种抗原除了与相应的抗体发生特异性反应外,也可以与其他相关抗体发生反应,这种现象称为交叉反应。交叉反应可能是不同抗原之间有相同的抗原决定簇,或者不同的抗原决定簇上具有相同的结构所致。

天然抗原表面有多种抗原决定簇,一般每个抗原决定簇可诱导机体产生一种特异性抗体,因此天然抗原可诱导产生多种抗体。不同抗原中除有各自的主要抗原决定簇外,也可能有部分相同的抗原决定簇,称为共同抗原。例如现有甲乙两菌,甲菌中含有A、B抗原,乙菌中含有A、C抗原,A抗原即为甲乙两菌的共同抗原,甲菌诱导机体产生的抗体既能与甲菌发生反应也能与乙菌发生同样的反应,反之亦然。

(5)环境条件对抗原、抗体反应的影响

①电解质和pH的影响:电解质和pH均影响抗原分子表面所带的电荷性质,影响抗原决定簇与抗体高变区结合部位化学基团之间电荷的相互作用,从而影响二者之间的结合。

②温度:主要影响抗原抗体分子间的碰撞机会。

3. 特定免疫抗原及抗体的制备

(1)特定免疫原的结合

植物激素相对分子质量一般都低于500,它们属于简单的半抗原,本身缺乏免疫原性,必须与具有免疫原性的大分子(如蛋白质)相结合后,才能诱导抗体的产生。因此特定免疫原的设计与合成是十分重要的一个步骤。

①载体蛋白的选择:常用的载体物质有牛血清白蛋白(BSA)、人血清白蛋白(HSA)和匙孔喊血蓝蛋白(KLH)等,其中BSA是最常用的,它的相对分子量为

70 000,具有较多的反应基团,如氨基、羧基、酪氨基等。而且 BSA 能在有机溶剂与水的混合物中充分溶解,使大多数偶联反应能够顺利进行。同时,BSA 价格便宜,容易为大家所接受。

②连接位点的确定:载体蛋白上具有较多的连接位点,如羧基和氨基等。一方面可以根据半抗原的结构特征来选择连接方案,另一方面也可以根据检测的目的和需要来设计连接方式。如 ABA 和 IAA 等植物激素通常有两个或两个以上可与载体蛋白结合的反应基团,若要制备一种既能与游离态 ABA 结合,又能与 ABA 内酯(如 ABAGE)结合的抗体,可选择 ABA 侧链 C1 位置上的 —COOH,使它与 BSA 上的氨基偶联。反之,如果只要测定游离态的 ABA,就必须保留 C1 位上的 —COOH,改选 ABA 环上 C4 位的羰基(=C=O),使它通过某种"间隔物"与 BSA 结合。同样,选择 IAA 侧链上的羧基与 BSA 结合为免疫制备抗体,可测定游离态 IAA 及其结合物的总量,而选择吲哚环上的亚氨酸(=N—H)合成的 IAA 所产生的抗体只能与游离态 IAA 发生反应。

③载体蛋白与激素分子偶联比值的确定:每个载体蛋白质分子偶联半抗原的分子数允许有较大的变动,一般都在(3~45):1(半抗原:BSA)均可产生较强的免疫应答。许多实验证明,植物激素分子与载体蛋白(BSA 或 HSA)之间的偶联比值在(5~15):1 均为适宜。

其次在设计合成特定免疫原时,还要考虑尽量简化步骤,以防止植物激素分子上的重要基团发生损害,并力求能在植物激素与载体蛋白质分子之间插入一个适宜的"桥",以增强半抗原决定簇在免疫分子中的暴露程度。

(2)抗体的制备

①免疫对象与佐剂的选择:选用适龄、健壮、无感染性疾病的雄性动物(兔、鼠和山羊等)作为免疫对象。在进行基础免疫之前,必须确保免疫原具有很高的纯度和溶解度。为了使免疫原能长时间留存于被免疫动物的体内,还需要使用佐剂。目前常用的福氏佐剂(freund adjuvant)中含 3~4 份羊毛脂,6~7 份石蜡油,其中再添加少量过期的卡介苗死菌的称为完全佐剂(CFA),否则为不完全佐剂(iCFA)。卡介苗死菌的作用是刺激供试动物产生某种细胞刺激因子,增强免疫效果。

②免疫程序:对于制备抗血清最佳程序的认识,目前还停留于经验阶段。可根据实验室条件和具体情况来确定。一般的做法是:初次免疫用溶有 0.25~1 mg 免疫原的磷酸缓冲液(0.01 mmol·L^{-1} H$_3$PO$_4$,0.01 mol·L^{-1} NaCl,pH 7.4)与等体积的完全福氏佐剂充分乳化,于兔背皮内进行多点(80~100 穴)基础免疫,以后每隔一个月以不完全佐剂加强免疫,共 2 次。从第 3 次加强免疫起,可用免疫原的水剂注射,4~6 d 后由兔耳静脉少量采血,跟踪检测血清滴度的变化。以后再经若干次加强免疫,多数兔子能产生预期中的抗体。

(3)酶标记抗原的制备

由于 ELISA 多采用固相抗体型,因而必须制备酶标记抗原。酶标记抗原既参与免疫学反应,又参与酶学反应。其质量直接关系到 ELISA 的特异性和敏感性。因此制备高质量的酶抗原是 ELISA 的关键。

常用的酶有碱性磷酸酯酶(AP)和辣根过氧化物酶(HRP)。将植物半抗原与酶交联时,必须防止交联部位发生在半抗原的反应原性部位上,以免降低 ELISA 的特异性与灵敏度。如果半抗原分子中已有羧基、羟基、羰基等反应基团(如 ABA、IAA、GA 等)。则可直接与酶蛋白交联,否则需先将反应基团引入半抗原分子(如 6-BA 等)。进行交联时,一般可使用双功能试剂(如戊二醛)。也可以通过与碘酸钠氧化后的碳水化合物直接缩合,将酶与半抗原分子交联起来。目前商品化的酶标记抗原或抗体已有供应,常以配套齐全的试剂盒形式出售。所以测定时只需要根据自己的要求购买相应的试剂盒就可以方便地进行测定。

(4)ELISA 测定程序的设计

取得抗体和酶标记物后,便可设计 ELISA 的测定程序。优化的程序需要确定各种试剂的最佳工作浓度和反应时间,一般可用双相稀释反应曲线。根据经验,可设计为基于单克隆抗体的固相抗体型和基于多克隆抗体的固相抗原型两类方法。

固相抗体型 ELISA 的操作程序:

①确定反应物的最适工作浓度,包括标准样品和未知样品的最适工作浓度。可预先采用双稀释曲线来完成;②将抗激素分子的特异性抗体吸附在微孔板上(也叫作包被),在湿盒中 4 ℃下放置过夜;③弃去孔内溶液并用缓冲溶液洗板后甩干,再加入待测激素样品和酶标激素复合物进行竞争性免疫反应;④反应结束后弃去孔内溶液并洗板,甩干后加入反应底物进行酶促反应,待显色 20 min 后,用 H_2SO_4 终止反应;⑤比色,计算结果。

固相抗原型 ELISA 的操作程序:

①确定反应物的最适工作浓度后将激素蛋白复合物(抗原)吸附在微孔板上,37 ℃湿盒包中放置过夜;②次日弃去孔内溶液,洗板甩干,加入待测样和抗激素的特殊抗体(第一抗体),37 ℃反应 1 h 后,弃去孔内溶液并洗板,甩干;③加入酶标第二抗体,37 ℃反应 1 h 后,洗板甩干;④加入反应物进行酶促反应,显色后比色并计算结果。

(5)ELISA 测定方法分类

根据以上 ELISA 程序类型,又可以建立不同的测定方法,一般常用的有直接法、间接法、双重抗体法和酶标抗原竞争法 4 种类型。

①直接法:先将待测抗原吸附在聚乙烯微孔板表面,然后加入酶标记抗体,最后加入底物产生有色物质,测定吸光度,计算抗原含量。由于各种抗原分子量相差悬殊,吸附难易不同,故此法应用较少。

②间接法:先将过量抗原吸附在聚乙烯微孔板表面,然后加入待测抗体为第一抗体与抗原结合,再加入酶联第二抗体,最后加入底物产生有色物质,测定吸光度,计算第一抗体含量(如实验 iPA 的 ELISE 即采用间接法)。

③双重抗体法(双抗夹心法):先将过量抗体吸附在聚乙烯微孔板表面,再加待测

抗原，然后加酶标记抗体，最后加入底物生成有色物质，测定吸光度，计算抗原含量。此法要求待测抗原必须有两个结合位点，故不能用来检测半抗原物质。

④酶标抗原竞争法：先将过量抗体吸附在聚乙烯微孔板表面，然后加入不同比例的酶标记抗原及非酶标抗原（待测样），最后加入底物产生有色物质，测定吸光度，根据吸光度大小，来计算未知溶液中抗原的含量。此法需要同时做不加非酶标抗原的空白对照。

上述四种测定方法前两类属于固相抗原型，而后两类则属于固相抗体型。其原理可归纳于图 5-4。

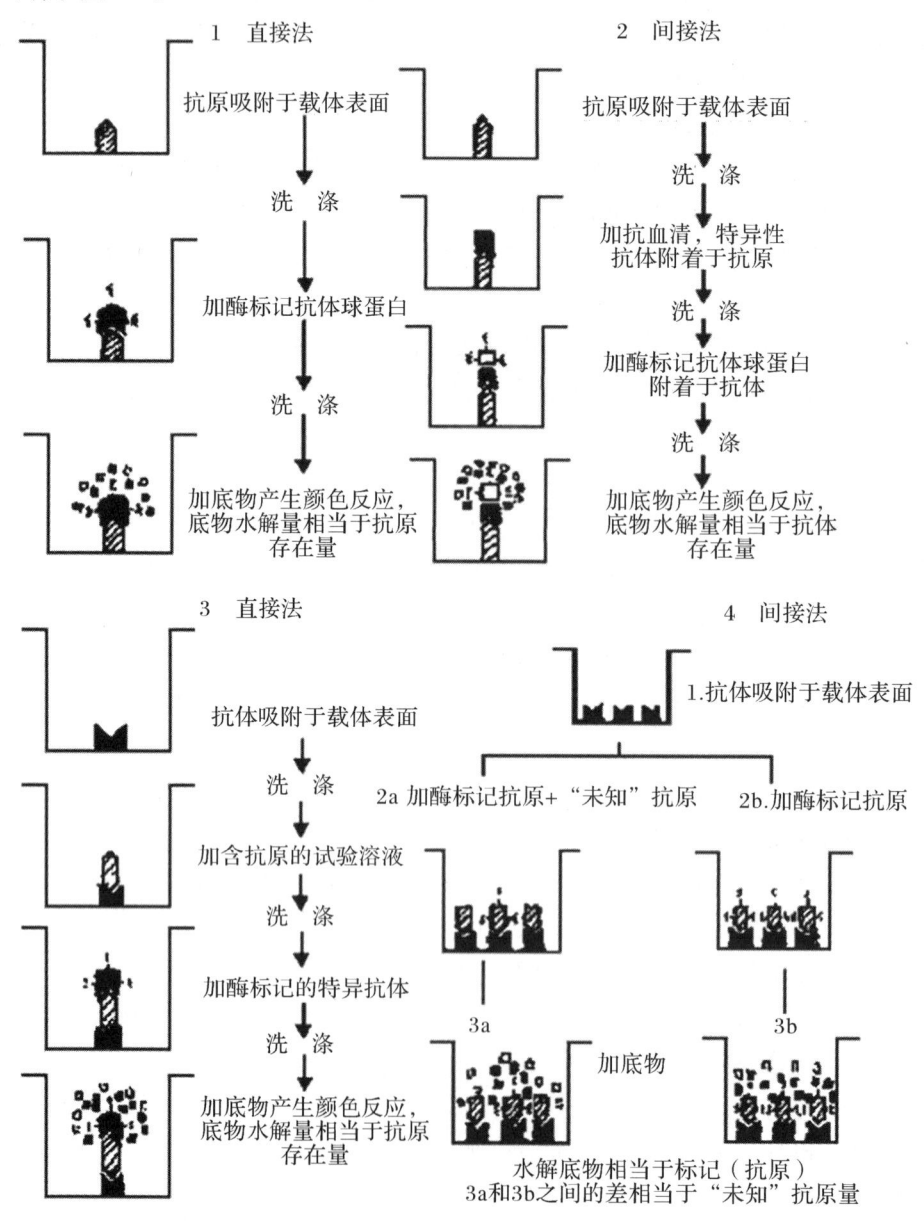

图 5-4　四种 ELISA 测定原理

4. 四种植物内源激素的 ELISA 测定

(1) 吲哚乙酸 (IAA) 含量测定

常用固相抗原型 ELISA，其原理为先将 IAA-蛋白复合物（抗原）与固相载体（聚苯乙烯微孔板）结合，然后将待测样品或标准 IAA 与抗 IAA 抗体（第一抗体）加入微孔板的孔中，进行竞争反应，去除上清液，洗涤固相表面后，再加入酶标第二抗体，使其与结合在固相 IAA 上的第一抗体反应，最后去除多余的未反应的酶标记第二抗体，测定与固相结合的酶量（其多少以显色后的吸光度表示）。酶量与所加的 IAA 含量呈负相关。根据已知标准 IAA 浓度和所得的对应吸光度，经数学换算，可得一条标准曲线。对于未知样品，只要在相同条件下测定反应后的吸光度，就可以根据标准曲线计算出 IAA 含量。

(2) 脱落酸 (ABA) 含量测定

采用固相抗体型测定，它是测定抗原竞争法的一种。测定时，先在聚苯乙烯微孔板上吸附一层兔抗鼠 IgG 抗体 (RAMIG)，再让 ABA 单克隆抗体 (MAb) 与其结合，即让 MAb 与吸附到固相载体上的 RAMIG 结合，然后优先让标准样品或待测样与固相化的 MAb 结合，待反应一定时间后，再让辣根过氧化物酶标激素 (ABA-HRP) 与前者竞争结合固相化 ABA-MAb，通过测定 ABA-HRP 的结合量确定样品中 ABA 的含量。

(3) 赤霉素 (GAs) 含量测定

常用固相抗体型 ELISA，其原理与 ABA 含量测定基本相同。

(4) 细胞分裂素 (CTKs) 测定

植物细胞分裂素是一类具有腺嘌呤环结构的植物激素，其共性在于该环的第六位上有不同的取代基。根据 N_6 位上取代基的不同，可将内源 CTKs 大致分为三组：凡 N_6 侧链为 3-甲基-2-烯氨基的，称为异戊烯腺苷（iPAs isopentenyladenosine group）；凡 N_6 侧链为 4-羟基-3-甲基-丁-2-烯氨基的，称为玉米素核苷（ZRs Zeatin rboside group）；凡 N_6 侧链为 4-羟基-3-甲丁烯氨基的称为二氢玉米素核苷（DHZRs Dihydrozeatin rboside group）；目前多采用固相抗原型 ELISA，其原理与测定过程与 IAA 相同。

二、植物激素的免疫组织化学定位技术

植物激素的免疫组织化学定位技术在阐明植物激素的作用机理研究方面被寄予了很大的期望，是非常有魅力的研究领域。虽然如此，植物激素的免疫组织化学定位研究的历史却十分短暂，有关的文献也屈指可数。这也许是植物激素的免疫组织/细胞化学研究中确实存在着一些比较棘手的难题的缘故。

在使用免疫组织化学定位方法之前，很多研究者也曾对植物激素的组织以及细胞水平的定位研究做过一些尝试。其中研究最多的是利用放射自显影法进行放射性标记的外源植物激素在植物体内分布的研究。这种方法不仅可以非常方便地进行植物整体的激素分布情况的研究，而且利用化学固定剂或者是快速冻结的方法，甚至可以

实现细胞水平的定位观察。近年来光敏亲和标记法也被应用于植物激素的定位研究。尽管这些研究对了解植物激素在组织和细胞内的存在及其作用部位有一定的参考价值，但大多数是利用外源的标记激素所进行的实验，存在着相当多的局限性，不能完全地真实反映在各种生理过程中植物内源激素的分布情况。随着免疫组织化学技术在植物激素测定上的应用，人们开始探讨应用免疫组织细胞化学的手段解决植物激素的定位问题的可行性，并且积累了许多有价值的资料。

1. 植物激素免疫组织化学定位基本原理

植物内源激素在同一器官不同组织之间，甚至同一组织的各个细胞之间的分布差异悬殊，单靠免疫定量技术不能进一步认识细胞内各种激素的区域化分布。因此，更有赖于免疫定位技术的发展。

免疫组织化学定位技术的基本原理与固相抗原型酶联免疫吸附检测法相同，也是以抗体与抗原和半抗原之间的特异性结合为基础。通常在植物细胞中，以结合态和游离态的某种激素分子为目的物，需预先进行固定，然后用直接法和间接法进行标记定位。直接法是使用与标记物相连的一种抗体识别并且显示该目的物；间接法是先用一种非标记的、能与目的物特异性结合的抗体（第一抗体）共同温育切片，然后再用标记的第二抗体去识别并结合于第一抗体的 Fc 片段上。间接法比直接法更灵敏，因为它通过两步识别可以产生明显的放大效应。

与动物激素的免疫组织化学或细胞化学研究相比，植物激素的免疫组织细胞化学研究存在一些特殊的难题。

(1) 由于植物细胞存在着细胞壁的障碍，不利于固定剂的渗透，并阻碍染色时抗体与抗原反应。

(2) 植物激素在组织中的浓度极微，而且分子质量小，抗原性差，不利于免疫检测。

(3) 植物组织中存在着大量的激素类似物及其他干扰物质，更增加了研究的难度。

(4) 植物激素分子量小，易溶于多数有机溶剂，在水溶液中也有一定的溶解度，而且也不像蛋白质那样容易被普通的固定剂所固定。所以在组织和细胞内比大分子更容易移动和渗漏。因此在植物激素的定位研究中，最关键的问题是如何维持植物激素在组织及细胞内的原位性。考虑到在普通的石蜡切片和树脂切片的制备过程中，诸如固定、包埋、脱水以及以后的染色过程中，都需要经过相当频繁的溶液或溶剂处理。如果不能有效地进行固定，植物激素的组织及细胞定位几乎是不可能的。所以在植物激素的免疫定位研究中，必须针对上述问题和植物材料的特殊性采取相应的对策。

目前解决这一问题的基本策略是利用交联剂（如戊二醛、多聚甲醛、碳二亚胺等）将植物激素小分子结合到其周围的蛋白质上使之得到固定。

2. 植物激素的固定和标记方法

(1) 植物激素的固定方法

① 溶液化学固定法

激素的溶液化学固定法是将溶解于水溶液或者是有机溶剂的化学交联剂渗透到

材料中,经化学反应使激素小分子与细胞内的蛋白质类大分子共价结合而获得固定的方法。虽然在植物激素免疫化学定位研究中,大多数都采用了这种溶液化学固定法,但是这种固定法显然不能避免固定过程中激素的移动和流失,从根本来说不适用于植物激素的免疫组织化学定位研究,尤其是不适宜于激素分子在细胞超微结构水平上的定位。为了克服溶液化学固定法的这个缺陷,许多研究者尝试着采用了其他植物激素的固定法。

②低温置换(化学)固定法

在维持细胞内成分,尤其是可溶性成分的原位性方面,目前最理想的方法是冻结固定法。冻结材料在进行包埋和切片前,必须先进行脱水。低温置换(化学)固定法就是利用在熔点附近的丙酮和乙醇溶解到冰里面的性质,将冻结材料内的水分在-80℃左右用丙酮或乙醇进行置换,同时用预先溶解在置换液中的化学固定剂(如锇酸等)对组织和激素进行固定的方法。由于低温置换(化学)固定法是在细胞溶液的再结晶化点(T_r)以下的温度进行的,所以能够防止由于温度的上升使冻结材料再结冰现象的发生,在目前的生物材料固定法中该法是最优秀的方法之一。

虽然低温置换(化学)固定法比溶液化学固定法已经有了长足的进步,但是仍然存在着很大的缺陷。例如在长时间的低温置换过程中,植物组织中的激素小分子会溶解在置换溶液中,从而发生移动和流失。而且利用同位素标记的赤霉素和琼脂块模型实验也证明,在上述的低温置换(化学)固定过程中,有80%左右的激素分子被溶出组织块。因此对激素免疫定位的结果影响最大的是激素分子在组织内的位置移动,很显然这在低温置换过程中也是难以避免的。

③冰冻干燥和气体固定法

冻结材料的处理方法是冰冻干燥。如果环境的真空度低于在该温度下水的蒸汽压时,冰就不经过液态而直接气化,这一过程也称为升华。生物组织如果在其再结晶化点温度以下进行冻结干燥,细胞内的各种微细胞结构就不会遭到损伤,而且可以避免各种水溶性物质及离子之类的移动和流失。经冰冻干燥后的样品,在进行观察和作进一步的包埋和切片之前,需要对组织进行适当的固定。通常采用锇酸蒸汽对干燥材料进行气态固定。此外甲醛蒸汽可以固定 IAA 和玉米素,碳二亚胺(DCC)蒸汽可以固定所有含羧基的酸性植物激素。这种将冻结干燥和气体固定相结合的方法称为冰冻干燥-气体固定法。利用这种方法可以制备与活体状态相近的样品材料。在细胞微细结果的观察、生物切片的放射自显影分析以及 X 射线元素分析的实践中经常得到应用。在植物激素的固定中如果利用冻结干燥结合气体固定法,就可以避免上述溶液固定和低温置换固定法中溶剂处理的困扰,在一定程度上可以保证激素分子的原位性。

(2)植物激素的可视化标记

免疫组织化学定位技术的目标在于将定位与定量尽可能统一起来,这样使样本中发生的免疫学反应结果通过直观的方法充分表现出来。要做到上述要求,就必须选用合适的标记物。当前,利用放射性元素、酶、重金属标记的特异性抗体与激素之间灵敏而且专一的抗原抗体反应,能让我们很方便地在显微镜下观察到植物激素在组织甚至在细胞内的位置。近年来植物激素的免疫组织细胞化学定位研究中广泛采用的染色方法主要有以下几种。

①酶标记法

这是一种比较传统的免疫染色方法,包括直接法、间接法和PAP(过氧化物酶-抗过氧化物酶抗体复合物)法,其中PAP法较为灵敏,能对抗原抗体反应连续起放大作用,所以被广泛地应用。

②荧光标记法

在免疫组织化学水平上,免疫荧光染色法操作比较简单,而且灵敏度也比酶标记法高,在非精细定位研究中可以得到比较理想的染色结果。常用的荧光标记物有异硫氰酸荧光黄(FITC)、罗达明B200以及异硫氰酸四甲基罗达明(TMRITC)。FITC发黄绿色荧光,后两者均发橙红色荧光。将这两种荧光标记物相配合,就形成了对比荧光染色和荧光双标记技术。但是由于木质素与某些酚类物质也发黄绿色荧光,叶绿素则发红色荧光,此方法难以在绿色和木质化组织中应用。

③免疫金(银)染色法

在免疫染色方法中,免疫金(银)染色法是最灵敏的一种,尤其是在电子显微镜下观察有很大的优越性。因此是当今最受推崇的技术。而且利用免疫胶体金染色后的切片再用银增强染色后,还可用于光学显微镜下的观察。所以现在的植物激素的免疫化学定位研究绝大多数都采用了这种染色方法。其原理是先将氯金酸还原成颗粒直径不同的金融胶,用这种金融胶标记抗体或金黄色葡萄球菌A蛋白,再将这种胶体金标记的抗体用于显微定位观察。由于胶体金是疏水的,并且在pH高时带负电荷,很容易被抗体吸附在其表面而又不影响抗体的免疫活性。胶体金颗粒剂有很大的电子密度,在透射电镜下很容易被发现,若在光学显微镜下观察,胶体金颗粒直径应大于20 nm才能被发现。这时可在金标抗体染色后,再用银显影处理,使金颗粒周围吸附大量的银颗粒。这样在光学显微镜下就很容易看到阳性部位呈现银离子的黑褐色。与其他标记物相比,胶体金更适合于一般实验室使用。在电子显微镜下胶体金颗粒的分布与数量可分别用作区域化定性和定量的依据。常规制备胶体金溶液的方法有柠檬酸钠-鞣酸还原法、柠檬酸钠还原法、白磷还原法和超声波还原法等。

以上概述了植物激素的免疫组织细胞化学实验里一些重要的问题以及现行的解决方法。除此之外,制备高特异性、高亲和性的抗体,设计周到的对照实验等,也都是植物激素的免疫组织细胞化学实验取得成功所必不可少的条件。

第四节
植物生长调节剂的应用技术

一、植物生长调节剂应用的特点

植物在生长发育过程中,除了需要水分、矿质元素和各种有机物作为细胞生命的结构和营养物质外,还需要微量的植物生长物质参与调控植物体内的新陈代谢过程,来适应植物体内、外界不断变化的环境。世界面临着人口、食物、能源、环境和资源问题的挑战。为了面对新世纪的挑战,在培育更高产和稳产的作物品种的同时,还需要对植物生长进行更精细有效的调控,通过传统方法和生物技术相结合去发展可持续农业生产,植物生长调节剂的应用在其间有着重要的作用。

植物生长调节剂在农业生产中得到了广泛的应用,包括粮棉油、蔬菜、果树、花卉、林木等方面,为农业生产做出了巨大的贡献。如促进生长、生根的萘乙酸,打破休眠的赤霉素,防止衰老的 6-苄基氨基嘌呤,防止棉花、小麦疯长的矮壮素,催熟果实的乙烯利等。同一植物生长调节剂在不同浓度和不同植物器官中可能有不同的作用,如生长素类往往在低浓度下可作为生长促进剂,而在高浓度下又可作为生长抑制剂。像 2,4-D,用低浓度处理时,具有促进生根、生长和保花、保果等作用;高浓度时,能抑制植物生长;使用浓度再提高,便会杀死双子叶植物,具有除草剂的作用。

值得注意的是尽管植物生长调节剂具有很多生理作用,但它并不能代替植物的营养物质,二者之间存在着根本的区别。植物营养物质是指那些供给植物生长发育所需的矿质元素,如氮、磷、钾等。它们是植物生长发育不可缺少的,直接参加植物的各种新陈代谢活动,或是植物体内许多有机物的组成成分,参与植物体的结构组成。植物的生长发育对营养物质的需要量较大,由土壤供给或施肥补充。而植物生长调节剂不提供植物生长发育所需的矿质元素。它是一类辅助物质,主要通过调节植物的各种生理活动来影响植物的生长发育,一般不参与植物体的结构组成,其效应的大小不取决于其必要元素的含量,植物对它们的需要量很小,用量过大反而会影响植物的正常生长发育,甚至导致植物死亡。可见植物生长调节剂与植物矿质营养物质是完全不同的两类物质,二者不能混为一谈。市场上销售的有些产品如微肥属于植物营养物质,并不是植物生长调节剂。当然也有一些制剂是将微肥与植物生长调节剂混合在一起的。

此外市场上还有一类产品即生物制剂销售,如增产菌、根瘤菌种等。生物制剂本身就是一种微生物,如细菌、真菌等,是有生命的东西,高温、强酸、强碱等不良条件可降低或使其失去生物活性,因此在贮藏和使用过程中需要特别小心。生物制剂是利用微生物与植物之间的共生关系,相互依赖、互相促进,从而影响植物的生长发育。因此生物制剂也不是植物生长调节剂,购买和使用时应注意它们的性质和作用的不同。同样的道理,一些生物制剂里也可能含有植物生长物质,有调节植物生长发育的效应,起到植物生长调节剂的作用。

在使用植物生长调节剂时,不能随意加大浓度和使用次数,以免造成药害和对环境的污染。残留于土壤中的植物生长调节剂不仅会对后茬植物的生长发育造成不良影响,还会对环境造成污染,因此,了解和控制植物生长调节剂在土壤中的残留,也是植物生长调节剂使用中非常重要的一项工作。在使用植物生长调节剂时,尤其是进行土壤处理时,一定要考虑土壤残留,尽量避免使用那些在土壤中降解缓慢的植物生长调节剂,更不能提高所用浓度,以避免对后茬植物及环境产生不良影响。

要用合格的植物生长调节剂,必须三证齐全。三证是指生产批准证书、标准和登记证。三证是以产品为依据发放的,即每种植物生长调节剂产品,同一种产品不同的生产厂家都有各自的三证。

二、植物生长调节剂的施用方法

植物生长调节剂的施用方法较多,随生长调节剂种类、应用对象和使用目的而异。方法得当,事半功倍;方法不妥,则适得其反。在实际应用中要根据实际情况灵活选择。

1. 溶液喷洒

溶液喷洒是生长调节剂应用中常用的方法,根据应用目的,可以对叶、果实或全株进行喷洒。先按需要配制成相应浓度,喷洒时液滴要细小、均匀,药液用量以喷洒部位湿润为度。为了使药液易于粘附在植物体表面,可在药液中加入少许乳化剂,如中性皂、洗衣粉、烷基磺酸钠,或表面活性剂如吐温 20、吐温 80,或其他辅助剂,以增加药液的附着力。溶液喷洒多用于田间,盆栽也适用。为了使药液在植物体表面存留时间长,吸收较充分,使用时间最好选择在傍晚,气温不宜过高,使药剂中的水分不致很快蒸发。否则过量未被吸收的药剂沉积在叶表面,对组织有害。傍晚喷施后,第二天早上的露水有助于药剂被充分吸收。如处理后 4 h 内下雨,叶面的药剂易被冲刷掉,降低药效,需要重新再喷。根据使用量选择不同型号喷雾器。

2. 浸泡法

常用于种子处理、促进插条生根、催熟果实、贮藏保鲜等。

种子处理:所浸种的用水量要正好没过种子,使种子充分吸收药剂。浸泡时间 6~24 h。如果室温较高,药剂容易被种子吸收,浸泡时间可以缩短到 6 h 左右;温度低时,则时间适当延长,但一般不超过 24 h。要等种子表面的药剂晾干后播种。

促进插条生根:可将插条基部长 2.5 cm 左右浸泡在含有植物生长调节剂的水溶液中。浸泡时间的长短与药液浓度有关。如带叶的木本插条,在 5~10 mg·L^{-1} 吲哚丁酸中浸泡 12~24 h 较为适宜。如药剂浓度改为 100 mg·L^{-1},则只需浸泡 1~2 h。

浸泡时应放置在室温下阴暗处,空气湿度要大,以免蒸发过快,插条干燥,影响生根。浸泡后可将插条直接插入苗床中,四周保持透气,并有适宜的温度与湿度。也可用快蘸法,操作简便,省工。将插条基部长 2.5 cm 左右放在萘乙酸或吲哚乙酸酒精溶液中,浸蘸 5～10 s,药剂可以通过组织或切口很快进入植物体,待药液干后,可立即插入苗床中。也可用较高浓度的水溶剂,如 5 000 mg·L^{-1} 丁酰肼快蘸处理,促进生根。另外还可用粉剂处理,将苗木插条下端半寸左右先在水中浸湿,再蘸拌有生长素的粉剂。为防止扦插时蘸在插条上的药粉擦去,可先挖一条小沟,把插条排在沟中,然后覆土压紧。

贮藏保鲜:可用于鲜切花,如唐菖蒲、菊化、金鱼草等,可直接浸泡在保鲜液中,贮藏在 2～5 ℃低温下,可延长保鲜期。在室内瓶插的,在室温下也可延长观赏时间。

保花保果:可将药剂盛在杯中蘸花簇,蘸湿即可。

3. 涂抹法

本法用毛笔或其他工具将药液涂抹在植物的某一部分。如将 2,4-D 涂布在番茄花上,可防止落花,并可避免其对嫩叶及幼芽产生危害;将乙烯利溶液涂布在橡胶树干的割胶带上,能促进排胶。对于切割后收取流出液汁的树木,如橡胶、生漆、安息香树等的次生物质的处理,处理前在切口下部约 2 cm 处去掉木栓化树皮,涂抹上含有调节剂的载体,如棕榈油、沥青等。处理部位随着切割逐步被切除,等完全切除后再做第二次处理。此法便于控制施药的部位,避免植物体的其他器官接触药液。对于一些对处理部位要求较高的操作,或是容易引起其他器官伤害的药剂,涂抹法是一个较好的选择。

4. 土壤浇灌

配成水溶液直接灌在土壤中或与肥料等混合使用,使根部充分吸收。盆栽植物用水量根据植株大小与盆的大小而定。9～12 cm 盆一般 100 mL,15 cm 以上的盆需 200～300 mL。用水量不要太多,以免药剂从盆底泄水口流失,降低药效。如是溶液培养,可将药剂直接加入培养液中。在育苗床中处理时,除叶面喷洒外,可随着灌溉,将药剂徐徐加入流水中,供根系吸收。大面积应用时,可按一定面积用量,与灌溉水一同施入田中。也可按一定比例,把生长调节剂与土壤混合,进行撒施。施入土壤的植物生长调节剂,可以是一定浓度的药液,也可以按照一定比例混在肥料、细土中。在一些盆栽花卉中,可以根据植株的大小和花盆的大小确定药液的用量,也可以按照用量直接拌入盆土中。在林地使用时要除去地表的枯枝败叶等,让表土裸露。另外,土壤的性质和结构,尤其是土壤有机质含量多少对药效的影响较大,施用时要根据实际情况适当增减用药剂量。

5. 点滴法

为促进开花,控制植株茎、枝伸长生长等,可将水溶液直接注入筒状叶中。如处理叶腋或花芽,为防止药剂流失,可事先放一小块脱脂棉,将药剂滴注在棉花上,使能充分吸收,而不致流失。

6. 注射法

将药剂通过注射器,多方向地注入植物输导系统中,以助吸收。用于木本植物可在树干基部注入药液。在矮化盆栽竹时将浓度为 $100\sim1\,000\;\mathrm{mg\cdot L^{-1}}$ 的矮壮素、多效唑、整形素、青鲜素等药液中的一种注入竹腔,可使处理竹的株高缩至未处理的 1/5 左右。

7. 气体熏蒸法

熏蒸法是利用气态或在常温下容易气化的熏蒸剂在密闭条件下施用的方式,如用气态乙烯拮抗剂 1-甲基环丙烯在密闭条件下熏蒸盆栽月季以延缓衰老和防止落花落叶。熏蒸剂的选择是取得良好效果的前提,但是由于目前可用于熏蒸的植物生长调节剂种类较少,选择余地也小。在进行气体熏蒸时,温度和熏蒸容器的密闭程度,是两个重要的影响因素。气温高,药剂的气化效果好,处理效果也好;气温低则相反。处理容器的密闭性越好,处理效果也越好;处理容器的密闭性不好则相反。

8. 签插法

一般用于移栽的植株。将浸泡过生长素类药液的小木签,插在移植后的苗木或幼树根际四周的土壤中。木签中的药剂溶入土壤水中,被根系吸收,有助于长新根,提高移栽成活率。

9. 高枝压条切口涂抹法

用于名贵的难生根植株繁殖。在枝条上进行环割,露出韧皮部,将含有生长素类药剂的羊毛脂涂抹在切口处,用苔藓等保持湿润,外面用薄膜包裹,防止水分蒸发,当枝条在母枝上长出根来以后,可切下生根枝条进行扦插。

10. 拌种法与种衣法

种子处理技术已成为植物生产的重要环节。用杀菌剂、杀虫剂、微肥等处理种子时可适当添加植物生长调节剂。拌种法是将试剂与种子混合拌匀,使种子外表沾上药剂,如用喷壶将药剂洒在种子上,边洒边拌,搅拌均匀即可。种衣法是用专用剂型种衣剂,将其包裹在种子外面,形成有一定厚度的薄膜。可同时达到防治病虫害、增加矿质营养、调节植物生长的目的,省工省时效率高。

三、植物生长调节剂间的相互作用

植物在生长发育过程中,并不是单一的激素在起调节作用,事实上多种激素间的某种平衡更为重要,即每一个生理生化过程都是多种激素调节控制的结果,各种激素之间具有相互促进、相辅相成的一面,又有相互对抗的一面。因此,生长调节剂之间也存在着相互作用,了解这些作用对于正确认识和使用植物生长调节剂很有帮助。

1. 增效作用

一种激素可加强另一种激素的效应,即加合作用。两种或两种以上的植物生长调节剂混合使用,可起到互补作用,提高其应用效果。例如,赤霉素能促进植物体内生长素的合成,通过抑制生长素氧化酶的活性,减缓生长素的分解;可使结合态的生长素转变为游离态的生长素。两者共同应用时,对节间伸长等有增效作用。组织培养中的细胞分裂,需要生长素和细胞分裂素的共同作用,两者之间就表现出相互的增效作用;生长素和赤霉素对促进植物节间伸长,也表现出相互的增效作用;萘乙酸和吲哚丁酸混用,可促进插条生根。

2. 拮抗作用

拮抗作用也叫对抗作用,即一种激素的存在可抵消或削弱另一种激素的作用。通常生长素可促进插枝生根,但在赤霉素作用下生根受到抑制。生长素具有使植株形成顶端优势的作用,而细胞分裂素则能克服由生长素所引起的顶端优势,如用激动素涂在被生长素抑制的侧芽上,就可使侧芽萌发和生长。赤霉素可促进种子萌发,而脱落酸则起抑制作用;赤霉素和生长延缓剂在茎秆伸长方面有相反的作用。生长素可削弱乙烯促进脱落和衰老的作用;乙烯则抑制生长素的合成,阻碍生长素的传导。生长素促进生长的效果可被脱落酸所抑制;相反脱落酸引起器官脱落的作用可被生长素所抵消。细胞分裂素和乙烯或脱落酸在延迟和促进衰老方面表现出相反作用。

两种或两种以上的植物生长调节剂混合使用时,如果配比不当,也可能会削弱或抵消其应用效果。例如,矮壮素等生长延缓剂与赤霉素混用,两者表现出拮抗作用,这是因为生长延缓剂会抑制赤霉素的生物合成和赤霉素的效应。细胞分裂素与三碘苯甲酸、细胞分裂素与青鲜素等混用,相互间都会削弱或抵消其效应。

3. 诱导作用

指外用某种生长调节剂时,对内源激素代谢起着一种开关作用。例如,外用乙烯利在释放出乙烯后,可诱导更多的乙烯合成。高浓度的生长素可诱导产生乙烯。脱落酸和乙烯可以相互诱导,例如用乙烯可诱导脱落酸的产生,反过来新产生的脱落酸可诱导产生乙烯。

4. 反馈作用

这是植物对外用的生长调节剂保持自身平衡的一种方法。例如,生长素诱导产生乙烯后,乙烯可降低生长素水平。低浓度的乙烯在一定条件下促进乙烯不断增加,使乙烯达到一定的水平。

四、植物生长调节剂的配合使用

正是由于激素间存在着这种相互依存、相生相克的制约关系,所以激素间的某种平衡关系对植物的生长发育才具有极为重要的意义。对植物施用生长调节剂后,可打破旧的平衡,通过相互作用,达到新的平衡,以调节植物的生长发育,当几种生长调节剂共同应用时,不同生长调节剂之间及其和内源激素之间也会发生复杂的相互作用。因此,对植物激素间相互作用的认识,有利于合理选用或混用生长调节剂及克服或避免不利的副作用,达到预期的应用效果。目前生产上使用的一些好的复合型、混用型生长调节剂也正是利用了激素间的相互作用,相互促进,使得各生长调节剂的效应发挥更充分,效果更大、更好。

1. 同时混用

两种或两种以上的植物生长调节剂混合使用,通过相加或相乘的复合效应,产生比单独使用更佳的效果。每一种生长调节剂有它独特的作用,但不全面,有局限性。如果与其他生长调节剂混合使用,则互相取长补短,更完善地发挥它们的调节作用。生产上现在有许多已登记和推广使用的混剂、合剂品种,就是为了达到这个目的。在龙船花属插枝生根的试验中发现,单用萘乙酸生根率为26%,单用吲哚丁酸为42%,但是将萘乙酸和吲哚丁酸混合使用时,生根率达到97%~100%,增效作用非常明显。

2. 先后施用

此外,还可以采取先后施用的方法。即根据植物生长发育的规律特点,先后施用不同的生长调节剂。植物不同发育阶段、甚至同一器官的不同分化时期,都是受到一种或几种植物激素的调控。因此激素的作用时间往往有差别,外施植物生长调节剂的作用也可以有先后之分,符合其顺序要求时,则其作用效果就明显。

3. 与其他试剂混用

植物生长调节剂通常可以与氮、磷、钾等肥料及硼、锌、钼等微量元素混用,也可与杀虫剂、杀菌剂等农药混用。但有些植物生长调节剂,如乙烯利则不能与波尔多液等碱性农药混用(乙烯利遇碱性物质会分解成乙烯气体而影响药效)、比久不能与铜制剂混用(对植物会产生药害)。总之在农业生产的应用中,植物生长调节剂的混合使用的地位越来越重要。植物激素对植物生长发育过程的调节,往往是通过体内多种内源激素的相互作用而实现的,这就是植物生长调节剂混用的基础。单一的植物生长调节剂虽然会具有其独特的作用,但是也经常会出现效果不理想,甚至引起负面效应等问题,而混用是目前解决上述问题的一个非常有效的方法。

4. 混用的优势与规律

植物生长调节剂混用可以克服某些植物生长调节剂单用的一些不足之处,并进一步扩大其应用的范围。

提高活性、降低用量、减少费用。一些植物生长调节剂混用时,因为增效作用而使得其实际用量降低,使用成本下降,并降低其在植物体内或土壤中的残留。

产生一些有价值的效果。两种或两种以上的植物生长调节剂混用时,可能会出现增效、加合或拮抗作用等,如加以利用则可能产生一些很有价值的效果。

植物生长调节剂混用有一些基本规律,通常有利于促进内源激素起作用的两种或两种以上的植物生长调节剂混用,多半会出现增效或加合作用;有利于抑制型内源激素起作用的生长调节剂混用,多数情况下也会出现增效或加合作用。

有利于促进型与抑制型内源激素起作用的两种或两种以上的生长调节剂混用,常会出现拮抗作用。

对植物生长发育的某一过程起共同生理作用的两种或两种以上的生长调节剂混

合使用时,也可能会出现增效或加合作用。

一种植物生长调节剂有利于另一种生长调节剂对内源激素起作用,两者混合使用也会产生增效或加合作用。

表 5-2　植物激素和生长调节剂在农业上的应用(潘瑞炽,植物生理学,2004)

目的	药剂	作用	使用方法
延长休眠	NAA 甲酯	马铃薯块茎	0.4%~1%粉(泥粉)
破除休眠	GA	马铃薯块茎	0.5~1 mg·L^{-1} 浸泡 10~15 min
		桃种子	100~200 mg·L^{-1},浸 24 h
促进营养生长	GA	芹菜	50~100 mg·L^{-1},采前 10 d 喷施
		菠菜、莴苣	10~30 mg·L^{-1},采前 10 d 喷施
		茶	100 mg·L^{-1},芽叶刚伸展时喷施
控制营养生长	PP$_{333}$	花生	250~300 mg·L^{-1},临花后 25~30 d 喷施
		水稻	250~300 mg·L^{-1},一叶一心期喷施
		油菜	100~200 mg·L^{-1},二叶一心期喷施
		甘薯	30~50 mg·L^{-1},薯块膨大初期喷施
	Pix	棉花	100~200 mg·L^{-1},始花至初花期喷施
	TIBA	大豆	200~400 mg·L^{-1},开花期喷施
	CCC	小麦	0.3%~1%,浸种 12 h
	B$_9$	花生	500~1 000 mg·L^{-1},始花后 30 d 喷施
	烯效唑	水稻	20~50 mg·L^{-1},浸种 36~48 h
		小麦	16 mg·L^{-1},浸种 12 h
		大豆	50~70 mg·L^{-1},始花期喷施
		水仙	100 mg·L^{-1},浸球茎 1~3 h
插条生根	IBA	芒果	0.5~1 mg·L^{-1},沾 3 s
		葡萄	50 mg·L^{-1},浸 8 h
		番茄	1 000 mg·L^{-1},浸 10 min
		瓜叶菊	1 000 mg·L^{-1},浸 24 h
	NAA	熟锦黄杨	1 000 mg·L^{-1},粉剂
		甘薯	500 mg·L^{-1},粉剂,定植前沾根
		甘薯	50 mg·L^{-1},水剂,浸苗基部 12 h
促进泌胶乳	乙烯利	橡胶树	8%溶液涂于树干割线下

续表

目的	药剂	作用	使用方法
促进开花	乙烯利	菠萝	400～1 000 mg·L^{-1}，营养生长成熟后，从株心灌 50 mL/株
	GA	郁金香	400 mg·L^{-1} 筒状叶长 10～20 cm，灌入 1 mL/株
促进雌花发育	乙烯利	黄瓜、南瓜	100～200 mg·L^{-1}，1～4 叶期喷施
促进雄花发育	GA	黄瓜	50～1 000 mg·L^{-1}，2～4 叶期喷施
促进抽穗	GA	水稻	30 mg·L^{-1}，稻穗破口期喷施
延迟抽穗	PP$_{333}$	水稻	100～200 mg·L^{-1}，花粉母细胞形成期喷施
防止落叶	2,4-D 钠盐	大白菜	25～50 mg·L^{-1}，采收前 3～5 d 喷施
		甘蓝	100～500 mg·L^{-1}，采收前喷施
延缓衰老	6-BA	水稻	10～100 mg·L^{-1}，始穗后 10 d 喷施
保花保果	2,4-D	番茄、茄子	30～50 mg·L^{-1}，浸花或喷花
	6-BA	柑橘	15～30 mg·L^{-1}，处理幼果，2 次
疏花疏果	PP$_{333}$	桃	500～1 000 mg·L^{-1}，花期喷施
	吲熟酯	柑橘	200～400 mg·L^{-1}，盛花期喷施
	乙烯利	苹果	300 mg·L^{-1}，花蕾膨大期喷施
果实催熟	乙烯利	香蕉	1 000 mg·L^{-1}，浸果 1～2 min
		柿子	500 mg·L^{-1}，浸果 0.5～1 min
促进结实	BR	玉米	0.01 mg·L^{-1}，吐丝前后喷施
	6-BA	苹果	300 mg·L^{-1}，果实膨大期喷施

下篇 植物生理实验方法

第六章 植物细胞生理实验

实验一

植物细胞的活体染色及死活鉴定

一、实验目的

本实验要求掌握碱性染料中性红的活体染色技术和鉴定细胞死活的方法,巩固课堂所学的理论知识。

二、实验原理

活体染色是利用某种对于植物无害的染料稀溶液对活细胞进行染色的技术。中性红是常用的活体染料之一,它是一种弱碱性 pH 指示剂,变色范围在 pH 6.4~8.0 之间(由红变黄),在酸性范围直至 pH 7.0 的介质中,它的解离度很强,其带色的阳离子呈樱桃红色,pH 7.0 是中性红显色转变的界限,在 pH 7.0 以上的介质中,它都不解离,而以分子态溶解成橙黄色溶液。在中性或碱性环境中,植物的活细胞能大量吸收中性红并向液泡中排泌,由于细胞液一般呈酸性,因此进入液泡的中性红便解离出大量阳离子而呈现樱桃红色。在这种情况下,细胞质和细胞壁一般不染色。死细胞由于细胞质的区别透性消失,细胞液不能维持在液泡内,因此用中性红染色后,不产生液泡着色现象；相反，中性红的阳离子却与带有一定负电荷的细胞质及细胞核结合，而使细胞质与细胞核染色。中性红溶液对活细胞的染色情况，在很大程度上取决于中性红所处介质的酸碱度与液泡酸度的比较。使用中性红活体染色后，应用中性偏碱的水（如自来水或井水，pH 约高于 7.0）冲洗，这样，染料便可很好地累积在液泡内，使液泡着色。

三、实验材料、设备和试剂

1. **实验材料**
   (1) 洋葱鳞茎或大葱假茎基部
   (2) 小麦及其他禾本科植物叶片

2. **设备**
   (1) 显微镜 1 台　　　　(2) 培养皿 1 套　　　　(3) 烧杯（200 或 300 mL）1 个
   (4) 载玻片、盖玻片数片　(5) 剪刀（或刀片）1 把　(6) 尖头镊子 1 把
   (7) 解剖针 1 根　　　　(8) 酒精灯 1 个　　　　(9) 火柴吸水纸（或滤纸）等

3. **试剂**
   (1) 0.03% 中性红溶液
   (2) 1 mol·L^{-1} 硝酸钾溶液

四、操作步骤

(1) 取一片大葱基部较嫩的假茎（或洋葱鳞茎）。剥开叶梢用解剖针挑起内表皮，再用尖头镊子轻轻撕下，使表皮内侧向下，立即投入盛有中性红溶液的培养皿中染色；小麦等禾本科植物的叶片表皮细胞不易撕取，可将叶片平放于载玻片上，以水沾湿，用刀片轻轻刮去上表皮、叶肉和叶脉，只留下一层下表皮细胞。当刮到只剩少量叶肉时要十分小心，用力太重容易损坏表皮细胞，太轻又会留下过多的叶肉细胞，影响观察。刮好后立即染色。

(2) 材料在 0.03% 的中性红溶液中浸泡染色 10～15 min，再移入盛有自来水的培养皿中浸泡 10～15 min 后，剪成 0.5 cm 长的小块，置于载玻片上，加一滴自来水，盖上盖玻片，于显微镜下观察，将发现活细胞的细胞壁被染成浅红，其液泡被染成均匀的樱桃红色，由于细胞核和细胞质未染色，因此不易看到，但死细胞的细胞核、细胞质则易被染色，前者圆形，清晰可辨；后者多呈不规则片块状，细胞壁亦呈深红色。另可将在中性红中染色的材料移入盛有去离子水（pH 较自来水低）的培养皿中浸泡，方法同上，以作对照，比较两者染色的差异。

(3) 为了确定中性红染色的部位，可用滤纸片在盖片一侧逐渐吸去水，在另一侧滴加 1～2 滴 1 mol·L^{-1} 的 KNO$_3$ 溶液，并更换吸水纸，继续吸水，使溶液慢慢渗入到盖

片下,立即镜检。由于KNO_3能使活细胞的水分外渗和细胞质强烈收缩,从而发生由凹形→凸形质壁分离,因此就能更清楚地区别开无色透明的细胞质和染成红色的液泡,而死细胞则不能产生质壁分离。

(4)将步骤"(2)"中的活染制片置于酒精灯上微微加热,以杀死细胞,然后在显微镜下观察,会看到原生质凝结成不均匀的凝胶片块状与细胞核一起被染成深红色。

五、结果处理

(1)写出使用中性红活体染色鉴定植物细胞死活的简单操作流程。

(2)根据实验结果绘图(标明观察到的细胞各部位的名称及颜色),并填入下表:

项目	活细胞	死细胞
中性红染色+自来水浸泡		
中性红染色+自来水浸泡+1～2滴KNO_3溶液		
中性红染色+酒精灯加热杀死		

实验二

植物细胞的质壁分离

一、实验目的

成熟的植物细胞在高渗溶液中会发生质壁分离现象,已发生质壁分离的细胞放入低渗溶液中又会恢复原状。植物细胞的质壁分离及其复原现象与细胞原生质的性质有密切关系,是原生质具有分别透性的具体表现。利用质壁分离及其复原现象,可以进行某些生理现象的观察和测定:可鉴定细胞的死活;研究原生质的黏滞性;测定细胞的溶质势;观察物质透过细胞壁和原生质的难易程度;测定物质透过细胞的速度,在细胞生理、水分生理及抗性生理研究上都有重要作用。本实验练习观察质壁分离及其复原以及不同情况下质壁分离的不同形式,以加深对原生质性质基本知识的理解。

二、实验原理

成长的植物细胞与外界环境构成一个渗透系统,原生质层(细胞膜、细胞质和液泡膜)可近似地看作半透膜,液泡内的细胞液含有许多可溶性物质,具有一定的水势。当细胞与外界高渗溶液接触时,细胞液的水势高于外液,则细胞内水分外渗,导致原生质和细胞壁不断收缩,但由于二者弹性不同,最终引起原生质和细胞壁分离。植物细胞的质壁分离有凸形、帽形、凹形等形式。一般起初往往是凹形,后来渐渐变为凸形,质壁分离形式的不同往往与原生质的黏性有关。凡是原生质黏度大的,能维持较长时间的凹形质壁分离;原生质的黏性降低时,较快到达凸形质壁分离,甚至不经过凹形阶段。本实验观察由于 Ca^{2+}、K^+ 对原生质黏性的不同影响而发生不同形状的质壁分离的现象。Ca^{2+} 能降低原生质水合度,使原生质黏性加大,K^+ 正好相反。所以经前者处理后,发生凹形质壁分离。当用 KNO_3 高渗溶液进行长时间质壁分离时,

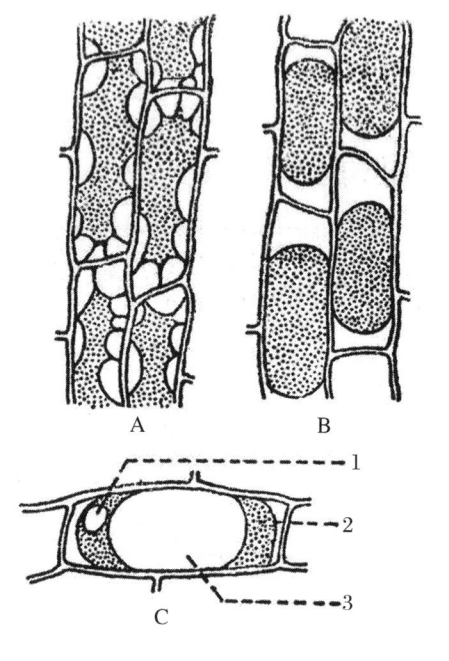

图 6-1 质壁分离的不同形式
A. 凹形质壁分离 B. 凸形质壁分离
C. 帽形质壁分离
1. 细胞核 2. 膨胀的原生质 3. 液泡

由于原生质水合度大大增加,原生质层变厚,似帽状包围在收缩的液泡两端,因此称为帽状质壁分离(图6-1)。其后,当与清水(或低渗溶液)接触,或当外面的溶质进入时,具有液泡的原生质体就又吸水而发生质壁分离复原。

三、实验材料、设备和试剂

1. 实验材料
(1) 洋葱鳞茎(或大葱假茎基部幼嫩部位)
(2) 蚕豆叶片或小麦叶片

2. 设备
(1) 显微镜 1 台 (2) 培养皿 1 套 (3) 烧杯(200 或 300 mL)1 个
(4) 载玻片、盖玻片数片 (5) 剪刀(或刀片)1 把 (6) 尖头镊子 1 把
(7) 解剖针 1 根 (8) 酒精灯 1 个 (9) 火柴吸水纸(或滤纸)等

3. 试剂

(1) 0.03%中性红溶液　　　　　　(2) 1 mol·L^{-1}硝酸钾溶液
(3) 24%尿素溶液　　　　　　　　(4) 1 mol·L^{-1}氯化钙溶液

四、操作步骤

(1) 取洋葱鳞片或小麦叶片按"实验一"中的方法进行制片和活体染色。

(2) 将染好色的制片放在载玻片上,盖好盖玻片,在显微镜下观察,可以看出明显的液泡染色,无色透明的原生质层则紧贴细胞壁(在细胞的角隅上可以看见)。

(3) 从盖玻片的一侧滴一滴 1 mol·L^{-1}硝酸钾溶液而在对侧用滤纸吸水,将硝酸钾溶液引入盖玻片下使其与制片接触并立即镜检,可看到细胞内很快发生凸形质壁分离。

(4) 观察到质壁分离后,于盖玻片一侧小心加清水一滴,于对侧用滤纸缓缓吸去水液,重复两次,使质壁分离剂(即高渗的硝酸钾溶液)被基本上洗吸掉。镜检,可看到质壁分离停止进行,相反,带有液泡的原生质体开始重新吸水膨大,最后又充满整个细胞腔,这就是质壁分离复原现象。质壁分离复原缓缓进行时,细胞仍会正常存活;如进行很快,则原生质体会发生机械破坏而死亡。

(5) 撕取蚕豆(或其他植物)叶片下表皮置于载玻片上,滴加 25%尿素溶液后立即盖上盖玻片进行镜检。首先可见表皮细胞及保卫细胞同时发生质壁分离,约 10～15 min 后保卫细胞便开始发生质壁分离复原,由于保卫细胞的充分紧张,气孔大开,而其他表皮细胞经长时间(甚至几小时)后才开始发生质壁分离复原,可见不同功能的细胞对物质有不同的透性。

(6) 另取一部分制片,置于载玻片上,先在酒精灯火焰上加热,以杀死细胞,再引入高渗硝酸钾溶液,观察有无质壁分离发生。

(7) 按步骤"(1)"制取洋葱鳞片或小麦叶表皮活染制片各两份,分别置于载玻片上,一片滴加 1 mol·L^{-1}硝酸钾溶液一滴,另一片滴加 1 mol·L^{-1}氯化钙溶液一滴,盖上盖玻片进行镜检,可见钾盐溶液使细胞发生凸形质壁分离,20～30 min 后,由于原生质的膨胀,可变为帽形质壁分离;而钙盐处理的则发生凹形质壁分离,较长时间以后,可能有部分细胞原生质全部离开细胞壁,而转变为凸形质壁分离,但绝不会表现为帽状,可与 K$^+$处理的相区别。

五、结果处理

将观察到的凹形、凸形、帽形质壁分离的形式各绘一简图,并解释实验结果。

六、问题讨论

(1)根据实验结果,叙述活细胞与死细胞原生质的性质有哪些不同?如何加以区别?

(2)质壁分离法在细胞生理研究上有哪些用途?

(3)在实验步骤"(5)"中,用25%尿素溶液处理蚕豆表皮细胞,为什么在发生了质壁分离后会自动发生质壁分离复原?

实验三

植物线粒体的制备、分离和鉴定

一、实验目的

线粒体是植物细胞的重要细胞器,是植物进行呼吸代谢的场所,它为植物细胞的各项机能提供能量。要研究线粒体的结构和功能必须将其从细胞质中分离出来。

二、实验原理

植物线粒体一般直径为 0.5～1.0 μm、长 3 μm。其沉降系数(S)为$(1～1.7) \times 10^4$。通常用差速离心的方法将线粒体颗粒与其他细胞内含物分开。如有需要,可进一步用密度梯度离心进行纯化。用差速离心进行分离时,其离心力(g)和离心时间随植物材料而异。一般先用低速(500～1 000×g)短时间(5～15 min)去除细胞碎片,然后再用11 000～20 000×g 沉降线粒体。分离线粒体的过程必须在接近植物材料本身的生理条件(合适的 pH,等渗和高渗的渗透溶液等)下进行。另外植物细胞含有很多有机酸,分离时需根据不同种类材料灵活掌握介质的 pH。植物细胞的液泡还含有多种次生物质(如多酚类),需在提取介质中加入一些高分子化合物,以除去酚类的干扰。

三、实验材料、设备和试剂

1. 实验材料

所有高等植物的组织都有可能用来制备线粒体,但应避免那些组织坚实、细胞壁老化及含有叶绿体的材料。最好采用黄化的幼苗和储藏组织(块根、块茎)。

2. 设备

(1)冰冻高速离心机　　(2)组织捣碎机或研钵　　(3)漏斗 1 个
(4)烧杯 2 个　　　　　(5)滴管 1 支　　　　　　(6)纱布 1 块

3. 试剂

(1)分离介质:0.4 mol·L^{-1} 甘露醇;0.05 mol·L^{-1} Tris(三羟甲基氨基甲烷);0.001 mol·L^{-1} EDTA(乙二氨四乙酸钠盐);0.1% 牛血清蛋白;用盐酸调 pH 至 7.4
(2)悬浮介质:除不加 EDTA 外,其他均同分离介质
(3)詹纳斯绿 B(Janus Green-B)
(4)磷酸钨
(5)洗涤介质:同分离介质
(6)PVP(聚乙烯吡咯烷酮)

四、操作步骤

1. 线粒体的制备

黄化幼苗、花椰菜等是制备线粒体的最佳材料。但为了某些研究工作的需要,有时需从储藏组织(大豆、白薯),甚至从绿色叶片中制备。下面简述三种类型组织的线粒体制备方法。

(1) 黄化幼苗线粒体的制备:称取绿豆种子 50 g 浸于 10% 次氯酸钠溶液中 10 min,再用自来水冲洗 30 min,用去离子水漂洗后,均匀铺在有湿润滤纸的培养皿中,25 ℃黑暗中萌发 2~3 d,每天换水一次以防霉烂。去子叶后得下胚轴。用去离子水冲洗并吸干水分后,称取 100 g 放在 4 ℃冰箱中饥饿约 1 h,然后迅速在冰浴中研磨,开始时加入少量介质,最后加至材料体积一倍的量。使成匀浆后,用双层纱布过滤,滤液在 1 000×g 离心 10 min,弃残渣,上清液在 11 000×g 离心 20 min,所得颗粒即为粗制线粒体,再悬浮于洗涤介质中,于 11 000×g 离心 20 min,弃去上清液,收集沉淀,悬浮于 5 mL 悬浮介质中,即得洗涤过的线粒体。所有制备过程均需在 0~4 ℃下进行。

(2) 块状组织线粒体制备:如土豆、白薯和苹果等,这类组织的特点是组织块较硬而滑,最好用果汁压榨机或组织捣碎机破碎组织块(低速挡 10 s 左右),忌用激烈方式破碎;组织含有大量的酚类物质,因此匀浆介质中除加 EDTA 外,还需加入适量的聚乙烯吡咯烷酮(PVP),以结合有害的酚类物质,以防酚氧化成醌后以多种方式与蛋白质共价结合。

(3) 绿色组织线粒体的制备:以菠菜叶片为例,为了降低叶绿体的污染,分离过程作如下改进。将第一次离心的转速和时间提高到 3 000×g 5 min,以除去完整或破碎的叶绿体;在高速离心洗涤线粒体之前加一次低速洗涤(1 500×g 5 min),以除去污染

的叶绿体和过氧化体;在匀浆时介质中加入PVP(0.6%),以防组织捣碎后多酚物质的不利影响。菠菜线粒体制备流程如下:

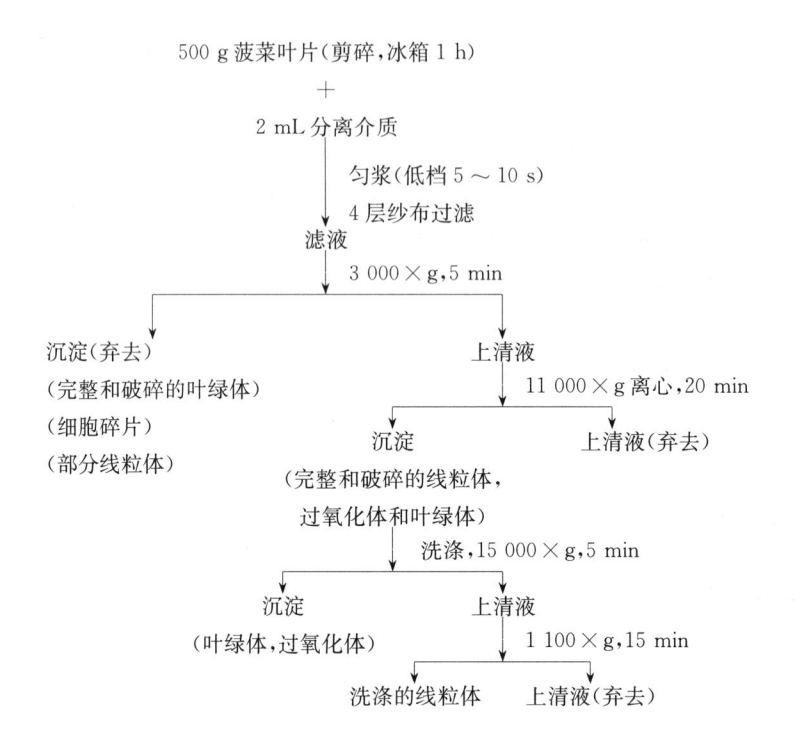

```
        500 g 菠菜叶片(剪碎,冰箱 1 h)
                    +
          2 mL 分离介质
                    ↓
            匀浆(低档 5～10 s)
                    ↓
              4 层纱布过滤
                    ↓
                  滤液
              3 000×g,5 min
           ↙              ↘
      沉淀(弃去)          上清液
  (完整和破碎的叶绿体)     11 000×g 离心,20 min
      (细胞碎片)         ↙         ↘
      (部分线粒体)      沉淀      上清液(弃去)
                  (完整和破碎的线粒体,
                   过氧化体和叶绿体)
                      ↓
                洗涤,15 000×g,5 min
                   ↙        ↘
                 沉淀       上清液
             (叶绿体,过氧化体)    ↓
                         1 100×g,15 min
                         ↙        ↘
                    洗涤的线粒体  上清液(弃去)
```

2. 线粒体的检查

(1) 制备的线粒体可以粗略地用光学显微镜观察,将悬浮液用詹纳斯绿 B 染色后观察,线粒体呈绿色。

(2) 经磷酸钨复染后,用电子显微镜观察线粒体结构的完整性和其他污染物的多少。完整性包括膜是否破裂,污染物指大的细胞碎片和小的微粒体等。

(3) 用分光光度计在 520 nm 下测定光密度(O.D.),看线粒体是否膨胀。

五、结果处理

(1) 画出黄化幼苗线粒体制备流程图。
(2) 画出观察到的线粒体图。
(3) 画出观察到的线粒体结构图。

六、问题讨论

(1) 为什么在分离介质中要加 Tris、甘露醇和 EDTA,而在悬浮介质中可不加 EDTA?

(2) 为什么样品在研磨前要先在冰箱中饥饿 1 h？

(3) 为什么在绿色组织线粒体制备中，第一次低速离心的转速和时间要提高到 3 000×g 5 min？

实验四

叶绿体 DNA 的分离和提取

一、实验目的

掌握叶绿体 DNA 的分离和提取原理，理解叶绿体自身遗传物质在光合作用及生物进化、物种鉴定中的作用。

二、实验原理

叶绿体是植物细胞特有的细胞器，含有自身的 DNA，称为叶绿体 DNA。叶绿体 DNA 分子呈环状，不同于细胞核的 DNA，可通过适当的方法加以分离和提取。

三、实验材料、设备和试剂

1. **实验材料**

新鲜菠菜叶或其他植物幼嫩叶片

2. **设备**

(1) 超速离心机　　　　　　　(2) 离心管

(3) 烧杯　　　　　　　　　　(4) 宽口大枪头

3. **试剂**

(1) 300 mmol · L^{-1} Sorbitol

(2) 50 mmol · L^{-1} Tris-HCl(pH 8.0)

(3) 5 mmol · L^{-1} EDTA

(4) 0.1% BSA

(5) 0.1% β-巯基乙醇(v/v)

(6) DNase 缓冲液

(7) 13 mmol · L^{-1} MgCl$_2$

(8) 150 mmol·L^{-1} NaCl

(9) 50 mmol·L^{-1} Tris-HCl(pH 8.0)

(10) 25 mmol·L^{-1} EDTA(pH 8.0)

(11) 50 mmol·L^{-1} Tris-HCl(pH 7.2)

(12) 20 mmol·L^{-1} EDTA

(13) Sarkosyl 溶液

(14) 20%的 Sarkosyl 溶液(溶于裂解缓冲液中)

(15) 0.5mol·L^{-1} EDTA(pH 8.0)

(16) 52%和30%蔗糖

四、操作步骤

(1) 将一定量的植物叶片剪成小片(愈伤组织切成小块)置于 400 mL 预冷的细胞器分离缓冲液中,用匀浆器以中等速度匀浆 1~2 min,然后将匀浆液用 4 层灭菌的纱布和一层 Miracloth 过滤至一灭过菌的 1 L 烧杯中。

(2) 将过滤后的匀浆液移至离心管中,以 700×g 的速度在 4 ℃条件下离心 10 min,去沉淀;上清液移至另一离心管中,4 ℃条件下 2 000×g 离心 10 min,去上清液。

(3) 将沉淀悬浮于 25 mL DNase 缓冲液中,冰上放置 1 h,加 0.5 mol·L^{-1} EDTA 溶液至终浓度为 20 mmol·L^{-1},然后在 4 ℃条件下 2 000×g 离心 15 min。

(4) 将沉淀悬浮于 30 mL 细胞器分离缓冲液中,待用。

(5) 用 50 mL 离心管制 4 个蔗糖溶液梯度,每一梯度的制法为:底部为 18 mL 的 52%蔗糖溶液、50 mmol·L^{-1} Tris-HCl(pH 8.0)和 25 mmol·L^{-1} EDTA 混合液,上面盖上 7 mL 30%蔗糖溶液、50 mmol·L^{-1} Tris-HCl(pH 8.0)和 25 mmol·L^{-1} EDTA 混合液。

(6) 将第 4 步中悬浮的沉淀 7.5 mL 小心地分别上于一个梯度离心管中,平衡后以 25 000 r/min 的速度在 4 ℃条件下离心 30 min。

(7) 用宽口大枪头从 52%~30%的蔗糖溶液界面上吸取叶绿体条带,置于 250 mL 烧杯中。缓缓地用三倍体积的预冷的细胞器分离缓冲液稀释,然后将液体移置适当大小的离心管中,4 ℃条件下以 2 000×g 离心 15 min。

(8) 沉淀悬浮于 25 mL 细胞器清洗缓冲液中,4 ℃条件下以 2 000×g 离心 15 min。

(9) 将每份沉淀悬浮于 5 mL 裂解缓冲液中,在水上边摇晃边滴入 20%的 Sarkosyl 溶液,至终浓度为 1%。

(10) 将裂解的叶绿体上一个 CsCl/EtBr 密度梯度(具体操作见上述"线粒体 DNA 提取"一节)即可获得较纯的叶绿体 DNA。

五、注意事项

(1)在提取叶绿体之前,最好将植物在黑暗中培养1~4 d以降低叶绿体中淀粉的含量。

(2)裂解过程中,为了达到彻底裂解的目的,首先要彻底悬浮叶绿体,然后要缓慢地加入去污剂。

(3)在上 CsCl/EtBr 梯度之前,最好先将裂解液在离心机上低速离心几分钟,以除去淀粉和细胞壁裂解碎片。

六、问题讨论

如何将植物核基因组与叶绿体基因组进行分离?

实验五

蛋白质磷酸化活性的测定

一、实验目的

以钙依赖性蛋白激酶为例学习蛋白质磷酸化活性测定的方法。

二、实验原理

蛋白质磷酸化作为细胞信号转导过程中的一个重要的步骤,在植物生理过程中起着举足轻重的作用。蛋白质磷酸化是通过蛋白激酶的活性来实现的,其中钙依赖性蛋白激酶(calmodulin－like domain protein kinase 或 calmodulin dependent protein kinase,CDPK)是植物细胞中最重要的蛋白激酶之一。

CDPK 广泛存在于植物细胞的各种亚细胞成分中,包括细胞质、细胞膜、细胞核、细胞骨架等。要测定某一细胞成分的 CDPK 活性首先需将这一部分与其他成分分离。在完整的活性细胞中,CDPK 的活性大小受到很多因素的调节,一旦细胞的完整性被破坏,细胞内溶酶体就会释放出蛋白水解酶,这些蛋白水解酶能够使 CDPK 发生水解而失去活性。为了减少蛋白水解酶的作用,首先所有的操作过程应该在低温下进行,其次要加入蛋白水解酶的抑制剂(如苯甲基磺酰氟即 PMSF 等)。只有这样才能得到有活性的 CDPK 待测液。

三、实验材料、设备及试剂

1. 实验材料
植物材料(或细胞)

2. 设备
有机玻璃防护板(β射线防护)、手持射线检测器、液体闪烁计数仪、电泳仪、平板式电泳槽、曝光暗盒、酸度计、恒温水浴、台式离心机、定量加样器、组织捣碎机、电吹风、通风柜等。

3. 试剂
(1) 缓冲剂Ⅰ：含 20 mmol·L^{-1} Tris-HCl，0.4 mol·L^{-1} 苏糖醇，10 mmol·L^{-1} MgCl，pH 8.5；

(2) 缓冲液Ⅱ：20 mmol·L^{-1} Tris-HCl，2.5 mmol·L^{-1} EDTA，pH 7.2；

(3) 缓冲液Ⅲ：200 mmol·L^{-1} HEPES，40 mmol·L^{-1} MgCl$_2$，pH 7.2；

(4) 液氮；

(5) 苯甲基磺酰氟(PMSF)；

(6) CaCl$_2$；

(7) 乙二醇二乙醚二胺四乙酸(EGTA)；

(8) 焦磷酸钠；

(9) 甲苯溶液：含 4‰ 2,5-二苯基噁唑(PPO)，0.05‰ 1,4-双[2-(5-苯基)噁唑基]苯(POPOP)。

四、操作步骤

1. CDPK 待测样制备
首先将待测植物材料(或细胞)以及对照植物材料(或细胞)分别用缓冲液Ⅰ充分洗去杂质后称取 1 g 样品，加入液氮冷冻，在冰冻状态下用研钵充分研磨成粉末，加入等量的缓冲液Ⅱ及其终浓度为 3 mmol·L^{-1} 的 PMSF(用时临时用甲醇溶解配制)研磨成浆；或用高速组织捣碎机在 0~4 ℃将植物材料捣成浆，以 1 000×g 离心 3 min，收集上清液即胞质部分，作为待测液。

2. 液闪法测定 CDPK 活性
CDPK 能够把 γ-^{32}P-ATP 的 γ-^{32}P 转移到其底物蛋白分子(外加底物一般使用组蛋白-Ⅲ)上。在一定的酶反应体系中当底物蛋白及 γ-^{32}P-ATP 足够多时，在短时间内底物蛋白分子上所结合的 ^{32}P 与 CDPK 的活性呈正比。这时加入三氯乙酸可以使酶反应终止，把一定量的酶反应液加到能够强烈吸附蛋白质的材料上(如 GF/A 滤纸或 PVDF 膜等)，使所有的蛋白质固定在这种材料上，然后用含有焦磷酸盐的液体把滤纸上的无机^{32}P及未反应γ-^{32}P-ATP充分洗除,最后滤纸上所含有的放射性大小基本上就代表了蛋白质分子中的^{32}P的多少,这种放射性的大小可以直接用液体闪烁计数仪进行测定。

将反应用管按照所有的待测样品数写好标签,每个样品同时作包括加钙管(+Ca)及减钙管(-Ca)各3个平行管。然后把缓冲液Ⅲ,5 mmol·L^{-1} CaCl$_2$,5 mmol·L^{-1} EGTA 和 5 mg·mL^{-1} Histon-Ⅲ分别放入30 ℃恒温水浴(或恒温箱)中先进行保温30 min,每个反应管中加入 25 μL 缓冲液Ⅲ;在加钙管中加入 20 μL 5 mmol·L^{-1} CaCl$_2$,在减钙管中加入 20 μL 5 mmol·L^{-1} EGTA,所有的管各加入 20 μL 5 mmol·L^{-1} Histon-Ⅲ;在各管中对应加入待测酶液 32 μL(空白对照管用 32 μL 纯水代替待测酶液)(注:此后的操作必须在通风柜内及有机防护板后进行)。

最后所有的管中各加入 3 μL γ-^{32}P-ATP(放射性比浓度:370 MBq·mL^{-1})。混匀后在 30 ℃恒温水浴中反应 6 min,取 50 μL 加入到 GF/A 滤纸上,将滤纸浸入 2 mL 20%的三氯乙酸中。终止反应。每张滤纸用 10 mL 以上的 20%三氯乙酸(含 0.2%焦磷酸钠)分 3~4 次进行冲洗(将冲洗的放射性废液集中收集在一个废液瓶中,最后统一处理)。

再用约 10 mL 乙醇/乙醚(1:1)分 3~4 次进行冲洗(将冲洗的放射性废液同样集中收集在一个废液瓶中,最后统一处理)。

用电吹风将每一张滤纸吹干,将滤纸放入液闪瓶中,加入 10 mL 甲苯溶液(含 4‰ PPO,0.05‰POPOP),盖上盖后,放入液体闪烁计数仪中进行测定。

五、结果处理

计算 CDPK 活性,并分析实验结果。

CDPK 活性(cpm·μg^{-1} 蛋白质·min^{-1})=(加 Ca^{2+}的激酶活性值-空白对照值)-(不加 Ca^{2+}的激酶活性值-空白对照值)

六、注意事项

进行放射性操作时一定要做好放射性防护。主要包括:戴手套;在实验前用手持射线检测器进行检测进行,安全后方可进行实验操作;通风柜要提前进行抽风直到最后实验结束;尽量缩短操作时间;把有放射性的垃圾统一放入专用的垃圾桶,最后统一进行处理;实验完毕后,用手持射线检测器检测实验用品及实验人员,确实无放射性污染后可离开实验室。

七、问题讨论

蛋白质磷酸化在细胞信号转导有什么作用?

第七章 植物的水分生理与矿质营养实验

实验一

植物组织含水量和相对含水量的测定

一、实验目的

掌握植物组织含水量和相对含水量测定的原理和方法。

二、实验原理

植物组织的含水量是植物生理状态的一个指标。如水果蔬菜含水量的多少对其品质有影响,种子含水状况对安全贮藏有重要意义。利用水遇热可蒸发为水蒸气的原理,可用加热烘干法来测定植物组织中的含水量。植物组织含水量的表示方法,常以鲜重或干重(%)表示,有时也以相对含水量(%)[或称饱和含水量(%)]表示。后者更能表明它的生理意义。

三、实验材料、设备和试剂

1. 材料

新鲜植物材料

2. 设备

(1) 分析天平　　(2) 干燥器　　(3) 烘箱
(4) 称量瓶　　　(5) 坩埚钳　　(6) 吸水纸

四、操作步骤

1. 自然含水量

(1)将植物材料剪成 1 cm 左右长的小段,迅速放入已知重量的铝盒,称出鲜重(W_1)。

(2)放入烘箱,于 105 ℃下杀青半小时,然后于 80 ℃下烘干至恒重,并记录干重(W_d)。

(3)按照下式计算自然状态下的组织含水量:

$$植物组织含水量(占鲜重)=[(W_1-W_d)/W_1]\times 100\%$$
$$植物组织含水量(占干重)=[(W_1-W_d)/W_d]\times 100\%$$

2. 相对含水量

(1)在称取鲜重(W_1)后,将样品浸入水中数小时令其吸水饱和,取出后用吸水纸擦干样品表面水分,称取被水饱和后的组织重量,再将样品浸入水中 1 h,取出擦干,再次称重,直至样品饱和重量近似,即得样品最终饱和重量(W_t),然后烘干,称重(W_d)。

(2)计算:

$$相对含水量(RWC)=[(W_1-W_d)/(W_t-W_d)]\times 100\%$$

五、问题讨论

测定植物组织含水量和相对含水量在研究植物生理活动中有何意义?

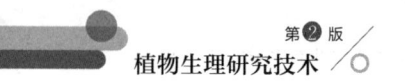

实验二
组织中自由水和束缚水含量的测定

一、实验目的

了解水分在植物体内的作用,不仅与其含水量有关,也与水分的存在状态有关,掌握植物组织中自由水和束缚水含量的测定方法。

二、实验原理

植物组织中的水分是由被胶粒所固着的束缚水及不被胶粒所固着的自由水两部分所组成。束缚水不易蒸发和结冰,不能作为溶剂,也不易被夺取。所以当组织被浸入较浓的糖溶液中脱水时,一定时间后仍未被夺取的水分作为束缚水,而被夺取的水分作为自由水。自由水的量可根据所加糖液浓度的降低量来计算。再由植物组织的总含水量减去自由水量,即可求得束缚水量。

植物体内自由水和束缚水含量及其比值常与植物的生长及抗性有密切关系。自由水较多时,代谢活动常较强,生长速度也较快,但抗性往往较低。而束缚水含量多时,则情况相反,所以自由水与束缚水含量是植物抗性生理的一个指标。

三、实验材料、设备和试剂

1. **实验材料**

植物叶片

2. **设备**

(1)阿贝氏折射仪　　　　　　(2)天平 1/1 000

(3)烘箱　　　　　　　　　　(4)干燥箱

(5)钻孔器　　　　　　　　　(6)称量瓶

(7)滤纸　　　　　　　　　　(8)吸滤管、5 mL 移液管

3. **试剂**

蔗糖溶液 65%~70%(w/v)

四、操作步骤

(1)称量瓶两个,洗净、烘干、称重备用。

(2)取待测植物样品(例如:小麦、油菜的叶片两份,两份样品所取部位应力求一致)。快速剪碎,分别放于两个已知重量的称量瓶中,盖上盖子以免水分蒸发。

(3)在天平上称重、记录后,1号瓶置于100~105 ℃烘箱中烘干至恒重,以计算含水量占鲜重的百分数。

(4)用5 mL移液管吸取5 mL 65%~70%(w/v)的蔗糖溶液,加入2号称量瓶中,加盖后再在天平上称重,以求得所加蔗糖溶液的重量B,并小心摇动瓶中溶液,使与样品混合均匀,放于阴凉处4~5 h,其间不时摇动。

(5)用吸滤管吸取上层透明的溶液,滴一滴在折射仪棱镜的毛玻璃上,旋紧棱镜,在20 ℃温度下测定此浸出液的含糖百分数B_2,及原来糖液的含糖百分数B_1(蔗糖溶液的原始浓度也必须在折射仪中读得)。

(6)计算:按下式计算植物样品中自由水含量(%)。

$$\beta = \frac{B(B_1-B_2)}{B_2 \times W_1} \quad\quad\quad (1)$$

式中:β为自由水含量(%);

A为样品中自由水重;

B为加入样品中蔗糖溶液的重量;

B_1为原蔗糖溶液浓度百分数;

B_2为加样后蔗糖溶液的浓度百分数;

W_1为植物样品鲜重。

公式(1)是根据如下关系求得:

加样后蔗糖溶液中自由水量为$(B+A)\cdot(1-B_2)$

原来蔗糖溶液中自由水量为$B(1-B_1)$

则样品中自由水量$A=(B+A)(1-B_2)-B(1-B_1)$

简化得$A=\dfrac{B(B_1-B_2)}{B_2}$

$$\beta = \frac{A}{W_1} = \frac{\frac{B(B_1-B_2)}{B_2}}{W_1} = \frac{B(B_1-B_2)}{B_2 \times W_1} \quad\quad\quad (2)$$

式(2)和式(1)完全相等。

求得自由水含量的百分数后,即可根据下式求出束缚水含量的百分数。

束缚水含量(%)=组织含水量(%)-组织中自由水含量(%)

五、结果处理

测得同一植物不同品种的自由水和束缚水含量,实验重复三次,把结果填入表7-1。

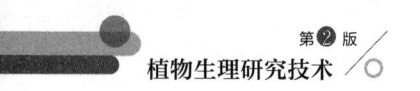

表 7-1　植物组织自由水和束缚水含量测定记录表

植物样品编号			
样品鲜重/g			
样品干重/g			
样品含水量/%			
蔗糖溶液重量/g			
浸叶前蔗糖液浓度/%			
浸叶后蔗糖液浓度/%			
自由水含量/%			
束缚水含量/%			
自由水量/束缚水量			

实验三

植物组织水势的测定（小液流法）

一、实验目的

掌握小液流法测定水势的原理和方法；了解常见植物叶片的水势范围。

二、实验原理

将植物组织浸泡在一系列不同浓度的溶液中时，植物组织与溶液之间将发生水分交换，其情况有以下三种：

1. 当 $\Psi_\omega^{外液} > \Psi_\omega^{组织}$ 时，组织吸水，外液变浓，外液密度增大；
2. 当 $\Psi_\omega^{外液} < \Psi_\omega^{组织}$ 时，组织排水，外液变稀，外液密度减小；
3. 当 $\Psi_\omega^{外液} = \Psi_\omega^{组织}$ 时，水分净交换为零，外液的浓度和密度都不变。

由于不同密度的溶液相遇时，密度大的下沉，密度小的则上升。若将浸泡过植物组织的溶液着色后，引入一小滴于原同浓度的无色溶液中，观察有色小液滴的移动方向就可知道植物组织的水势范围，若所配系列外液的水势阶梯较小，再通过逐步逼近法，就可测出植物组织的水势。

三、实验材料、设备和试剂

1. 实验材料
植物叶片

2. 设备
(1)试管 8 支
(2)弯头毛细管 1 支
(3)指形管 8～16 支
(4)试管架 1 个
(5)移液管 10 mL 2 支,1 mL 2 支
(6)打孔器 1 个,竹签 1 根
(7)镊子 1 把
(8)纱布 1 块或滤纸块适量
(9)尖头玻棒 1 根

3. 试剂
(1)0.5 mol·L^{-1} CaCl$_2$ 溶液
(2)甲烯蓝浓稠溶液

四、操作步骤

(1)溶液配制:测定水势的溶液,一般常用蔗糖,但也可用无机盐。例如,以 9 份 NaCl 和 1 份 CaCl$_2$ 混合而成的平衡溶液较好。为了简便起见,完全用 CaCl$_2$ 溶液也可,它较之蔗糖溶液既不发酵,也不分解,在室温下能久贮不变。

CaCl$_2$ 溶液可先配成 1 mol·L^{-1} 或 0.5 mol·L^{-1},配好后用 pH 试纸或 pH 计检测溶液的 pH。如果 pH<6,可用稀 NaOH 溶液将其调至 pH=6。

本实验用预先配好的 0.5 mol·L^{-1} CaCl$_2$ 溶液分别稀释成 0.025、0.05、0.10、0.15、0.20、0.25、0.30、0.35 mol·L^{-1} 八种浓度,每种浓度配制 10 mL,装于试管中,充分摇匀,置于试管架上(如果气候干燥,需加管塞以防蒸发)。然后分别从每种浓度溶液中吸出 1 mL 于对应的 8 支指形管中(还可增加 8 支指形管设一重复)。

(2)在实验植株上选取同一高度或同一层次的叶 8～10 片,用纱布或滤纸片擦干水分和灰尘,然后叠在一起,用打孔器打取小圆片。每打一孔得 8～10 片,用竹签顶出,直接投入一种浓度的指形管溶液中,轻轻摇动指形管,使叶圆片全部浸没。共打 8 次,从低浓度至高浓度投放叶圆片(注意:动作要迅速,以防水分蒸发)。作用 20 min(如用蔗糖溶液,应作用 30 min),其间要经常摇动指形管,以加速水分平衡(温度低时要适当延长作用时间),为使叶圆片在各管中尽量一致,8 次打

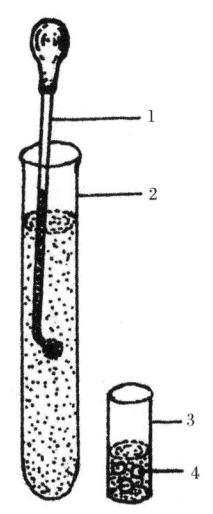

图 7-1 水势测定装置
1. 带皮头的弯头毛细管
2. 大试管
3. 平底指形管
4. 叶小圆片

片可这样进行：在叶片中脉对称两侧各打 4 次，孔与孔之间尽量靠拢。

（3）到预定时间后，按照放小叶圆片的次序，用玻棒尖端沾取甲烯蓝浓稠液少许浸入指形管内，使之着色，摇匀，以浅蓝色为度，不可太深。然后用弯头毛细管吸取有色液少许（无需挤压皮头，以免吸液太多，且溶液要充满毛细管尖端），插入与原溶液同浓度的大试管溶液中部，轻轻挤出有色液一小滴，小心取出毛细管（注意勿搅动溶液），观察有色小液滴的升降方向（用白纸作背景）。

如果小液滴下降，表明叶片吸收了水分，使外液变浓，则叶片的水势低于该浓度外液的水势。如果小液滴上升，说明叶片有水分排出，外液变稀，则叶片的水势高于该浓度外液的水势。如果小液滴静止不动，表明叶片组织与外液水分的交换处于动态平衡，这时叶片的水势与该浓度外液的水势相等。如果在前一种浓度中的有色小液滴下降，而在后一种浓度中的小液滴上升，则植物组织的水势在这两种浓度溶液的水势之间。

外液水势数值的大小可由公式 $\Psi_s = -iCRT$ 计算而得（i 为等渗系数，其大小随浓度的变化而变化），或查表 7-2 得之。

表 7-2　不同浓度 $CaCl_2$ 溶液的溶质势

浓度/mol·L^{-1}	0.025	0.05	0.10	0.15	0.20	0.25	0.30	0.35	0.40	0.45
Ψ_s/MPa	−0.16	−0.32	−0.63	−0.94	−1.25	−1.56	−1.87	−2.22	−2.56	−2.92

五、结果处理（表 7-3）

用箭头表示液滴移动方向。

表 7-3　液滴移动方向记载表

植物：　　　　　　　　　　　　　　　　　　　　　　　　　　　天气：

次数	液滴在不同浓度(mol·L^{-1})的溶液中的移动方向							等势浓度/mol·L^{-1}	水势值/MPa
	0.025	0.05	0.10	0.15	0.20	0.25	0.30		
1									
2									
3									

六、注意事项

（1）最好在田间植株上打取小叶圆片，并立即投入盛有溶液的指形管中。

（2）打孔时要避开叶脉。

(3)配制不同浓度溶液时必须使用干燥试管和指形管。

七、问题讨论

(1)在打取小叶圆片时,如某些圆片打在叶子的边缘而不完整,这在理论上对测定结果有无影响?

(2)用移液管向指形管转移溶液时,如各浓度溶液的转移体积不等,在理论上对测定结果有无影响?

实验四

植物体内硝态氮含量的测定

Ⅰ. NO_3^--N 含量的测定

一、实验目的

作为供植物利用的氮素有无机氮和有机氮两种,其中无机氮又分为硝态氮和铵态氮。按照植物的生育期测定其动态变化,这对于了解植物对氮素的利用状况是很有意义的。硝态氮包括硝酸盐和亚硝酸盐,它们在新鲜蔬菜、多汁饲料或牧草中的含量不宜过高,否则对人、畜将产生有害作用。本实验的目的在于掌握测定植物体内硝态氮含量的原理和方法,从而对蔬菜和饲料等进行硝态氮指标的卫生检验。

二、实验原理

采用水杨酸硝化法。在浓 H_2SO_4 存在时,NO_3^- 能与水杨酸反应,生成硝基水杨酸:

$$\text{水杨酸} \;\; \text{HO—C}_6\text{H}_3\text{—COOH} + HNO_3 \xrightarrow{\text{浓 } H_2SO_4} \begin{array}{l} \text{5-硝基水杨酸} + H_2O \\ \text{3-硝基水杨酸} + H_2O \end{array}$$

所生成的硝基水杨酸在碱性(pH>12.0)条件下于 410 nm 处有最大吸收值,且在一定范围内与 NO_3^--N 的含量呈线性关系。此外,NO_2^-、NH_4^+ 和 Cl^- 对本实验基本上无干扰。

三、实验材料、设备和试剂

1. 实验材料

新鲜植物组织或风干样品。

2. 设备

(1)751(或 721)分光光度计　　(2)容量瓶　　(3)移液管
(4)烘箱　　(5)网筛(60目)　　(6)分析天平
(7)恒温水浴　　(8)剪刀　　(9)三角瓶
(10)研钵或粉碎机

3. 试剂

(1) NO_3^--N 标准液。称取 0.721 7 g KNO_3 溶于少量重蒸无离子水中,并定容至 200 mL,其含 N 量为 500 $\mu g \cdot mL^{-1}$。

(2) 5% 水杨酸-硫酸溶液。称取水杨酸 5.00 g 溶于 100 mL 浓 H_2SO_4(密度为 1.84)中,搅拌溶解后贮于棕色瓶内。冰箱中至少可保存 1 周,最好现用现配。

(3) 2 mol·L^{-1} NaOH 溶液。称取 80 g NaOH 于 500 mL 硬质烧杯中,加入重蒸无离子水 200 mL,溶解后定容至 1 000 mL。

(4) 活性炭。

四、操作步骤

(1)标准曲线制作。取 50 mL 容量瓶 6 只,编号,依次加入 NO_3^--N 标准液 5、10、15、20、25、30 mL,用去离子水定容,则分别成为 50、100、150、200、250 和 300 $\mu g \cdot mL^{-1}$ NO_3^--N 的系列标准液。

取 50 mL 三角瓶 6 只,分别装入上述系列溶液 0.2 mL,再取 1 只 50 mL 三角瓶加入去离子水 0.2 mL 作空白对照。然后每只三角瓶加入 5% 水杨酸-硫酸溶液 0.8 mL。

混匀后静置 20~30 min，让其充分反应(显色)。最后每只三角瓶加入 19 mL(2 mol·L^{-1}) NaOH 溶液，混匀。冷却后于 410 nm 下测其光密度(以空白作参比液)，并绘制标准曲线。

(2) NO_3^--N 提取。取新鲜植物组织 5~10 g 研成匀浆(或称取经 70 ℃烘干磨碎并过 60 目筛的样品 0.5 mg)，装入 50 mL 容量瓶中，加去离子水 30 mL，于 45 ℃恒温水浴中浸提 1 h(其间不时摇动)，冷却后定容至刻度，然后过滤或离心(如含色素需脱色)，滤液备用。

(3) NO_3^--N 的测定。取 0.2 mL 滤液于 50 mL 三角瓶中，按制作标准曲线的方法加入其他各种试剂进行显色与比色(以标准曲线的空白作参比液)。

(4) 结果计算：按公式 $A = \dfrac{C \cdot V}{W}$ 计算。

式中：A——NO_3^--N 含量($\mu g \cdot g^{-1}$)；

W——样品重(g)；

C——样品在标准曲线上查得的 NO_3^--N 浓度($\mu g \cdot mL^{-1}$)；

V——提取液的总体积(mL)。

Ⅱ. NO_2^--N 含量的测定

一、实验原理

采用磺胺比色法。NO_2^- 可与磺胺(对氨基苯磺酸)和 α-萘胺结合生成玫瑰红色的偶氮染料(最大吸收波长 520 nm，其颜色深浅与 NO_2^- 浓度呈线性关系)。此法非常灵敏(最低浓度可达 0.5 $\mu g \cdot mL^{-1}$ NO_2^--N)。其反应如下：

$$\underset{\text{对氨基苯磺酸}}{\text{H}_3\text{N}\text{-C}_6\text{H}_4\text{-SO}_3\text{H}} \xrightarrow{\text{NO}_2, 2\text{H}} \underset{\text{重氮化合物}}{\text{N}^+ \equiv \text{N-C}_6\text{H}_4\text{-SO}_3\text{H}} \xrightarrow{\text{HO}_3\text{S-C}_{10}\text{H}_6\text{-NH}_2} \underset{\substack{\text{对-苯磺酸-偶氮-α-萘胺}\\ \text{(红色)}}}{\text{C}_6\text{H}_5\text{-N=N-C}_{10}\text{H}_5(\text{SO}_3\text{H})\text{-NH}_2}$$

二、实验材料、设备和试剂

1. 实验材料

植物新鲜组织或风干样品。

2. 设备

分光光度计；恒温水浴锅；试管；移液管。

3. 试剂

(1) NO_2^--N 标准液。称取 492.86 mg 分析纯 $NaNO_2$ 于小烧杯内，用去离子水溶解并定容至 100 mL，吸取此液 5 mL 稀释至 1 000 mL 作为母液，其 NO_2^--N 浓度为 5 $\mu g \cdot mL^{-1}$。

(2) 磺胺试剂。称取分析纯磺胺（对氨基苯磺酸）1 g，加浓 HCl 25 mL（需用水浴加热溶解），用去离子水定容至 100 mL。

(3) α-萘胺试剂。称取分析纯 α-萘胺 0.2 g，加浓 HCl 25 mL，溶解后定容至 100 mL。

三、操作步骤

(1) 标准曲线制作。首先配制含 NO_2^--N 为 0、1、2、3、4、5 μg 的系列溶液。取干燥、洁净的试管 6 支 (0～5 号)，依次加入 $NaNO_2$ 母液 0、0.2、0.4、0.6、0.8、1.0 mL，再依次加入无离子水 1.0、0.8、0.6、0.4、0.2、0 mL，摇匀后再分别向每管加入磺胺试剂 2 mL 和 α-萘胺试剂 2 mL，混匀后于 35 ℃ 下显色 30 min，520 nm 处比色，绘制标准曲线。

(2) NO_2^- 的提取。其方法与 NO_3^- 的提取相同，亦可直接使用 NO_3^- 的提取液。

(3) NO_2^- 的测定。取干燥、洁净试管 1 支，依次加入样品提取液 1 mL、磺胺试剂 2 mL、α-萘胺试剂 2 mL，混匀后在 35 ℃ 下显色 30 min，520 nm 处比色，于标准曲线上查出 5 mL 比色液中 NO_2^--N 的浓度 (C)。

(4) 结果计算。

按公式 $A = \dfrac{C \cdot V}{W}$ 计算。

式中：A——NO_3^--N 含量 ($\mu g \cdot g^{-1}$)；

W——样品重 (g)；

C——样品在标准曲线上查得的 NO_3^--N 浓度 ($\mu g \cdot mL^{-1}$)；

V——提取液的总体积 (mL)。

实验五

根系活力的测定（TTC 还原法）

一、实验目的

掌握用 TTC 法测定根系活力的原理与方法。

二、实验原理

根系是植物的重要器官，不仅具有吸收水分和矿质养分的功能，而且还是氨基酸、激素等的合成场所，根系活力是指根系的吸收、合成、代谢能力，特别是与吸收作用有密切的关系，因而可作为一项重要的生理指标。

测定根系活力的方法很多，如氯化三苯基四氮唑（TTC）法、α-萘胺氧化法和吸附甲烯蓝法等。本实验主要学习掌握第一种方法，即 2,3,5－triphenyl tetrazolium chloride 法，其原理是在植物幼根中，脱氢酶活性的强弱与根系活力成正相关。TTC 的标准氧化还原电位是－80 mV，其氧化态无色，并溶于水，还原态则是不溶于水的三苯基甲腙（triphenyl fornazan TTF），呈红色，它在空气中不会自动氧化，相当稳定，所以可用 TTC 作为还原型脱氢辅酶（NADH 或 NADPH）的氢受体，反应如下：

测定根系活力时，只需保温 1～4 h，即可得到不溶于水的红色 TTF，可用有机溶剂将红色生成物从根中提取出来进行比色，即可定量测定根系活力。

三、实验材料、设备和试剂

1. 实验材料

水稻（*Oryza sativa*）、小麦（*Triticum sativum*）或玉米（*Zea mays*）等幼苗的根系。

2. 设备

(1) 恒温水浴锅　　　　　　　　　(2) 10 mL 试管 10 支
(3) 容量瓶（25～50 mL）10 个　　 (4) 扭力天平
(5) 研钵或组织匀浆器　　　　　　(6) 三角瓶

(7)漏斗　　　　　　　　　　　　(8)小烧杯(100 mL)若干个
(9)培养皿(直径9 cm)数套　　　　(10)分液漏斗
(11)移液管　　　　　　　　　　　(12)721型分光光度计

3.试剂

(1)0.4%TTC溶液100 mL,以蒸馏水定容(避光保存,若变红则不能使用)。

(2)1 mol·L^{-1}硫酸。

(3)丙酮。

(4)Na$_2$S$_2$O$_4$ 10 g(保险粉)。

(5)0.1 mol·L^{-1} pH 7.5磷酸缓冲液(19.24 g K$_2$HPO$_4$和2.20 g KH$_2$PO$_4$),加水溶解后定容至1 000 mL,若pH不为7.5,可用稀KOH或HCl溶液调节。

(6)漂白粉。

四、操作步骤

(1) 供试植物材料的处理。首先将供试种子在过饱和的漂白粉溶液中浸泡20~30 min进行表面消毒,再用流水冲洗干净并浸种(小麦4~8 h,玉米12~14 h,水稻48 h),然后取出,在培养皿或发芽器上萌发。水稻也可直接从秧田取出,洗净备用。

(2)显色。取出0.5 g根尖,迅速投入有以下反应液的具塞试管中:5 mL 0.4% TTC,5 mL pH 7.5磷酸缓冲液(以等体积混合,用量可根据鲜根数量多少而定)。使根完全浸入反应液中,将试管塞塞紧,在37 ℃水浴中黑暗下进行反应1~3 h,向试管中加入2 mL 1 mol·L^{-1}的H$_2$SO$_4$以终止反应(注意:TTC是用HCl制成的,当它溶于水中时,pH为3~5,因此需加入等体积的0.1 mol·L^{-1} pH 7.5磷酸缓冲液,使反应液的pH为6.8左右,如不用缓冲液时,TTC反应液过酸,会伤害根系,另外TTC加磷酸缓冲液后要避光,最好临时配制使用。配成后在暗处保存短时。否则,见光会变红,影响反应的准确性。)

(3)测定。终止反应后,取出根,用滤纸吸干试液,剪碎,加入3~5 mL丙酮和少许石英砂在研钵中研磨或用组织匀浆器匀浆,以提取还原型的TTC(即TTF)。将红色提取液转移至25 mL容量瓶中,残渣再用丙酮抽提2~3次,至无红色为止。合并提取液,再用丙酮定容。

用721分光光度计测定485 nm处的光密度值,与标准系列比较,求出三苯甲腙的生成量,并按下式计算根系活力。

$$根系活力(\mu TTF·g^{-1}·h^{-1}) = \frac{三苯甲腙量(\mu g·mL^{-1}) \times 提取液总量(mL)}{根重(g) \times 反应时间(h)}$$

(4)标准曲线的制作。先将0.4%TTC稀释四倍,即得1 000 μg·mL^{-1}标准母液。再取试管5支,分别按下表加入各种试剂(加入保险粉后,得红色TTF溶液),然后摇匀,测定其在485 nm的光密度,绘制标准曲线(表7-4)。

表 7-4　根系活力标准曲线绘制表

项目	管号				
	1	2	3	4	5
标准母液/mL	0	0.1	0.3	0.5	0.7
H_2O/mL	2	1.9	1.7	1.5	1.3
$Na_2S_2O_4$（保险粉）			各小耳匙		
丙酮/mL	8	8	8	8	8
最终浓度/$\mu g \cdot mL^{-1}$	0	10	30	50	70

五、问题讨论

制作标准曲线时加入保险粉的作用是什么？

实验六

植物体内灰分元素的分析测定

Ⅰ. 植物体灰分中常量元素的分析测定

一、实验目的

掌握植物体灰分中常量元素和金属元素的分析。

二、实验原理

植物组织中含有的各种元素，可以利用微量化学分析进行检定。植物所必需的十大元素，除碳、氢、氧、氮在植物组织干燥和灰化过程中丧失外，其余的元素均能在灰分中检出。通常可以利用元素与特殊试剂进行专一性反应，产生一定形状的结晶或颜色，可在显微镜下作定性鉴定。

三、实验材料、设备和试剂

1. 实验材料
菠菜(或其他植物材料)

2. 设备
(1)高温电炉　　(2)烘箱　　(3)显微镜　　(4)天平
(5)白瓷比色板　(6)载玻片　(7)盖玻片

3. 试剂
(1)磷试剂:7 g 钼酸溶于 50 mL 蒸馏水中,加入 50 mL 6 mol·L^{-1} HNO$_3$,放置过夜,取上清液备用。

(2)硫试剂:10%氯化钡溶液。

(3)钾试剂:2 g 亚硝酸钠,0.9 g 醋酸铜,1.6 g 醋酸铅溶解在 15 mL 蒸馏水(含有 0.2 mL 30%醋酸)中。

(4)钙试剂:5%硫酸溶液。

(5)镁试剂:5%磷酸氢二钠溶液。

(6)铁试剂:5%铁氰化钾溶液或 5%亚铁氰化钾溶液。

(7)1%磷酸氢二钾

(8)氯化钠

(9)三氯化铁溶液

(7)(8)(9)作为已知元素,用于测定时作对照比较。

四、操作步骤

1. 材料灰化
取 50 g 菠菜(或其他植物材料),用水洗后再用蒸馏水冲洗一次,吸干水分,放在搪瓷盘中,于 105 ℃烘箱中烘干。然后于高温电炉中进行灰化,直至材料成灰白色为止。

2. 溶解过滤
取灰分 0.5 g 溶解于 2 mL 10%盐酸中,过滤后的灰分溶液用作以下的测定。

3. 元素的检出
磷:滴一滴 1%磷酸氢二钾溶液于载玻片上,在煤气灯上用小火烘干,于残迹上加 1 滴磷试剂,盖好盖玻片,用低倍显微镜观察结晶的形状和颜色(注意本试验中所用试剂具有强烈的腐蚀性,切勿接触显微镜特别是镜头,必须盖好盖玻片再进行观察)。然后用灰分溶液做同样实验,观察其结果。

硫:与上述步骤相同,先用 1%硫酸镁和硫试剂作用,在显微镜下观察结晶的形状和颜色。然后用灰分溶液做同样实验,观察其结果。

钾：与上述步骤相同，先用1‰磷酸氢二钾和钾试剂作用，在显微镜下观察结晶形状和颜色，然后用灰分溶液做同样实验，观察其结果。

钙：与上述步骤相同，先用1‰氯化钙和钙试剂作用，在显微镜下观察结晶形状和颜色。然后用灰分溶液做同样实验，观察其结果。

镁：与上述步骤相同，先用1‰硫酸镁和镁试剂作用，在显微镜下观察结晶形状和颜色。然后用灰分溶液做同样实验，观察其结果。

铁：取1‰三氯化铁溶液滴于白瓷比色板上，加1滴铁试剂观察是否有颜色出现（试剂为硫氰化钾则产生红色，如为亚铁氰化钾则产生蓝色）。然后用灰分溶液做同样实验，观察其结果。

Ⅱ．植物体灰分中金属元素的分析测定（原子吸收分光光度法）

一、实验原理

除了铬以外，几乎所有的金属均可溶解在一定浓度的硝酸溶液中。因此，可用原子吸收分光光度法测定绝大多数金属元素，而用比色法测定铬元素。将植物样品灰化后，用稀硝酸在低温电炉上加热提取，在硝酸温度提高过程中，灰分中各种金属元素会逐渐溶解在硝酸中。这样，一份样品中所含的多种金属元素可同时被抽提出来。用原子吸收分光光度计，采用不同的金属阴极灯即可测出样品中除铬以外的多种金属元素的浓度。

钾和钙是植物中两种重要的必需矿质元素。将植物样品在550 ℃高温下灼烧灰化，使碳水化合物分解挥发，而钾、钙等矿质元素存留在灰分中，用热HCl将灰分中的钾和钙溶解出来后，即可用原子吸收分光光度法测定其含量。

二、实验材料、设备和试剂

1. **实验材料**

任意植物材料

2. **设备**

(1) 1/10 000电子天平　(2) 高温电炉及温度自动控制器　(3) 瓷坩埚

(4) 100 mL容量瓶　(5) 洗瓶　(6) 漏斗

(7) 移液管　(8) 原子吸收分光光度计　(9) 钾、钙空心阴极灯

3. **试剂**

(1) 1∶1 HCl：浓HCl与去离子水按1∶1(v/v)混匀即成。

(2) 0.5% HCl:5 mL 浓 HCl 用去离子水定容至 1 L。

(3) 2% HCl:20 mL 浓 HCl 用去离子水定容至 1 L。

(4) 1 mol/L HCl:取 2 mL 浓 HCl 用去离子水定容至 100 mL。

(5) K 标准母液(500 mg·L^{-1}):准确称取经 105 ℃烘干 5 h 的 KCl 0.953 4 g,用去离子水定容至 1 L。

(6) Ca 标准母液(500 mg·L^{-1}):准确称取经 110 ℃烘干至恒重的 $CaCO_3$ 1.248 5 g 溶解于 1 mol/L HCl 中,排出 CO_2 后,定容至 1 L。

(7) 3% $LaCl_3$:称取 30 g 分析纯 $LaCl_3$ 溶解后用去离子水定容至 1 L。

(8) 0.1% EDTA。

三、操作步骤

1. 植物样品的干灰化

用 1/10 000 电子天平称取烘干植物样品约 2 g 于已知重量的瓷坩埚中(精确至 μg),然后将坩埚置于高温电炉中,将坩埚盖倾斜开,加热至 200 ℃,保持 0.5 h,使样品炭化,然后加热至 550 ℃,灼烧 2 h,打开电炉门待温度降至约 200 ℃后,用坩埚钳取出坩埚放入干燥器内冷却 0.5 h,即在电子天平上称重,随后再放入电炉中烧 15~30 min,同上冷却称重(两次重量之差不大于 0.000 3 g)。

2. 钾、钙的提取

往已干灰化的植物样品中加入 5 mL 热的 1∶1 HCl 溶解灰分,过滤,滤液收集于 100 mL 容量瓶中。用 0.5% HCl 洗坩埚数次,过滤至 100 mL 容量瓶,用 0.5% HCl 定容至 100 mL。

3. 原子吸收分光光度法测定钾和钙

(1) 按本实验附录中《WFX-ID 型原子吸收分光光度计操作规程》熟悉使用原子吸收分光光度计的方法,并按表 7-5 调节测量条件。

表 7-5　原子吸收分光光度法测定钾和钙条件

测量条件	K	Ca
波长/Å	7665	4227
狭缝/mm	0.2	0.2
灯电流/mA	1	2
燃烧器高度/mm	5	6
空气压力/kg·cm^{-2}	3	3
乙炔压力/kg·cm^{-2}	0.9	0.9
空气流量/L·min^{-1}	6.5	6.5
乙炔流量/L·min^{-1}	1.7	1.7
火焰类型	氧化性蓝色焰	氧化性蓝色焰

(2) 用标准曲线法测定植物样品中钾和钙的含量

取 6 个 100 mL 容量瓶,编号,分别加入标准 K 母液 0,0.2,1.0,2.0,3.0,4.0 mL;标准 Ca 母液 0,0.2,0.4,1.0,1.6,2.0 mL;每个容量瓶中均加入 3% $LaCl_3$ 10 mL,再用 2%HCl 定容,即配制成钾、钙混合标准溶液(表 7-6):

表 7-6　标准曲线测定植物样品中钾和钙含量

元素	编号					
	1	2	3	4	5	6
K/mg·L^{-1}	0	1	5	10	15	20
Ca/mg·L^{-1}	0	5	10	15	20	30

取 10 mL 待测液转入 100 mL 容量瓶,加入 10 mL 3% $LaCl_3$,再用 2%HCl 定容。先吸去离子水喷洗燃烧器,然后测定 1 号标准液(空白)调零,再测定 6 号标准液调吸光度 0.90 左右。重新喷洗燃烧器,然后测定 1~6 号标准液,记录吸光度值,绘制标准曲线或求得直线回归方程。

吸取经稀释 10 倍的待测液,测定,记录吸光度值,由标准曲线或回归方程查得 K、Ca 含量,按下式计算 K、Ca 在植物样品中的百分率。

$$K\% = \frac{K(mg \cdot L^{-1}) \times 100 \times 10}{植物样品干重(g) \times 10^6} \times 100$$

$$Ca\% = \frac{Ca(mg \cdot L^{-1}) \times 100 \times 10}{植物样品干重(g) \times 10^6} \times 100$$

附录:WFX-ID 型原子吸收分光光度计操作规程

(1)先检查仪器各开关是否关闭或调到最低档(逆时针转到头),打开光源室,装上需用的空心阴极灯。

(2)仪器接市电,打开主机电源,开关上方指示灯亮。

(3)视所用灯插座号码,开启相应的供电开关、然后顺时针转动灯电流调节旋钮至适当值(注:不同阴极灯电流大小不同)。

(4)调整狭缝宽度及测定波长。

(5)能量调整:将主机工作开关调至能量档,调节能量旋钮至 20%~50% 左右时,校正测定波长(即左右调节波长视能量值为最高峰为准),然后调节阴极灯上下、前后位置使能量达最高值,再将能量旋钮调至 80% 左右。

(6)仪器在上述操作后,经预热 15~30 min,即可进入测定工作状态。

(7)打开燃烧室排气扇,开启空气压缩机,在有气从气孔排出时,开通助燃气导管开关,调节助燃气流量计至适当位置。

(8)开启燃气(乙炔)开关(注:先开总开关,再开压力开关),然后调节乙炔气流量计旋钮,点燃燃烧器火焰,将进样管插入去离子水中清洗导管和燃烧器。

(9)标准曲线制作:先将工作开关调至吸光档,用 CK 调零(按一下调零钮),用最高浓度标样调吸光值为 0.8~1.0 左右(通过调整火焰角度来调节),并记下读数,然后按标样梯度重复测定 2 次,并记下各自的吸光值。

(10)样品测定:按样品顺序依次测定吸光值(瞬时值或积分值),记下稳定的读数(第 2~3 个积分值)。

(11)关机:样品测定后,先用去离子水冲洗进样管和燃烧器,移出进样管。然后关掉燃气总开关、压力开关,让管道中燃气充分燃尽后,关掉燃气流量计开关。调节能量至最低,再关灯电流及灯开关,最后将工作开关调至能量档,关主机电源及稳压电源开关,拔掉市电插头。

实验七

硝酸还原酶活性的测定

一、实验目的

硝酸还原酶是一种诱导酶,广泛地存在于高等植物的根、茎、叶等组织中,它是植物氮素代谢中一个非常重要的酶,此酶还直接影响到土壤中无机氮的利用率,从而对植物的生长、发育以及产量和品质产生影响。所以,作物栽培中,有人认为此酶活性的大小,可作为作物产量的生理指标。本实验通过磺胺(或对氨基苯磺酸)比色法测定硝酸还原酶的活性,来了解植物生长发育期间氮素的营养水平,为合理施肥提供科学依据。

二、实验原理

硝酸还原酶是植物氮素代谢作用中的关键性酶,与作物吸收和利用氮肥有关。它作用于 NO_3^- 使之还原为 NO_2^-:

$$NO_3^- + NADH + H^+ \longrightarrow NO_2^- + NAD^+ + H_2O$$

产生的 NO_2^- 可以从组织内渗透到外界溶液中,并积累在溶液中,测定反应溶液中 NO_2^- 含量的增加,即表现该酶活性的大小。这种方法简单易行,在一般条件下都能做到。

NO_2^- 含量的测定用磺胺比色法。在酸性条件下,对氨基苯磺酰胺与 NO_2^- 形成重氮盐,再与 α-萘胺形成红色的偶氮染料化合物。反应液的酸度大则增加重氮化作用的速度,但降低偶联作用的速度,颜色比较稳定。增加温度可以加快反应速度,但降低重氮盐的稳定度,所以反应需要在相同条件下进行。这种方法非常灵敏,能测定每毫升含 0.5 μg 的 $NaNO_2$。

硝酸还原酶活性的测定可分为活体法和离体法。活体法步骤简单,适合快速、多组测定。离体法复杂,但重复性较好。

Ⅰ. 硝酸还原酶的诱导与活体测定

一、实验材料、设备和试剂

1. 实验材料
烟草、向日葵、油菜等作物叶片

2. 设备
(1)分光光度计　　　(2)真空泵(或注射器)　　　(3)保温箱
(4)天平　　　　　　(5)真空干燥器　　　　　　(6)钻孔器
(7)三角烧瓶　　　　(8)移液管　　　　　　　　(9)烧杯

3. 试剂
(1)0.1 mol·L^{-1} 磷酸缓冲液,pH 7.5。
贮备液 A:称分析纯磷酸二氢钠(NaH_2PO_4) 2.78 g,加蒸馏水配成 100 mL,即成

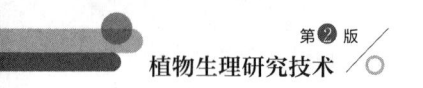

0.2 mol·L^{-1} NaH$_2$PO$_4$ 溶液；

贮备液 B：称 Na$_2$HPO$_4$·12H$_2$O 7.17 g，加蒸馏水配成 100 mL，即成 0.2 mol·L^{-1} Na$_2$HPO$_4$ 溶液；

用时取贮备液 A 16 mL，贮备液 B 84 mL 混合，用蒸馏水稀释至 200 mL，即成为 0.1 mol·L^{-1} 的磷酸缓冲液。

(2) 0.2 mol·L^{-1} KNO$_3$：溶解 20.02 g KNO$_3$ 于 1 000 mL 蒸馏水中。

(3) 磺胺试剂：1 g 磺胺加 25 mL 浓盐酸，用蒸馏水稀释至 100 mL。

(4) α-萘胺试剂：0.2 g α-萘胺，加 25 mL 冰醋酸，用蒸馏水稀释至 100 mL。

(5) NaNO$_2$ 标准溶液：取 AR 级的 NaNO$_2$ 0.100 0 g，用蒸馏水溶解并定容至 100 mL，然后吸取 5 mL，再用蒸馏水稀释至 1 000 mL，即为每毫升含 5 μg NaNO$_2$ 的标准液。

二、操作步骤

1. 材料的培养

种子浸种前用 0.1% 的氯化汞溶液(或用 1% 次氯酸钠)消毒，小麦 20 min，水稻 30 min，然后，水稻种子在水中浸泡 3 d(每天换水一次)，小麦种子浸 16 h，玉米种子浸 1 d，放在湿润的滤纸或纱布上过夜，即可露白，露白的种子排在尼龙网上，将尼龙网放在盛满自来水的搪瓷盘内，用 2 000 lx 的光照射，每天光暗各 12 h，温度保持在 25 ℃ 的恒温条件下，取 5 日龄的小麦、玉米，6 日龄的水稻(苗龄从放在尼龙网上算起)幼苗叶片作为测定酶活性的材料。

2. 硝酸还原酶的诱导

将 5 日龄(6 日龄)的幼苗取一半放在 50 mol·L^{-1} KNO$_3$ 的溶液中(pH 6 左右)，诱导 24 h，取样前幼苗需照光 3 h，另一半不加 KNO$_3$，同样照光 3 h 取样。勿在暗期中取样，暗期及照光时间长短对酶活性都有影响。

3. NO$_2^-$ 的提取

将取下的材料洗净、吸干，用刀片切成 0.5 cm 的小段(要求所选材料部位基本一致，切时尽量减少切口损伤)。分别称取①诱导的和②未诱导的材料各 2 份，每份 2 g，分别放入离心筒内。在①内加磷酸缓冲液 10 mL＋KNO$_3$ 溶液 10 mL，另一份内加磷酸缓冲液 10 mL＋水 10 mL。在②内 2 份分别按①内 2 份加试剂，然后将离心筒放入离心机 3 000×g 中离心 5～10 min，然后放置于真空干燥器中，接上真空泵抽气 10 min，放气后再抽气，反复 2～3 次，使测定材料沉于瓶底部为止，抽完气将真空干燥器置 25 ℃ 黑暗中，保温 30 min。再分别向测定管和对照管中加入 1 mL 30% 三氯乙酸，终止酶反应。

4. NO$_2^-$ 含量的测定

保温 30 min 结束后，吸取反应液 1 mL 于试管内，加磺胺试剂 2 mL，萘乙烯胺试剂 2 mL,混合摇匀,在 25 ℃下,显色 20 min,生成红色化合物,颜色可稳定 2~3 h,用 721 型分光光度计测波长为 520 nm 的光密度。

5. **绘制标准曲线**

吸取不同浓度的 $NaNO_2$ 溶液 5、4、3、2、1、0.5、0 $\mu g \cdot mL^{-1}$ 各 1 mL 于 7 支试管内,加入磺胺试剂 2 mL 及萘乙烯胺试剂 2 mL,混合摇匀,在 25 ℃温度下,显色 20 min,用 721 型分光光度计测波长为 520 nm 的光密度,以光密度为纵坐标,标准液 $NaNO_2$ 浓度为横坐标,绘制标准曲线。

三、结果处理

$$待测液浓度(NO_2^- \ \mu g \cdot mL^{-1}) = \frac{标准液浓度 \times 待测液光密度}{标准液光密度}$$

$$待测液酶活力[NO_2^- \ \mu g/(g \cdot h)] = \frac{待测液浓度 \times 反应液总体积(mL)}{材料鲜重(g)} \times \frac{60}{反应时间(min)}$$

按照公式 $A = \dfrac{(C_1 - C_2) \cdot V}{WT}$ 计算,

式中:A——硝酸还原酶的活性($NaNO_2 \ \mu g \cdot g^{-1} \cdot h^{-1}$);

C_1——从标准曲线查得测定瓶 $NaNO_2$ 的浓度($\mu g \cdot mL^{-1}$);

C_2——从标准曲线查得对照瓶 $NaNO_2$ 的浓度($\mu g \cdot mL^{-1}$);

V——反应液总体积(mL);

W——样品重(g);

T——反应时间(h)。

Ⅱ. 硝酸还原酶的离体测定

一、实验材料、设备及试剂

1. **实验材料**

小麦、向日葵、油菜等作物叶片

2. **设备**

(1)分光光度计　　(2)冷冻离心机　　(3)保温箱
(4)天平　　　　　(5)纱布　　　　　(6)研钵
(7)石英砂

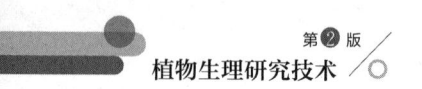

3. 试剂

(1) 0.1 mol·L^{-1} 磷酸缓冲液;pH 7.5,配方同前。

(2) 提取缓冲液:0.121 1 g 甲硫氨酸、0.037 2 g EDTA 溶于 100 mL 0.025 mol·L^{-1},pH 8.8 的磷酸缓冲液中(或 0.025 mol·L^{-1},pH 8.8 的磷酸缓冲液中含 10 mmol·L^{-1} 甲硫氨酸,1 mmol·L^{-1} EDTA)。

(3) NADH 溶液:称取 2 mg NADH 溶于 1 mL 试剂(1)中。NADH 溶液应在使用前配制。使用剩下的放在冰箱中保存,一周内可用,时间再长则失效。

(4) 0.2 mol·L^{-1} KNO$_3$:溶解 20.02 g KNO$_3$ 于 1 000 mL 蒸馏水中。

(5) 磺胺试剂:1 g 磺胺加 25 mL 浓盐酸,用蒸馏水稀释至 100 mL。

(6) α-萘胺试剂:0.2 g α-萘胺,加 25 mL 冰醋酸,用蒸馏水稀释至 100 mL。

(7) NaNO$_2$ 标准溶液:取 AR 级的 NaNO$_2$ 0.100 0 g,用蒸馏水溶解并定容至 100 mL,然后吸取 5 mL,再用蒸馏水稀释至 1 000 mL,即为每毫升含 5 μg NaNO$_2$ 的标准液。

二、操作步骤

1. 酶的提取

把材料剪下,洗净,用吸水纸吸干,切成小块。称取 0.5 g 置研钵中,冰冻 30 min。然后加入适量石英砂和提取液(共 4 mL),研磨成匀浆。匀浆用两层纱布过滤,在 0 ℃~4 ℃,4 000 r/min 冰冻离心 20 min,上清液即为粗酶液。

注意:硝酸还原酶是诱导酶,试验前一天最好在培养液中加 NO$_3^-$ 以诱导酶的产生。

2. 含量的测定

吸取粗酶液 0.2 mL 于试管中,加入 0.5 mL KNO$_3$ 溶液,0.3 mL NADH,混合后在 25 ℃保温 30 min。保温结束后立即加入磺胺试剂 2 mL 及 α-萘胺试剂 2 mL,混合均匀,静置 15 min,用分光光度计在 520 nm 下进行比色,记录 OD 值。以不加 NADH(加入 0.2 mL 水)作为空白对照。从标准曲线读出 NO$_2^-$ 含量,再计算酶活力,以每小时每克鲜重产生的 NO$_2^-$ μg 或 μmol 表示。

3. 绘制标准曲线

同活体法。

三、结果处理

$$待测液浓度(NO_2^-\ \mu g \cdot mL^{-1}) = \frac{标准液浓度 \times 待测液光密度}{标准液光密度}$$

$$待测液酶活力[NO_2^-\ \mu g/(g \cdot h)] = \frac{待测液浓度 \times 反应液总体积(mL)}{材料鲜重(g)} \times \frac{60}{反应时间(min)}$$

按照公式 $A = \dfrac{(C_1 - C_2) \cdot V}{WT}$ 计算,

式中：A——硝酸还原酶的活性($NaNO_2$ $\mu g \cdot g^{-1} \cdot h^{-1}$)；

C_1——从标准曲线查得测定瓶 $NaNO_2$ 的浓度($\mu g \cdot mL^{-1}$)；

C_2——从标准曲线查得对照瓶 $NaNO_2$ 的浓度($\mu g \cdot mL^{-1}$)；

V——反应液总体积(mL)；

W——样品重(g)；

T——反应时间(h)。

四、注意事项

(1)亚硝酸的磺胺比色法比较灵敏,显色速度受温度和酸度等因素的影响。因此,标准液与样品的测定应在相同条件下进行,方可比较。

(2)取样前叶子需进行一段时间的光合作用,以积累碳水化合物,否则酶活性降低。

(3)如无真空泵,可用 20 mL 注射器代替,将反应液及叶圆片一起倒入注射器中用手指堵住出口小孔,然后用力拉注射器,产生真空,如此抽气反复进行多次,可使叶圆片中的空气抽去而沉于溶液中。

第八章 植物的光合与呼吸作用实验

实验一

叶绿体色素的提取及定量测定（分光光度法）

一、实验目的

叶绿素含量与光合作用及氮素营养有密切关系，在科学施肥、育种及植物逆境生理研究中常有测定的需要。本实验学习叶绿素的提取和定量测定的方法，并比较不同植物或在不同条件下叶绿素的含量。

二、实验原理

高等植物叶绿体内的色素包括叶绿素（叶绿素 a 和叶绿素 b）和类胡萝卜素（叶黄素和胡萝卜素）两大类。由于它们的结构决定两大类色素均不溶于水，而溶于有机溶剂，故常用酒精或丙酮等来提取。

提取出来的叶绿体色素，可根据其吸收峰值，用分光光度法测定消光度（光密度）。因叶绿素含量与消光度成正比，故可用公式计算出叶绿素含量。

$$叶绿素浓度(C) = \frac{OD_{652}}{34.5} (mg \cdot mL^{-1} \text{ 或 } mg \cdot dm^{-2})$$

$$叶绿素含量(鲜重\%)=\frac{C(mg \cdot mL^{-1} 或 mg \cdot dm^{-2}) \times 提取液总量(mL)}{叶片鲜重(mg)或叶面积(dm^2)} \times 100$$

OD_{652}——652 nm 处测得的提取液消光度(光密度)

34.5——叶绿素 a,b 混合液在 652 nm 处的比吸收系数

也可用下式表示:

$$叶绿素含量(mg \cdot g^{-1})=\frac{CD_{652} \times V}{34.5 \times W}$$

V:提取液总量(mL);

W:叶片鲜重(g)。

三、实验材料、设备和试剂

1. 实验材料

新鲜的植物叶片

2. 设备

(1)研钵 1 个　　　　　　　　(2)剪刀 1 把

(3)漏斗 1 个　　　　　　　　(4)50 mL 或 25 mL 容量瓶数个

(5)天秤 1 台　　　　　　　　(6)石英砂少许

(7)分光光度计 1 台　　　　　(8)滤纸、玻棒、滴管等

3. 试剂

80%丙酮或 95%乙醇

四、操作步骤

1. 叶绿体色素的提取

(1)乙醇提取法

将采集回来的植物叶片,用自来水冲洗干净,再用干净纱布或滤纸擦去水分,剪碎,称 0.2～0.5 g 放于研钵中,加少量 95%乙醇(润湿叶片为度)和少许石英砂(叶片中纤维多的可不加)研磨细碎成叶泥后,再加乙醇 2～3 mL,略加研磨稍澄清后,取上层溶液于漏斗滤入容量瓶,钵内残渣再加乙醇反复浸提和冲洗多次,至无绿色(残渣勿入漏斗)。然后再用滴管吸取乙醇,慢慢滴洗滤纸,直至滤纸上无叶绿素为止(即滤纸为原来的白色),最后用乙醇定容为 50 mL,滤液即为叶绿素提取液。

(2)混合液浸提法

将所测定叶片洗净,去主脉,剪成 4～8 mm 的小片或叶条混匀后,称取 0.1～0.2 g,放入 25 mL 容量瓶,加入浸提液(按丙酮:乙醇:水=4.5:4.5:1 比例混匀即可)至刻度;亦可用直径 0.9 cm 的打孔器,在叶片主脉两侧各取 5～10 个小圆片,放入

20 mL 混合液中。置暗箱（或暗盒）中直接浸提叶绿素约 8～12 h，期间振摇 2～3 次，直至小圆片或碎片完全空白为止。上层绿色溶液经准确定容并摇匀，澄清后即可用于比色测定。

2. 叶绿素的定量测定——分光光度法

(1) 比色：将叶绿素提取液倒入比色皿中（溶液高度为皿的 4/5），以 95% 乙醇（或混合提取液）作参比液，于 721 型分光光度计取波长 652 nm 比色测定消光度（光密度）。

(2) 计算：按原理中所述公式进行计算。

五、结果处理

算出所用材料的叶绿素含量。

六、问题讨论

(1) 为什么叶绿体色素的提取必须用有机溶剂？

(2) 叶绿素 a、b 在红光和蓝光区都有一个最大吸收峰值，能否用蓝光区的最大吸收峰值进行叶绿素 a、b 的定量测定，为什么？

附：721 型分光光度计的使用方法简介

(1) 用波长调节旋钮将仪器调至所需波长上。

(2) 打开比色皿箱盖，开启电源开关，预热 15 min，用零位调节旋钮调节指针于透光度"0"上。

(3) 将盛有溶液（充满高度 4/5）的比色皿放入比色皿架，然后放入比色皿暗箱内，关闭暗箱，此时参比溶液处于光路，分别用光量粗调旋钮和细调旋钮将指针调至"100"透光率上，然后将盛有试样的比色皿推入光路，从仪器的表头上读出该溶液的消光度。如此重复三次，以其平均数为该溶液的平均消光度。

(4) 测试完毕后，应将比色皿取出，洗净，用擦镜纸擦干，置比色皿盒中保存；同时应关闭仪器电源，除去比色皿暗盒中的污染物，将仪器放置安全处。

注：叶绿素含量的计算公式中的 34.5 是以 80% 丙酮作为叶绿体色素提取液时的比吸收系数，用 95% 乙醇提取，按此公式计算相差不大，故可代用。

实验二

叶绿体色素的分离及理化性质观察

一、实验目的

叶绿体色素在植物光合作用的光能吸收、传递和转换中有重要的作用。本实验学习叶绿体色素的提取和分离方法,并了解这些色素的一些重要性质。

二、实验原理

(1) 纸层析法分离叶绿体色素是一种最简便的方法。其原理是当溶剂不断地从纸上流过时,由于混合物中各成分在两相(流动相和固定相)间具有不同的分配系数,其移动速率不同,因而使样品中不同色素得以分离。

(2) 叶绿素是一个双羧酸的酯,在碱的作用下,发生皂化作用,生成的盐能溶于水,故可将叶绿素与类胡萝卜素分开。其反应如下:

$$C_{32}OH_{30}N_4Mg{\begin{matrix}COOCH_3\\COOC_{20}H_{39}\end{matrix}} + 2KOH \longrightarrow C_{32}H_{30}ON_4Mg{\begin{matrix}COOK\\COOK\end{matrix}} + CH_3OH + C_{20}H_{39}CH$$

叶绿素　　　　　　　　　　　　皂化叶绿素　　　　甲醇　　叶醇

$$C_{32}OH_{30}N_4Mg{\begin{matrix}COOCH_3\\COOC_{20}H_{39}\end{matrix}} + 2KOH \longrightarrow C_{32}OH_{30}N_4Mg{\begin{matrix}COOCH_3\\COOC_{20}H_{39}\end{matrix}} + (CH_3COO)_2Mg$$

去镁叶绿素　　　　　乙酸镁
(褐色)

$$C_{32}H_{32}ON_4{\begin{matrix}COOCH_3\\COOC_{20}H_{39}\end{matrix}} + (CH_3COO)_2Cu \longrightarrow C_{32}H_{30}ON_4Cu{\begin{matrix}COOCH_3\\COOC_{20}H_{39}\end{matrix}} + 2CH_3COOH$$

去镁叶绿素　　　　乙酸镁　　　　　铜代叶绿素　　　　乙酸
(褐色)　　　　　　　　　　　　　　(蓝绿色)

(3) 在弱酸作用下,叶绿素分子中的镁被 H^+ 所取代,生成褐色的去镁叶绿素,后者遇铜则成为蓝绿色的铜代叶绿素,铜代叶绿素很稳定,在光下不易被破坏,故常用此法制作浸渍标本。

(4) 叶绿素和类胡萝卜素都具有光学活性,表现出一定的吸收光谱,可用分光镜检查,叶绿素吸收光量子转变成激发态的叶绿素分子,很不稳定,当其回到基态时可发出红光量子,因而产生荧光。叶绿素化学性质也很不稳定,容易受强光破坏,特别是当叶绿素与叶绿蛋白质分离后,破坏更快。

三、实验材料、设备和试剂

1. 实验材料

新鲜植物叶片或叶干粉

2. 设备

(1)托盘天平 1 架　　　　　(2)研钵 1 套
(3)漏斗 1 个　　　　　　　(4)漏斗架 1 个
(5)剪刀 1 把　　　　　　　(6)三角瓶(100 mL)1 个
(7)小烧杯(50 mL)1 只　　　(8)圆形滤纸 2 张
(9)滤纸条(2×1cm)2 条　　　(10)解剖针 1 个
(11)B$_{11}$滴管 1 支　　　　(12)B$_{12}$同样大小的培养皿 2 个
(13)B$_{13}$塑料内盖 1 个

3. 试剂

(1)95%酒精

(2)汽油(纯净无色)

(3)苯

四、操作步骤

1. 色素液的制备

(1)取新鲜植物叶片,洗净,放在 60～70 ℃烘箱中烘干后研成粉末,称取干粉末 2 g,加 95%乙醇 20 mL 浸提,待乙醇呈深绿色时,过滤到另一棕色瓶内;滤纸即为叶绿体色素提取液,可作纸层析用,也可再用乙醇适当稀释作理化性质观察用。

(2)或用鲜叶片 2～3 g 以 95%乙醇研磨提取,过滤于三角瓶中备用。

2. 点样

取一块直径略大于培养皿的圆形层析滤纸(定性或定量均可),在圆心处滴一小滴叶绿体色素提取液,使色素扩展范围在 1 cm 以内,风干后再滴,连续 3～5 次,在点样中心用解剖针穿一小孔,另取滤纸条(1 cm×2 cm)卷成纸捻插入圆形滤纸的小孔中,风干备用。

3. 展层

在培养皿中放一个小塑料盖,盖中加入适量的汽油和 1～2 滴苯作展层剂,把插有纸捻的圆形滤纸平放在培养皿上,使纸捻浸入汽油中,剪去上端多余的部分,盖好培养皿(图 8-1)。此时,汽油借毛细管引力顺纸捻扩散到圆形滤纸上,并把叶绿体色素沿着滤纸向四周推进,不久即可看到被分离的各种色素同心圆环。叶绿素 b 为黄绿色,叶绿素 a 为蓝绿色,叶黄素为黄色,胡萝卜素为橙黄色。

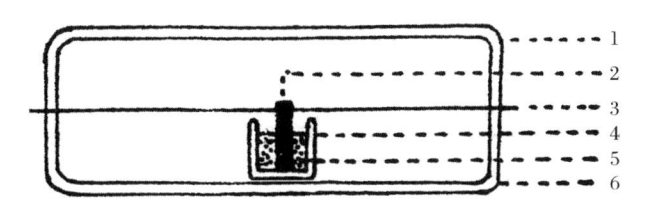

图 8-1　分离叶绿体色素的圆形纸层析装置(侧视图)
1.上培养皿　2.纸捻　3.圆形层析滤纸　4.小塑料盖　5.展层剂　6.下培养皿

4. 标注

待汽油扩散至培养皿边沿时,取出滤纸,用铅笔标出各色素的位置和名称,分为两半,一半附于实验报告中,另一半色谱纸可用作"色素的光破坏作用"实验。

五、结果处理

(1)将标明颜色和名称的层析色谱,随作业一起附上,并加以说明为什么会出现四层同心圆?

(2)按下表,记录叶绿体色素的理化性质实验所观察的现象,并加以解释。

理化性质	观察的现象	解释说明

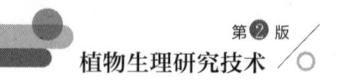

实验三

叶绿体的分离制备及希尔反应活力测定

一、实验目的

本实验学习分离制备叶绿体的技术方法,加深对希尔反应的理解及对光反应的认识。

二、实验原理

英国生物化学家 R. Hill(1937 年)首先将离体叶绿体加入有适当氢受体(如草酸高铁钾盐、2,6-二氯酚靛酚、NAD^+ 和 $NADP^+$)的水溶液中,照光后即有 O_2 放出,这就是水的光解,即希尔反应。制备离体叶绿体和测定希尔反应活力是研究叶绿体结构和光反应必不可少的步骤。

叶绿体的分离采用离心分级分离,即利用叶绿体的直径和沉降系数与其他细胞器不同的特点,先用低速离心除去细胞碎片,后用高速离心沉降叶绿体。希尔反应活力的测定是将叶绿体加入铁氰化钾,并照光,水被光解放氧,而溶液中的 $Fe(CN)_6^{3-}$ 被还原成 $Fe(CN)_6^{4-}$,后者可使 $FeCl_3$ 变成游离的 Fe^{2+},而 Fe^{2+} 又可与邻菲啰啉盐生成橙红色的络合物,并且 Fe^{2+} 的浓度与颜色深浅呈线性关系,因而可比色测定。其反应如下:

$$4Fe(CN)_6^{3-} + 2H_2O \xrightarrow[\text{叶绿体}]{\text{光}} 4Fe(CN)_6^{4-} + 4H^+ + O_2$$

$$Fe(CN)_6^{4-} + Fe^{3+} \longrightarrow Fe(CN)_6^{3-} + Fe^{2+}$$

$$Fe^{2+} + \text{邻菲啰啉} \longrightarrow \text{橙红色络合物}$$

三、实验材料、设备和试剂

1. 实验材料

最常用的是新鲜菠菜叶片,也可用小麦、小稻等植物叶片。

2. 设备

(1)分光光度计　(2)台式离心机　(3)组织捣碎机　(4)方形标本缸

(5)照光装置(2 只 500 W 钨灯作为光源,方形玻璃标本缸内放一试管架,并加入适量的水)

(6)试管　　　　　　(7)移液管　　　　　　(8)烧杯　　　　　　(9)纱布

3. 试剂

(1)叶绿体提取液(STN)溶液:含有 0.4 mol·L^{-1} 蔗糖、0.05 mol·L^{-1} HCl-Tris 缓冲液、0.01 mol·L^{-1} NaCl,用 HCl 调 pH 至 7.8,贮于冰箱预冷备用。

(2)希尔反应试剂:包括 0.5 mol·L^{-1} Tris 缓冲液(pH 7.8)、0.05 mol·L^{-1} MgCl$_2$ 溶液、0.1 mol·L^{-1} NaCl 溶液、0.01 mol·L^{-1} K$_3$Fe(CN)$_6$ 溶液;上述 4 种溶液单独分装,不能混合。

(3)显色试剂:0.01 mol·L^{-1} FeCl$_3$ 溶液(用 0.2 mol·L^{-1} 醋酸配制)、0.05 mol·L^{-1} 邻菲啰啉盐酸盐(C$_{12}$H$_{18}$N$_2$·HCl·H$_2$O)溶液(先用少量 95% 乙醇溶解,后用蒸馏水定容)。

(4)亚铁氰化钾系列溶液:0.05、0.10、0.15、0.20、0.25、0.30 μmol·L^{-1} 亚铁氰化钾溶液。

(5)其他试剂:10% 三氯乙酸;0.2 mol·L^{-1} 柠檬酸钠(Na$_3$C$_6$H$_5$O$_7$·2H$_2$O)溶液;80% 丙酮。

四、操作步骤

1. 叶绿体的制备

先将叶绿体提取液(STN)、洗净的植物叶片和研钵等玻璃器具放入 4 ℃ 冰箱中预冷备用。然后称取去柄和去脉叶片 10 g 剪碎放在置于冰浴中的研钵内,加入预冷提取液 20 mL 研磨 2 min(或在组织捣碎机中捣碎 30 s),再加预冷提取液 20~30 mL,4 层纱布过滤,滤液装入刻度离心管,先以 1 500 r/min 离心 1 min,上清液转入另一离心管再以 4 000 r/min 离心 2 min,沉淀部分即为叶绿体,加入少量提取液悬浮沉淀物,并定容至 4 mL,放冰箱备用。以上过程需在 10 min 内完成。

2. 希尔反应活力的测定

(1)配制反应液:取干燥、洁净的试管 7 支(编号),分别加入希尔反应液中的各种试剂和叶绿体悬浮液各 0.1 mL,再分别加入蒸馏水 0.5 mL,摇匀。

(2)照光处理:将 3 支试管放入预先置于方形玻璃标本缸内的有机玻璃试管架上,缸内注入 20 ℃ 的水保温,另 3 支试管放在暗处作为对照;用 500 W 钨灯向标本缸内的试管照光 1 min 后,立即向所有试管加入 10% 三氯乙酸 0.2 mL 终止反应。摇匀后以 300 r/min 离心 2 min,上清液用于测定 Fe(CN)$_6^{4-}$。

(3)比色测定:取离心上清液 0.7 mL,加水 1 mL,再依次加入柠檬酸钠溶液 2 mL、FeCl$_3$ 溶液 0.1 mL、邻菲啰啉盐酸盐 0.2 mL,摇匀后室温下暗处静置 20 min,于 520 nm 下比色。

3. 标准曲线绘制

取干燥、洁净的试管 7 支(0~6 号),分别加入 0(水、空白)、0.05、0.10、0.15、

0.20、0.25、0.30 μmol·L^{-1} 亚铁氰化钾系列溶液 1.7 mL,其他试剂及操作步骤与样品比色测定相同,记录 OD 值,绘出标准曲线。

4. 叶绿素含量测定

取叶绿体悬浮液 0.1 mL,装入离心管,加入 80% 丙酮 4.9 mL,摇匀后以 4 000 r/min 离心 5 min,取上清液于 652 nm 下比色,记录 OD 值,并用 Arnon 公式计算叶绿素含量 $\left(\dfrac{OD_{652}\times 1000}{34.5}\times \dfrac{5}{1\,000\times 0.1}=1.449\ OD_{652}\ \text{mg}\cdot\text{mL}^{-1}\right)$。

五、注意事项

(1)三氯化铁和邻菲啰啉盐酸盐配制后应放在棕色瓶中。

(2)测定希尔反应时尽量避光,尤其是加入邻菲啰啉盐酸盐后应在暗处静置,方才比色。

六、结果处理

按照公式 $A=\dfrac{b\cdot\dfrac{d}{m}}{c\cdot n\cdot t}$ 计算结果。

式中:A——希尔反应活力[μmol K$_4$Fe(CN)$_6^{3-}$·(mg 叶绿素·h^{-1})];

b——标准曲线查得 Fe(CN)$_6^{4-}$(μmol);

c——叶绿体悬浮液叶绿素含量(mg·mL^{-1});

d——1.2 mL(反应液 1 mL+三氯乙酸 0.2 mL);

m——0.7 mL[测 Fe(CN)$_6^{4-}$ 所用体积];

n——0.1 mL(反应液中叶绿体悬浮液体积);

t——反应时间(h)。

根据本测定的第一个反应式可以看出,每还原 4 mol Fe^{3+} 可释放出 1 mol O$_2$。因此上述计算结果除以 4,即为以 O$_2$ 表示的希尔反应活力[μmol O$_2$·(mg 叶绿素·h^{-1})]。

七、问题讨论

(1)提取液中的蔗糖起什么作用?可否用其他试剂代替?

(2)为什么反应终止要加入三氯乙酸?

实验四
植物光合、呼吸和蒸腾速率的测定

一、实验目的

了解和掌握 CB-1101 型光合、蒸腾测定系统测定光合、呼吸速率和蒸腾速率的方法。

二、实验原理

该仪器采用气体交换法来测量植物光合作用,通过测量流经叶室的空气中的 CO_2 浓度的变化来计算叶室内植物的光合速率。测定方式有开路和闭路两种。

三、实验材料、设备和试剂

1. **实验材料**

大小合适的植物活体叶片。

2. **设备及试剂**

CB-1101 型光合、蒸腾测定系统及其配件,CB-1101 型光合、蒸腾测定系统配备药品。

四、操作步骤

1. **开机预热**

按下"电源"开关键(灯亮表示正常工作),这时 CO_2 分析器开始工作,预热 4 min。

2. **CO_2 分析器调零和调满**

(1) CO_2 分析器调零

CB-1101 型教学用光合、蒸腾测定系统每次开机测量都要先对 CO_2 分析器进行调零,具体调零步骤是:

①把从流量计上连接出来的标有"IN1"和"OUT1"的管子分别与面板上的"IN1"和"OUT1"接气嘴相连。然后把碱石灰管两端标有"IN"和"OUT"的管子分别与面板上的"IN"和"OUT"接气嘴相连。

②待 CO_2 分析器预热 4 min 后,按下"泵"开关键(灯亮表示正常工作),调节流量

至 0.6 L/min,然后按下"开/闭路"开关键和"参/初"键,当 CO_2 参/初值显示器(也就是显示器)读数稳定时,调节"CO_2 调零"旋钮,让显示器读数为零,然后按下"完成"键,至此调零完成,取下碱石灰管(用一根导管把碱石灰管的进、出气口相连)。

(2) CO_2 分析器调满

对 CO_2 分析器进行调零后还需对 CO_2 分析器进行调满,具体的步骤如下:

① 把从已知浓度的 CO_2 标准气接出来的管子(对于压缩气必须用三通连接器,用以排放多余气体)接在"IN"接气嘴上。

② 按下"参/初"键,当 CO_2 参/初显示器(也就是显示器)读数稳定时,调节"CO_2 调满"旋钮,使显示器读数与已知浓度的 CO_2 标准气浓度一致,然后按下"结束"键,至此调零、调满完成。按起"开/闭路"开关键,取下与面板上"IN"接气嘴相连的管子,并关掉标准气开关阀门。

仪器在每次开机后都需要进行调零;并且应定期用已知 CO_2 浓度的标准气进行跨度校准(建议每月进行一次,校准越频繁,测量结果越准确)。

注意:调满完成后将满度电位器的刻度记下,以免不小心旋动调满钮导致重新调满。

3. 测量

CB-1101 型光合、蒸腾作用测定系统具有开路、闭路两种测量方式。

(1)开路测量方式

把连接参考气源的管子连接到面板上的"IN"接气嘴上,并把手柄上的两根标有"IN2"和"OUT2"的管子分别与面板上的"IN2"和"OUT2"接气嘴相连,同时把手柄上的传感器电缆插头插到面板上的"手柄连接"插座上并拧紧。

按下"开/闭路"开关键(此灯亮表示选择开路测量,否则为闭路测量),然后把要测量的叶片夹到叶室上,接着按下"参/初"键,当显示器8显示的 CO_2 浓度值相对稳定后按下"测/终"键,当显示器9显示的 CO_2 的浓度值相对稳定后按下"完成"键,至此此次测量结束,记下各显示器的值。如要进行重复测量则重复上述步骤即可。开路测量完毕,按起"开/闭路"测量键,结束开路测量方式。

注意:没有稳定的参考气源时,可用一个大的缓冲瓶代替,比如一个装过纯净水的大塑料桶,但其内部一定要干燥,在桶的细颈上罩一个纸杯,杯底捅一个小洞,这样就做成一个很好的缓冲瓶,但在罩纸杯之前要摇晃桶,防止其内部 CO_2 浓度与外界相差太大。另外 3 m 以上高度的空气也比较恒定,因此可以用一根管子将"IN"与 3 m 以上高度的空气相连。

(2)闭路测量方式

把管子两端标有"IN"和"OUT"的管子两端分别连接面板上的"IN"和"OUT"接气嘴,并把手柄上的两根标有"IN2"和"OUT2"的管子分别与面板上的"IN2"和"OUT2"接气嘴相连,并把手柄上的传感器电缆插头插到面板上的"手柄连接"插座上并拧紧。选择闭路测量方式(如之前已进行过开路测量且"开/闭路"开关键上的指示灯仍亮着则先要按起"开/闭路"开关键),然后把要测量的叶片夹到叶室上,接着按下"参/初"键,当显示器显示的 CO_2 初始浓度值满足要求时,按下"测/终"键,此时显示器开始计时(单位为 s),待显示器显示的 CO_2 浓度值满足要求时(一般下降 30 μL·L^{-1}),按下"完成"键,结束此次测量,记下各显示器的值及所用时间,如要进行重复测量,重复上述步骤即可。

关机时必须依次按起"开/闭路"开关键、"气泵"开关键、"电源"开关键。同时为了使按键 20、21、22 不处于长期疲劳状态,关机前用手指轻触这三个键中弹起的两个键中的任意一个,使三个键都保持弹起状态。

五、结果处理

(1) 开路系统的净光合速率 P_n($\mu mol·m^{-2}·s^{-1}$)

$$P_n = -\frac{V}{60} \times \frac{273.15}{T_a} \times \frac{P}{1.013} \times \frac{1}{22.41} \times \frac{10\ 000}{A} \times (C_o - C_i)$$
$$= -w \times (C_o - C_i)$$

这里,$w = \frac{V}{60} \times \frac{273.15}{T_a} \times \frac{P}{1.013} \times \frac{1}{22.41} \times \frac{10\ 000}{A}$ (mol·m^{-2}·s^{-1})

其中:

V:体积流速(L/min)	可调整,可从流量计读出
T_a:空气温度(K)	待测
p:大气压力(Pa)	一般认为 1 个标准大气压
A:叶面积(cm^2)	固定为叶室窗口面积
C_o:出气口 CO_2 浓度(μL·L^{-1})	待测
C_i:进气口 CO_2 浓度(μL·L^{-1})	待测

(2) 闭路系统的净光合速率 P_n($\mu mol·m^{-2}·s^{-1}$)

$$P_n = -\frac{V}{\Delta t} \times \frac{273.15}{T_a} \times \frac{P}{1.013} \times \frac{1}{22.41} \times \frac{10\ 000}{A} \times (C_o - C_i)$$
$$= -w \times (C_o - C_i)$$

这里,$w = \frac{V}{\Delta t} \times \frac{273.15}{T_a} \times \frac{P}{1.013} \times \frac{1}{22.41} \times \frac{10\ 000}{A}$ (mol·m^{-2}·s^{-1})

(3) 蒸腾计算

$$E = \frac{e_o - e_i}{p - e_o} \times w \times 10^3 \text{(mmol·m}^{-2}\text{·s}^{-1})$$

这里,$e_o = RH_o \times e_s$ $e_i = RH_i \times e_s$

$$e_s = 6.137\,53 \times 10^{-3} \times \exp\left(T_a \times \frac{18.564 - \dfrac{T_a}{254.57}}{T_a + 255.57}\right)$$

其中：

$e_o(e_i)$：出(进)气口水气压(Pa)	待测，计算
p：大气压力(Pa)	一般认为 1 标准大气压
e_s：空气温度下的饱和水气压(Pa)	待测，计算
$RH_o(RH_i)$：出(进)气口的相对湿度(%)	待测
T_a：空气温度(℃)	待测

六、注意事项

(1) 流量调节必须在 CO_2 分析器调零时进行，这是因为电磁阀在切换到不同路径时对气流的阻力不同，而 CO_2 分析器调零时的流量值与参与计算的流量值相同。此外流量计读数时应该垂直放置。

(2) 不要在任何一个进气通道(IN、IN1、IN2)的气路被堵塞或严重受阻的情况下操作该仪器，如果这样操作将会损坏泵。

(3) 不要在任何一个进气通道(IN、IN1、IN2)没有接三通连接器(图 8-2)(用第三个口排放多余气体)的情况下与压缩气源相连。进气口的压力过大可能会吹掉内部连接管路或损坏泵。正确的连接如图所示。

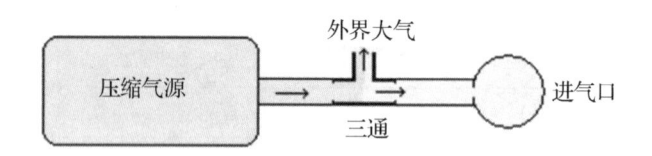

图 8-2　三通连接器

(4) 本仪器进行测量时必须平放。仪器内部无论气路还是电路绝对不允许进水。另外在田间测量时要避免在多尘的条件下使用该仪器。建议把仪器保存在干燥阴冷的地方。在极端的湿度下使用该仪器将会影响仪器操作及读数的正确性。

实验五
光合速率—光强响应曲线的测定

一、实验目的

掌握 LI-6400 便携式光合测定仪测定植物光合速率—光强响应曲线的方法；了解 C4 植物与 C3 植物光合效率的差异。

二、实验原理

随光强增加光合速率上升的曲线叫作光合速率—光强响应曲线。暗条件下叶片不能进行光合作用，只进行呼吸作用释放 CO_2。随着光强的增加，光合速率相应提高，当达到某一光强时，叶片的光合速率与呼吸速率相等，净光合速率为零，这时的光强称为光补偿点。在一定范围内，光合速率随光强增加而成比例增加；超过一定光强后，光合速率变慢；当达到某一光强时，光合速率就不再随光强而增加，呈现光饱和现象。开始达到光合速率最大值时的光强称为光饱和点。

不同植物具有不同的光合速率—光强响应曲线，光补偿点和光饱和点也有很大差异。一般来说，光补偿点高的植物，其光饱和点也高。草本植物的光补偿点与光饱和点通常高于木本植物；阳生植物的光补偿点和光饱和点高于阴生植物；C4 植物的光饱和点高于 C3 植物。光补偿点和光饱和点是植物需光特征的两个重要指标，光补偿点低的植物较耐阴，如大豆的光补偿点仅 0.5 klx，适合与玉米间作。

影响的主要因素除了光强外，还有测定时叶室的温度与 CO_2 浓度，叶室 CO_2 温度控制在室温 25 ℃，叶室浓度一般设定为大气 CO_2 浓度，即 380 μ mol/mol。

三、实验材料与设备

1. **实验材料**

活体植株叶片

2. **设备**

LI-6400 便携式光合测定仪

四、操作步骤

挑选长势一致的 5 盆幼苗，每株选取成熟叶片两片，做好标记。叶片在

1 000 μmol·m^{-2}·s^{-1} 的光强下先诱导 20 min。叶室为红蓝光源叶室,测定温度为 (25±0.5) ℃,CO_2 浓度为 (380±10) μmol/mol,设光强梯度为 2 000、1 800、1 500、1 200、1 000、800、600、400、200、100、50、20、0 μmol·m^{-2}·s^{-1},以光量子通量密度为横轴,净光合速率为纵轴绘制光合速率—光强响应曲线。

随光强增加,光合速率(Pn)不再增加,此时纵坐标的 Pn 即为最大净光合速率 (P_{max}),此时的横坐标的 PPFD 值即为光饱和点(LSP)。曲线中低光强部分,Pn 与光强呈直线关系,做直线回归方程 $y=Bx+C$,其中直线与 x 轴的交点为光补偿点(LCP),与 y 轴的交点为暗呼吸(Rd),直线的斜率为表现量子效率(AQY)。测定同一株植物的不同叶片的光合速率—光强响应曲线,计算平均值和误差。

五、结果处理

1. 绘制植物幼苗的光合速率—光强响应曲线图。
2. C4 植物玉米与 C3 植物花生叶片的光合速率—光强响应曲线。

植物	LSP/ μmol·m^{-2}·s^{-1}	LCP/ μmol·m^{-2}·s^{-1}	AQY/ μmol·μmol^{-1}	Rd/ μmol·m^{-2}·s^{-1}	P_{max}/ μmol·m^{-2}·s^{-1}
玉米					
花生					

六、注意事项

LI-6400 便携式光合测定仪属于贵重仪器,使用时应非常小心,严格遵守仪器的操作规程。

实验六

Rubisco 活性的测定

核酮糖-1,5-二磷酸羧化/加氧酶(EC 4.1.39,Rubisco)是光合作用中的一个关键酶,它在 Calvin 循环中催化 CO_2 的固定,生成两分子的 3-磷酸甘油酸(3-PGA),同时它是一个双功能酶,又能催化将 O_2 加在核酮糖-1,5-二磷酸(RuBP)的 C-2 位置上生成 1 分子的磷酸乙醇酸和 1 分子的 3-磷酸甘油酸,这两个反应的速率由细胞内 O_2 和 CO_2 的相对浓度调节。

Ⅰ.二磷酸核酮糖羧化酶/加氧酶(Rubisco)羧化活性的测定

一、实验原理

在核酮糖-1,5-二磷酸羧化酶(RuBP 羧化酶)的催化下,1 分子的 RuBP 与 1 分子的 CO_2 结合,产生两分子的 3-磷酸甘油酸(PGA),PGA 可通过外加的 3-磷酸甘油酸激酶和甘油醛-3-磷酸脱氢酶的作用,产生甘油醛-3-磷酸,并使还原型辅酶Ⅰ(NADH)氧化,反应如下:

$$RuBP + CO_2 + H_2O \xrightarrow[Mg^{2+}]{RuBP 羧化酶} 2PGA$$

$$PGA + ATP \xrightarrow{3\text{-}磷酸甘油酸激酶} 甘油酸\text{-}1,3\text{-}二磷酸 + ADP$$

$$甘油酸\text{-}1,3\text{-}二磷酸 + NADH + H^+ \xrightleftharpoons{甘油醛\text{-}3\text{-}磷酸脱氢酶} 甘油醛\text{-}3\text{-}磷酸 + NAD^+ + Pi$$

这里 1 分子 CO_2 被固定,就有两分子还原型辅酶Ⅰ被氧化。因此,由辅酶Ⅰ氧化的量就可计算 RuBP 羧化酶的活性,从 340 nm 吸光度的变化可计算还原型辅酶Ⅰ氧化的量。

为了使 NADH 的氧化与 CO_2 的固定同步,还需要加入磷酸肌酸(Cr~P)和磷酸肌酸激酶的 ATP 再生系统。

$$ADP + Cr\sim P \xrightleftharpoons{磷酸肌酸激酶} ATP + Cr$$

二、实验材料、设备及试剂

1. 实验材料

菠菜、小麦及水稻叶片等

2. 设备

(1)紫外分光光度计　　(2)冷冻离心机
(3)匀浆器　　　　　　(4)移液管
(5)秒表

3. 试剂

(1)5 mmol·L^{-1} NADH
(2)25 mmol·L^{-1} RuBP
(3)0.2 mol·L^{-1} $NaHCO_3$

(4) RuBP 羧化酶提取介质：40 mmol·L^{-1}（pH 7.6）Tris-HCl 缓冲溶液，内含 10 mmol·L^{-1} MgCl$_2$、0.25 mmol·L^{-1} EDTA、5 mmol·L^{-1} 谷胱甘肽

(5) 反应介质：100 mmol·L^{-1} Tris-HCl 缓冲液，内含 12 mmol·L^{-1} MgCl$_2$ 和 0.4 mmol·L^{-1} EDTA·Na$_2$，pH 7.8

(6) 160 U·mL^{-1} 磷酸肌酸激酶溶液

(7) 160 U·mL^{-1} 甘油醛-3-磷酸脱氢酶溶液

(8) 50 mmol·L^{-1} ATP

(9) 50 mmol·L^{-1} 磷酸肌酸

(10) 160 U·mL^{-1} 磷酸甘油酸激酶溶液

(11) 菠菜的 RuBP 羧化酶提取液

三、操作步骤

1. 酶粗提液的制备

取新鲜菠菜叶片 10 g，洗净擦干，放匀浆器中，加入 10 mL 预冷的提取介质，高速匀浆 30 s，停 30 s，交替进行 3 次；匀浆经 4 层纱布过滤，滤液于 20 000×g 4 ℃下离心 15 min，弃沉淀；上清液即酶粗提液，置 0 ℃保存备用。

2. RuBP 羧化酶活力测定

按表 8-1 配制酶反应体系。

表 8-1　各溶剂含量及配制

试　　剂	加入量/mL	试　　剂	加入量/mL
5 mmol·L^{-1} NADH	0.2	160 U·mL^{-1} 磷酸肌酸激酶	0.1
50 mmol·L^{-1} ATP	160 U·mL^{-1}	160 U·mL^{-1} 磷酸甘油酸激酶	0.1
酶提取液	0.1	160 U·mL^{-1} 磷酸甘油醛脱氢酶	0.1
50 mmol·L^{-1} Cr∼P	0.2	蒸馏水	0.3
0.2 mol·L^{-1} NaHCO$_3$	0.2		
反应介质	1.4		

将配制好的反应体系摇匀，倒入比色杯内，以蒸馏水为空白，在紫外分光光度计上 340 nm 处反应体系的吸光度作为零点值。将 0.1 mL RuBP 加于比色杯内，并马上计时，每隔 30 s 测一次吸光度，共测 3 min。以零点到第一分钟内吸光度下降的绝对值计算酶活力。

由于酶提取液中可能存在 PGA，会使酶活力测定产生误差，因此除上述测定外，

还需做一个不加 RuBP 的对照。对照的反应体系与上述酶反应体系完全相同，不同之处只是把酶提取液放在最后加，加后马上测定此反应体系在 340 nm 处的吸光度，并记录前一分钟内吸光度的变化量，计算酶活力时应减去这一变化量。

四、结果处理

$$\text{RuBP 羧化酶的酶活力} = \frac{\Delta A \cdot N \cdot 10}{6.22 \times 2d \Delta t} [\mu mol/(mL \cdot min)]$$

注：ΔA 为反应最初 1 min 内 340 nm 处吸光度变化的绝对值（减去对照液最初 1 min 的变化量）；N 为稀释倍数；6.22 为每微摩尔 NADH 在 340 nm 处的吸光系数；2 表示每固定 1 mol CO_2 有 2mol NADH 被氧化；Δt 为测定时间 1 min；d 为比色光程，cm。

五、注意事项

RuBP 很不稳定，特别在碱性环境下，因而使用不超过 2~4 周，且应在 pH 5~6.5 之间保存于 $-20\ ℃$。

Ⅱ. 二磷酸核酮糖羧化酶/加氧酶(Rubisco)加氧活性的测定

一、实验原理

核酮糖-1,5-二磷酸羧化/加氧酶不仅在 Calvin 循环中催化 CO_2 的固定，而且能催化将 O_2 加在核酮糖-1,5-磷酸(RuBP)的 C_2 位置上生成 1 分子的磷酸乙醇酸和 3-磷酸甘油酸。Rubisco 加氧反应是典型的单加氧反应，RuBP 的加氧反应中，将 CO_2 的 2 个氧原子分别掺入到 H_2O 和磷酸乙醇酸中。因而加氧酶的活性可用氧电极法以氧的消耗来确定。而 RuBP 在有 Mn^{2+} 参与的酶的加氧反应中首先被烯醇化，这时 RuBP 的 C_2 位置被调整为 1 个负碳离子，当与分子氧反应后形成过氧化离子，然后该中间产物中的电子又从氧回到烯醇化的 RuBP 再生成负碳离子并产生单线态氧。而这单线态氧可以利用发光光度计来检测。发光光度计法测定加氧酶活性比氧电极法灵敏度高 70 倍，可在研究中作相对比较。但如果要测定酶加氧活性的绝对值，则要用氧电极法先行标定。

二、仪器与试剂

1. 仪器

(1)氧电极测氧装置　　　　　(2)FG-300 型发光光度计
(3)冷冻离心机　　　　　　　(4)组织捣碎机

2. 试剂

(1)提取缓冲液:100 mmol·L^{-1} Tris-HCl,pH 7.8；1 mmol·L^{-1} EDTA；20 mmol·L^{-1} KCl。

(2)重悬缓冲液:25 mmol·L^{-1} Tris-HCl,pH 7.8；1 mmol·L^{-1} EDTA；5 mmol·L^{-1} 巯基乙醇;20 mmol·L^{-1} KCl。

(3)氧电极法反应液:100 mmol·L^{-1} Tris-HCl,pH 8.2；0.4 mmol·L^{-1} EDTA；20 mmol·L^{-1} MgCl$_2$。

(4)发光光度计法反应液:50 mmol·L^{-1} Tris-HCl,pH 8.0；1.0 mmol·L^{-1} MnCl$_2$;1.0 mmol·L^{-1} NaHCO$_3$。

(5)其他:亚硫酸钠;0.1 mmol·L^{-1} 二硫苏糖醇(DTT);硫酸铵;NaCl;10 mmol·L^{-1} RuBP 储存液,pH 6.5。

三、操作步骤

1. Rubisco 的提取及纯化

(1)植物粗提液的制备:将 5~7 g 叶片加入 10 mL 预冷到 4 ℃ 提取缓冲液(100 mmol·L^{-1} Tris-HCl,pH 7.8;20 mmol·L^{-1} KCl,1 mmol·L^{-1} EDTA)中匀浆,15 000×g 离心 10 min,取上清液备用。

(2)酶的纯化:将上述得到的粗提液用 40% 饱和度的硫酸铵进行分部沉淀,8 000×g,在 4 ℃ 冷冻离心 20 min。然后取上清液加硫酸铵至 70% 的饱和度,10 000×g,冷冻离心 20 min 后取沉淀,用少量重悬缓冲液(25 mmol·L^{-1} Tris-HCl,pH7.8,1 mmol·L^{-1} EDTA,5 mmol·L^{-1} 巯基乙醇,20 mmol·L^{-1} KCl)溶解,再经 Sephadex G-25 脱盐后上 DEAE(DE52)柱,用含 0~0.5 mmol·L^{-1} NaCl 的重悬缓冲液进行梯度洗脱,收集 0.2~0.25 mmol·L^{-1} NaCl 分部。70%硫酸铵沉淀保存于−20 ℃,待测活性前以 8 mg·mL^{-1} 溶于重悬缓冲液中备用。

2. 氧电极测定法

(1)溶氧量的标定

将 2 mL 反应液(100 mmol·L^{-1} Tris-HCl pH 8.2,0.4 mmol·L^{-1} EDTA,20 mmol·L^{-1} MgCl$_2$)加入反应室,25 ℃,在大气中搅拌 10 min,使溶液中的溶解氧与大气平衡。然后把电极放在反应室上,调节测氧仪的灵敏度旋钮,使记录仪至满刻度,再加入 0.1 mL 饱和的亚硫酸钠,除尽水中的氧,指针退回到接近 0 点,根据指针退回的格数和 25 ℃ 水的溶解氧量,就可以计算出每格记录纸所代表的氧量。25 ℃ 时的水溶氧量为 0.26 μmol·mL^{-1}。每格记录纸代表的溶氧量计算如下:

$N(\mu\text{mol } O_2/1\text{格记录纸}) = 0.26\ \mu\text{mol } O_2/\text{mL} \times \text{溶液体积}/\text{指针退回的格数}$

(2) 活力测定

将 2 mL 空气饱和的溶液加入反应室,加入 0.1 mL 酶液(8 mg·mL^{-1}),在 25 ℃ 保温 10 min 后,装好电极,记录由 DTT 氧化所消耗氧的空白速度,最后加入 0.01 mL RuBP 储存液(10 mmol·L^{-1},pH 6.5)开始反应,记录反应速度,反应速度以每分钟多少格子记录纸来表示。加氧酶的活力就可通过以下公式计算:

加氧酶活力(μmol O$_2$/mg protein min)
$= N \times$ (加酶后的反应速度$-$空白速度)/酶的总量(mg)

3. 发光光度计法测定

先在比色杯中加入 25 μL RuBP 储存液,放入发光光度计反应暗室中,然后将 1.4 mL 反应液(50 mmol·L^{-1} Tris-HCl,pH 8.0,1.0 mmol·L^{-1} MnCl$_2$,1.0 mmol·L^{-1} NaHCO$_3$)中加有 10 μL 酶液的混合液在 25 ℃下保温 10 min,然后注入比色杯开始反应,自动记录发光曲线。发光强度为任意单位,以峰高来表示(mm)。

四、结果处理

计算 RuBP 加氧酶的活力,并与 RuBP 羧化酶的活力作比较。

实验七

PEP 羧化酶活性的测定

一、实验目的

了解磷酸烯醇式丙酮酸羧化酶(PEP 羧化酶)的作用。

二、实验原理

PEP 羧化酶是 C4 植物和 CAM 植物固定 CO$_2$ 的关键酶。

本测定采用酶偶联法测 PEP 羧化酶活性,其原理是:在 Mg^{2+} 存在下,PEP 羧化酶可催化 PEP 与 HCO$_3^-$ 形成 OAA(草酰乙酸),后者在 MDH(苹果酸脱氢酶)的催化下,可被 NADH 还原为 MAL(苹果酸)。其反应如下:

$$\text{PEP} + \text{HCO}_3^- \xrightarrow{\text{PEP 羧化酶}} \text{OAA} + \text{Pi}$$

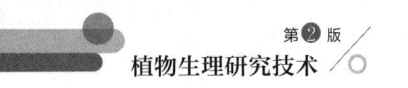

$$\text{OAA} + \text{NADH} \xrightarrow{\text{MDH}} \text{MAL} + \text{NAD}^+$$

通过在 340 nm 处测 NADH 的消耗速率进一步推算出 PEP 羧化酶的活性。

三、实验材料、设备和试剂

1. 实验材料
玉米、高粱等 C4 植物的叶片

2. 设备
(1)紫外分光光度计　　　　(2)冷冻离心机　　　　(3)组织捣碎机
(4)SephadexG-25 柱(2×45 cm)
(5)DEAE(二乙胺基乙基)-纤维素(DE-52,1×30 cm)柱　　(6)紫外监测仪
(7)部分收集器　　　　(8)蠕动泵

3. 试剂
(1)提取缓冲液：0.1 mol·L^{-1} Tris-H$_2$SO$_4$ 缓冲液(pH 7.4)，内含 7 mmol·L^{-1} 巯基乙醇、1 mmol·L^{-1} EDTA,5%甘油。

(2)平衡缓冲液：10 mol·L^{-1} Tris-H$_2$SO$_4$ 缓冲液(pH 8.2)，内含 0.2 mmol·L^{-1} EDTA、0.2 mol·L^{-1} DTT(二硫苏木糖醇),5%甘油。

(3)反应缓冲液：0.1 mol·L^{-1} Tris-H$_2$SO$_4$，缓冲液(pH 9.2)，内含 0.1 mol·L^{-1} MgCl$_2$。

(4)反应试剂：100 mmol·L^{-1} NaHCO$_3$；40 mmol·L^{-1} PEP；1 mg·mL^{-1} NADH(pH 8.9);苹果酸脱氢酶(MDH)。

四、操作步骤

1. 粗酶液的提取
取玉米或高粱新鲜叶片，洗净并吸去外附水分，去掉中脉，称取 20 g，放入冰箱中过夜，次日剪碎放入组织捣碎机中，加入提取缓冲液(已预冷)80 mL,20 000 r/min 匀浆 2 min(运行 30 s，间歇 10 s，反复匀浆)，用 4 层纱布过滤，取滤液于高速冷冻离心机上 11 000×g 离心 10 min，上清液即为 PEP 羧化酶的粗酶提取液。以上过程均在 0~4 ℃下进行。

2. 酶的纯化
(1)硫酸铵分步沉淀：将上述粗酶液装入烧杯，于搅拌器上搅拌，缓慢加入固体硫酸铵粉末达到 35%饱和度，在冰箱中静置 1 h，于 11 000×g 下离心 10 min；取上清液再缓慢加入固体硫酸铵粉末达到 55%饱和度，冰箱静置 1 h，再于 11 000×g 下离心 10 min，弃上清液，沉淀用平衡缓冲液 8 mL 复溶。

(2) Sephadex G-25 柱层析：先用平衡缓冲液平衡 Sephadex G-25 柱（2×45 cm）。将下层溶于上柱，压样 2 次，用平衡缓冲液洗脱，洗脱速度为 50 mL·h⁻¹，通过检测仪，收集有酶活性的部分，于 11 000×g 下离心 10 min，上清液即为 PEP 羧化酶的部分纯化酶液。

(3) DEAE-纤维素柱层析：把转型的 DEAE-52 装入 1×30 cm 的层析柱，用平衡缓冲液平衡 2 h，将上述已部分纯化的酶液上 DEAE-52 柱，压样 2 次，用平衡缓冲液洗脱，通过紫外检测仪，用部分收集管收集。用平衡缓冲液配制 0～0.6 mol·L⁻¹ NaCl 溶液进行连续性梯度洗脱（速度为 30 mL·h⁻¹），收集有酶活性的部分即为纯化的 PEP 羧化酶，用于酶活性的测定。

3. 活性测定

取试管 1 支，依次加入反应缓冲液 1.0 mL，40 mmol·L⁻¹ PEP、1 mg·mL⁻¹ NADH（pH 8.9）、苹果酸脱氢酶和 PEP 羧化酶已纯化提取液各 0.1 mL，蒸馏水 1.5 mL，在所测温度（如 30 ℃）下恒温水浴保温 10 min，在 340 nm 下测定光密度值（OD_0）；然后加入 100 mmol·L⁻¹ NaHCO₃ 0.1 mL 启动反应，立即记时，每隔 30 s 测定一次光密度值（OD_1），记录其变化。

五、结果处理

$$PEP\ 羧化酶活性(\mu mol \cdot mL^{-1} \cdot min^{-1}) = \frac{\Delta OD \cdot m \cdot v}{d \cdot \varepsilon \cdot 0.1}$$

式中：v——测定混合液总体积（mL）；

d——比色杯光程（cm）；

0.1——反应混合液中酶液用量（mL）；

m——酶液稀释倍数；

$\Delta OD = OD_0 - OD_1$；

ε——NADH 于 340 nm 处的摩尔消光系数 6.22×10³（mol⁻¹·cm⁻¹）。

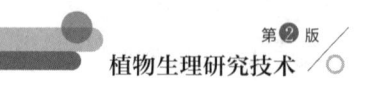

实验八

植物呼吸酶的简易测定

一、实验目的

了解植物呼吸作用相关酶的简易测定方法。

二、实验原理

呼吸作用可以认为是一系列的氧化和还原作用,其中间步骤是靠各种氧化和还原酶类促进的,根据它们的氧化还原的特性,选用特殊的底物或受氢体,反应后能产生特殊的颜色,从而辨别呼吸酶的存在。

三、几种呼吸作用相关酶的简易测定

(一)脱氢酶

1. 实验原理

脱氢酶是呼吸链中参加电子和氢传递的重要酶之一,包括烟酰胺脱氢酶和黄素脱氢酶。还原型的黄素脱氢酶可被某些试剂氧化,例如甲烯蓝与黄素酶作用可发生下列变化:

$$E-FADH_2 + 甲烯蓝 \longrightarrow E-FAD + 甲烯白$$
$$\qquad\qquad\quad (蓝色) \qquad\qquad\qquad (无色)$$

2. 实验材料、设备与试剂

材料:马铃薯块茎。

设备:温箱、试管。

试剂:0.025%甲烯蓝溶液、石蜡油。

3. 操作步骤

(1)取马铃薯块茎去皮,切成10块5 mm见方的小块,分成两组,其中一组煮沸20 min,然后分别放入两个试管中,每个试管中各加入15 mL 0.025%的甲烯蓝溶液,并在液面上各加一薄层石蜡油,以阻止空气接触甲烯蓝。

(2)将试管移入25 ℃的温箱中,两天后观察溶液及以马铃薯块茎的变化,未经煮沸的试管内溶液会变为无色,而另一管仍为蓝色。然后将试管内液面上的石蜡油吸去,取出管内的马铃薯小块,放在纸上暴露于空气中,再观察颜色的变化,并说明变化的原因。

(二)氧化酶

1. 实验原理

氧化酶能从代谢物上脱氢,并使其与氧直接结合,变成水或双氧水。如细胞色素氧化酶、抗坏血酸氧化酶、多酚氧化酶等。

2. 实验材料、设备与试剂

材料:马铃薯块茎、黄瓜等。

设备:试管、研钵。

试剂:1.5%愈创木酚酒精溶液,将1.5 g愈创木酚溶于足够的95%酒精液,定容至100 mL。

3. 操作步骤

(1)取去皮的新鲜马铃薯5～10 g,放在研钵中加15 mL蒸馏水研碎,静置15 min后,用纱布或脱脂棉过滤。

(2)取去皮的黄瓜20 g,放在研钵中加15 mL蒸馏水研碎,静置15 min,用纱布或脱脂棉过滤。

(3)观察以上两种滤液的颜色变化,如溶液颜色发生变化,如呈现紫色、红色即证明这种材料中既有底物(例如酚类物质)又含氧化酶类。在没有发生变化的材料中加入愈创木酚溶液观察颜色变化,如呈现红色、紫色时,则表示含氧化酶。氧化程度不同,表现出不同颜色。如没有颜色变化,表示没有氧化酶。

另用豌豆叶、洋葱、甘薯等重复上述实验,将其中有不能立即使愈创木酚溶液氧化的材料挑选出来,做下面的过氧化物酶实验。

(三)过氧化物酶

1. 实验原理

过氧化物酶是卟啉环中含有铁的金属蛋白质。过氧化物酶与过氧化氢形成一种化合物,在这种化合物中的过氧化氢被活化,从而能氧化酚类化合物,其作用如同氢的受体一样。

2. 实验材料、设备与试剂

材料:不能使愈创木酚氧化的植物材料。

设备:研钵、试管。

试剂:

(1)1.5%愈创木酚酒精溶液;

(2)3% H_2O_2:取30%的 H_2O_2 10 mL,用蒸馏水稀释至100 mL,溶液的有效期为3～5 d;

(3)硝酸钙或氯化钙。

3. 操作步骤

取上面实验中不能使愈创木酚氧化的植物材料,加水磨碎(加少量硝酸钙或氯化钙),过滤后,分别取滤液 5 mL,加到两个试管中,其中一个先煮沸数分钟,然后各加入 10 滴新鲜配制的 1.5% 愈创木酚酒精溶液和 5 mL 3% H_2O_2 溶液,如有褐色或蓝色发生,即表示过氧化物酶的存在。

另取一支试管,只加 H_2O_2 及愈创木酚酒精溶液,观察有何结果。

(四)过氧化氢酶

1. 实验原理

过氧化氢酶属血红蛋白类,其组成中含有铁,能催化过氧化氢分解为水和分子氧。在此过程中,辅基中的铁原子进行氧化和还原的交替变化。

2. 实验材料、设备与试剂

材料:马铃薯块茎。

设备:试管。

试剂:3% H_2O_2,1.5% 愈创木酚酒精溶液。

3. 操作步骤

取新鲜马铃薯去皮,切成边长约 5 mm 的小块,分为两组,一组煮沸 10 min,然后分别加到盛有 5 mL 3% H_2O_2 的试管中,观察有什么变化,并加以说明。

几分钟后,在未经煮沸的试管中,加 10 滴新鲜的愈创木酚酒精溶液,观察有什么变化,并加以解释。

四、问题讨论

(1)过氧化物酶与氧化酶的作用有何不同?为什么在过氧化物酶中必须加双氧水才能使愈创木酚氧化?

(2)过氧化氢酶与过氧化物酶的作用有何不同?以方程式表示过氧化氢酶对 H_2O_2 的作用。

(3)在氧化酶实验中,取材用陈年马铃薯与新鲜马铃薯相比,结果有什么不同?为什么?

第九章 物质代谢及生长发育生理实验

实验一

植物组织中可溶性糖含量的测定

一、实验目的

了解植物组织中可溶性糖的含量,掌握用蒽酮法测定总可溶性糖的原理和方法。

二、实验原理

由于蒽酮能与可溶性糖(还原糖与非还原糖)作用,产生蓝绿色的糖醛衍生物,其颜色深浅与含糖量高低成正相关。该蓝绿色衍生物于 620 nm 波长处有最大吸收值,所以利用这一特性进行比色测定。该方法的优点是不需要去杂、分析快。

$$\underset{\text{己糖}}{\begin{array}{c} \text{NO—CH—CH—OH} \\ | \quad\quad | \quad\quad | \\ \text{HOCH}_2\text{—CH}\;\;\text{CH—CHO} \\ | \quad\quad | \\ \text{OH}\;\;\;\;\text{OH} \end{array}} \xrightarrow[-3H_2O]{\text{浓 } H_2SO_4} \underset{\text{羟甲基糖醛}}{\begin{array}{c} \text{HC===CH} \\ | \quad\quad\quad | \\ \text{HOCH}_2\text{—C}\quad\text{C—CHO} \\ \diagdown\;\;\diagup \\ \text{O} \end{array}}$$

糖醛衍生物(蓝绿色)

三、实验材料、设备和试剂

1. 实验材料
任何植物鲜样或干样。

2. 设备
(1)分光光度计　　　　　　　　　　　(2)天平
(3)水浴锅　　　　　　　　　　　　　(4)电炉
(5)剪刀、玻棒　　　　　　　　　　　(6)定量滤纸、坐标纸
(7)大试管(25×200 mm)9 支　　　　　(8)50 mL 三角瓶 1 个
(9)100 mL 容量瓶 1 个　　　　　　　(10)25 mL 量筒 1 个
(11)移液管:5 mL 1 支、1 mL 2 支、0.5 mL 2 支　(12)小漏斗 1 个

3. 试剂
(1)标准葡萄糖溶液(100 μg·mL^{-1}):准确称取分析纯无水葡萄糖 200 mg,放入 200 mL 容量瓶中,加蒸馏水定容至刻度,使用时再稀释 10 倍(100 μg·mL^{-1})。

(2)蒽酮试剂:称取 0.1 g 蒽酮溶于 100 mL 稀硫酸(由 76 mL 密度 1.84 的硫酸稀释成 100 mL)中,贮于棕色瓶内,冰箱保存,可用数日。

四、操作步骤

1. 葡萄糖标准曲线的制作

取 6 支试管,分别按表 9-1 加入各种试剂:

表 9-1　葡萄糖标准曲线的制作

项目	管号					
	空白	1	2	3	4	5
葡萄糖最终浓度/μg·mL^{-1}	0	20	40	60	80	100
标准葡萄糖溶液/mL	0	0.2	0.4	0.6	0.8	1.0
蒸馏水/mL	1.0	0.8	0.6	0.4	0.2	0
蒽酮试剂/mL	5.0	5.0	5.0	5.0	5.0	5.0
光密度/O.D. 620 nm						

将各管摇匀,在沸水浴中煮沸 10 min,取出冷却,在分光光度计 620 nm 波长处比色,以空白调零点,记录光密度值,绘制标准曲线。以上各浓度重复 3 次。

2. 样品中可溶性糖的提取

称取剪碎混匀的新鲜样品 0.5~1.0 g,加少许石英砂研磨至匀浆,连同残渣一起定容至 100 mL,室温下静置 30~60 min(经常摇动),或离心或过滤,弃去残渣。

3. 测定

取 4 支试管,按表 9-2 分别加入各种试剂。

表 9-2　样品中可溶性糖含量的测定

项目	管号			
	空白	1	2	3
样品提取液/mL	0	1.0	1.0	1.0
蒸馏水/mL	1.0	0	0	0
蒽酮试剂/mL	5.0	5.0	5.0	5.0
光密度/O.D. 620 nm				

将各管摇匀后,按制作标准曲线的操作步骤测得各管的光密度值,在标准曲线上查出相应糖的微克值。

五、结果处理

$$可溶性糖含量(\%)=\frac{糖含量(\mu g)\times 稀释倍数}{样品重(g)\times 10^6}\times 100$$

实验二

植物组织中可溶性蛋白及热稳定蛋白含量的测定

一、实验目的

热稳定蛋白的含量和植物抗性有一定关系,通过本实验,了解植物组织中热稳定蛋白的含量,掌握用 Folin-酚法测定蛋白质的原理和方法。

二、实验原理

Folin-酚法是一种灵敏度极高的快速测定蛋白质含量的方法,其原理是:Folin-酚试剂由两部分组成,试剂甲相当于双缩脲试剂,能与蛋白质中的肽键发生显色反应;试剂乙为磷钨酸与磷钼酸的混合液,在碱性条件下极不稳定,易被酚类化合物还原,生成钨蓝与钼蓝混合物。

由于蛋白质存在着含酚基的氨基酸,故也有此反应。其颜色深浅与蛋白质含量成正比。

三、实验材料、设备和试剂

1. 材料及处理

谷物及豆类的籽粒,粉碎、磨细,过80目筛。

2. 设备

分光光度计;恒温水浴锅;具塞试管;分析天平;离心机;电炉;漏斗;容量瓶;移液管。

3. 试剂

(1) Folin-酚试剂。

试剂甲:

A液:称取无水 Na_2CO_3 10 g、NaOH 2 g、酒石酸钾钠 0.25 g,先分别用少量蒸馏水溶解,后混合并定容至 500 mL;

B液:称取 $CuSO_4 \cdot 5H_2O$ 0.5 g 用蒸馏水溶解并定容至 100 mL;每次用前将A液50份与B液1份混合即成,有效使用期1 d。

试剂乙:一容积为1 500 mL的磨口回流器中加入钨酸钠($Na_2WO_4 \cdot 2H_2O$)100 g、钼酸钠($Na_2MoO_4 \cdot 2H_2O$)25 g、蒸馏水 700 mL、85% H_3PO_4 50 mL,浓HCl(密度1.19)100 mL,充分混合后接上回流冷凝管,以小水回流10 h。然后加入硫酸锂150 g、蒸馏水50 mL与数滴液体溴(Br_2),开口继续煮沸15 min,去除过量的 Br_2,冷却后溶液呈黄色(倘若仍为绿色,须重新加液体 Br_2 数滴,继续煮沸15 min)。稀释至1 000 mL,过滤,滤液装入棕色瓶中保存。使用时约加水1倍,使终浓度相当1 N酸。

(2) 蛋白质标准溶液:精确称取牛血清白蛋白 0.0250 g,用少量蒸馏水溶解,并定容至 100 mL,其浓度为 250 $\mu g \cdot mL^{-1}$,作为贮备液。

(3) 0.5 $mol \cdot L^{-1}$ NaOH 溶液。

四、操作步骤

1. 标准曲线绘制

取干洁具塞试管6支(0~5号),依次加入蛋白质标准溶液0(空白、水)、0.2、0.4、0.6、0.8、1.0 mL(每管含蛋白质依次为0、50、100、150、200、250 μg)和蒸馏水1.0、0.8、0.6、0.4、0.2、0 mL,再分别加入试剂甲5 mL,混合后于室温下静置10 min,再加试剂乙0.5 mL,立即混匀(动作要快,否则会使显色程度减弱),30 min后于650 nm下比色,记录OD值并绘曲线。

2. 样品提取

精确称取样品0.25~0.35 g,装入具塞大试管中,加入0.5 mol·L^{-1} NaOH溶液4 mL,摇匀后加塞置90 ℃水浴中保温15 min,取出冷却至室温,将样品全部转移至100 mL容量瓶中,定容至刻度,摇匀,过滤。

3. 可溶性蛋白质含量的测定

取干洁具塞试管2支,依次分别加入样液1 mL、试剂甲5 mL,以下步骤与标准曲线的操作完全相同。记录650 nm下的OD值。

4. 热稳定蛋白质含量的测定

取适量提取液煮沸10 min后,于4 000 r/min离心20 min,上清液为热稳定蛋白质,沉淀部分为热不稳定蛋白质,各部分按照上述3的方法测定其含量。

按照公式 $C=\dfrac{A \cdot V \cdot 10^{-3}}{W}$ 计算。

式中:C——样品蛋白质含量(mg·g^{-1});

V——样品提取液总量(100 mL);

A——从标准曲线查得的蛋白质浓度(μg·mL^{-1});

W——样品质量(g);

10^{-3}——μg换算成mg。

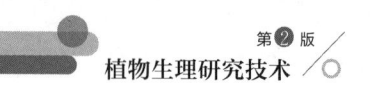

实验三

植物组织淀粉和纤维素含量的测定

一、实验目的

为了研究植物碳水化合物代谢,评价植物营养状况,分析农产品品质,研究植物品种特性和栽培条件对于淀粉和纤维素生物合成及积累的影响,以便为改进农业生产技术措施、提高农产品的产量以及改善农产品的品质提供理论依据,需要掌握淀粉和纤维素含量的测定方法。

二、实验原理

淀粉是植物体内糖类和能量的主要贮存形式,淀粉中的少部分作为叶片光合作用产物暂贮于叶绿体、叶、茎等部位中,大部分作为永久性贮存物存在于种子、果实、块根、块茎中。

纤维素是植物细胞壁的主要成分,其含量的多少关系到植物的机械组织是否发达,作物抗倒伏、抗病虫害的能力是否较强,并且影响到粮食作物、纤维作物和蔬菜作物等的产量和品质。

淀粉和纤维素都是由葡萄糖残基组成的多糖,在酸性条件下加热使其水解成葡萄糖。然后在浓硫酸作用下,使单糖脱水生成糖醛类化合物。利用蒽酮试剂与糖醛类化合物反应生成的蓝绿色化合物即可在 620～625 nm 波长下进行比色测定。

三、实验材料、设备和试剂

1. 实验材料

各种植物叶片或种子,小麦苗等

2. 设备

(1)分析天平　(2)容量瓶　(3)玻璃坩埚漏斗　(4)恒温水浴锅　(5)冰罐
(6)电炉　　　(7)小试管　(8)定时钟　　　　(9)刻度吸管
(10)721 型或 723 型分光光度计

3. 试剂

(1) 60% H_2SO_4 溶液

(2) 浓 H_2SO_4

(3) 9.2 mol·L^{-1} HClO$_4$

(4) 2%蒽酮试剂:2 g 蒽酮溶解于 100 mL 乙酸乙酯中,贮存于棕色试剂瓶中。

(5) 淀粉标准液:准确称取 100 mg 纯淀粉,放入 100 mL 容量瓶中,加 60~70 mL 热蒸馏水,放入沸水浴中煮沸 0.5 h,冷却后加蒸馏水稀释至刻度,则每 mL 含淀粉 1 mg。吸取此液 5.0 mL,加蒸馏水稀释至 50 mL,则每 mL 含淀粉 100 μg。

(6) 纤维素标准液:准确称取 100 mg 纯纤维素,放入 100 mL 容量瓶中,将容量瓶放入冰浴中,然后加冷的 60% H$_2$SO$_4$ 60~70 mL,在冷的条件下消化处理 20~30 min;然后用 60% H$_2$SO$_4$ 稀释至刻度,摇匀。吸取此液 5.0 mL 放入另一 50 mL 容量瓶中,将容量瓶放入冰浴中,加蒸馏水稀释至刻度,则每 mL 含 100 μg 纤维素。

四、操作步骤

1. 淀粉的测定

(1) 绘制淀粉标准曲线

① 取小试管 6 支,分别加入 0、0.40、0.80、1.20、1.60、2.00 mL 淀粉标准液。然后分别加入 2.00、1.60、1.20、0.80、0.40、0 mL 蒸馏水,摇匀,则每管依次含淀粉 0、40、80、120、160、200 μg。

② 向每管加 0.5 mL 2%蒽酮试剂,再沿管壁加 5.0 mL 浓 H$_2$SO$_4$,塞上塞子,微微摇动,促使乙酸乙酯水解,当管内出现蒽酮絮状物时,再剧烈摇动促进蒽酮溶解,然后立即放入沸水浴中加热 10 min,取出冷却。

③ 在分光光度计上 620~625 nm 波长下比色,测出各管消光值。

④ 以所测消光值为横坐标,以淀粉含量为纵坐标,绘制淀粉标准曲线。

(2) 样品测定

① 将提取可溶性糖以后的干燥残渣,移入 50 mL 容量瓶中,加 20 mL 热蒸馏水,放入沸水浴中煮沸 15 min,再加入 9.2 mol·L^{-1} 高氯酸 2 mL 提取 15 min,冷却后用蒸馏水定容、混匀。

② 用滤纸过滤,滤液用来测定淀粉含量。

③ 吸取滤液 0.5 mL 放入小试管中加 1.5 mL 蒸馏水,再 0.5 mL 2%蒽酮试剂。然后沿管壁加 5.0 mL 浓 H$_2$SO$_4$,盖上塞子。以后操作同淀粉标准液,测出样品在 620~625 nm 波长下的消光值。

2. 纤维素的测定

(1) 绘制纤维素标准曲线

① 取 6 支小试管,分别放入 0、0.40、0.80、1.20、1.60、2.00 mL 纤维素标准液。然后分别加入 2.00、1.60、1.20、0.80、0.40、0 mL 蒸馏水,摇匀。则每管依次含纤维素 0、40、80、120、160、200 μg。

② 向每管加 0.5 mL 2%蒽酮试剂,再沿管壁加 5.0 mL 浓 H$_2$SO$_4$,塞上塞子,按上

法显色和比色,测出不同纤维素含量的消光值。

③以所测得的消光值及对应的纤维素含量作标准曲线。

3. 样品的测定

(1)标准称取风干的棉花纤维 100 mg,放入 100 mL 容量瓶中,将容量瓶放入冰浴中,加冷的 60% H_2SO_4 60～70 mL,在冷的条件下消化处理半小时,然后用 60% H_2SO_4 稀释至刻度,摇匀,用玻璃坩埚漏斗过滤。

(2)吸取上述滤液 5.0 mL,放入 50 mL 容量瓶中,将容量瓶置于冰浴中,加蒸馏水稀释至刻度,摇匀。

(3)吸取上清液 2.0 mL,加 0.5 mL 2%蒽酮试剂,再沿管壁加 5.0 mL 浓 H_2SO_4,盖上塞子,按上法显色和在 620～625 nm 处比色,测出其消光值。

五、结果处理

以样品测定消光值,在标准曲线上查出相应的淀粉或纤维素含量,然后均按下式计算样品中淀粉或纤维素的含量:

$$y(\%) = \frac{x}{W} \times 10^{-6} \times a \times 100$$

式中:x——在标准曲线上查得的淀粉或纤维素含量值(μg)

W——样品重(g)

10^{-6}——将 μg 换算成 g 的系数

a——样品稀释倍数

y——样品中淀粉或纤维素的含量(%)

六、注意事项

(1)此法需淀粉和纤维素的纯制品作标准曲线。

(2)纤维素加 60% H_2SO_4 时,一定要在冰浴条件下进行。

七、问题讨论

谷类作物种子中的直链淀粉与支链淀粉的含量与其品质有何关系?

实验四

多酚氧化酶活性测定

一、实验目的

掌握多酚氧化酶活性测定的原理和方法。

二、实验原理

多酚氧化酶(Polyphenol oxidase, PPO)是植物体内普遍存在的一种含铜氧化酶。它催化二元以上的酚类物质氧化为醌的反应,与植物的机械损伤和"伤呼吸"有密切关系。其基本反应如下:

$$2\,\text{C}_6\text{H}_4(\text{OH})_2 + \text{O}_2 \xrightarrow{\text{PPO}} 2\,\text{C}_6\text{H}_4\text{O}_2 + 2\text{H}_2\text{O}$$

根据醌类物质的生成速度可以推算出 PPO 活性的大小,为了测定醌类物质的生成量,可加入一定量的抗坏血酸(ascorbic acid VitaminC, Vc)与之反应。

再用碘酸钾来滴定剩余的 Vc,从而计算被醌所氧化的 Vc 的量,而间接得知 PPO 的活性。

三、实验材料、设备及试剂

1. 实验材料

新鲜植物材料

2. 设备

恒温水浴锅；2.50 mL 量瓶；100 mL 三角瓶；1、5、10 mL 移液管；25 mL 滴定管；研钵；大试管。

3. 试剂

(1) 0.2%邻苯二酚(取 0.2 g 邻苯二酚以水溶解后，定容 100 mL，贮于棕色瓶内，2 d 内有效)。

(2) 0.01 mol·L^{-1} 碘酸钾(准确称取 KIO$_3$ 0.356 6 g，以水溶解后，加 5 mL 1 mol·L^{-1} 的 NaOH 和 2 g KI，溶解后，定容至 1 L，混匀，贮于棕色瓶)。

(3) pH 6.4 磷酸缓冲液[取 KH$_2$PO$_4$(C·P) 5.4 g，溶于无 CO$_2$ 水中，加 10 mL 1 mol·L^{-1} 的 NaOH，用无 CO$_2$ 水稀释至 200 mL]。

(4) 5%偏磷酸(取 5 g HPO$_3$ 溶于水，定容至 100 mL)。

(5) 0.35%抗坏血酸(取 Vc 0.35 g 溶于水，定容至 100 mL 混匀，有效期一天)。

(6) 0.5%淀粉液。

(7) 石英砂。

四、操作步骤

1. 制样与提酶

取剪碎的植物材料 1～5 g 和少量石英砂加水于研钵内，研磨匀浆，加水清洗并转入 50 mL 容量瓶，定容后振摇 2～3 min，放入 20 ℃或 25 ℃水浴中预热备用。

2. 预热试剂

取大试管三支，分别盛取 Vc、邻苯二醌和缓冲液，放入水浴中预热。

3. 测定

取 100 mL 三角瓶一个，先后吸取预热的磷酸缓冲液 1 mL、Vc 5 mL 和邻苯二酚 5 mL，再加入经振摇混合后的悬浮酶液 5～10 mL(视活性大小而定)立即计时，并均匀振荡 2 min，以使与氧气充分接触，到时再加 5 mL 偏磷酸以中止反应，并加入 0.5%淀粉液 1 mL 作指示剂，用 0.01 mol·L^{-1} 碘酸钾滴定至浅蓝色不消失为止。同时，另取一个三角瓶，如上法作对照滴定，只是在加酶液之前，加入偏磷酸以抑制酶活性。

五、结果处理

将滴定所得数据用下式计算酶活性：

$$A = \frac{50 \times 5(a-b)}{V \times W \times 2} = \frac{125(a-b)}{V \times W}$$

式中：A 为 PPO 活性(氧化 Vc μmol·g^{-1} FW·min^{-1})；

a 为用于对照滴定的 0.01 mol·L^{-1} KIO$_3$ 消耗量(mL)；

b 为用于样品滴定的 $0.01\ mol \cdot L^{-1}\ KIO_3$ 消耗量(mL);

V 为测定所用悬浮酶液体积(mL);

W 为分析用样品重(g);

50 为提取液总量(mL);

5 为 0.35% 抗坏血酸(Vc)将 mL 换算为 μmol 的系数。

六、注意事项

植物样本在处理前勿碰伤搓揉。

七、问题讨论

(1)多酚氧化酶活性与植物的机械损伤和"伤呼吸"有何关系?

(2)有的植物组织在感病时多酚氧化酶活性会增强,为什么?

实验五

苯丙氨酸解氨酶活性的测定

一、实验目的

掌握苯丙氨酸解氨酶活性测定的原理和方法。

二、实验原理

苯丙氨酸解氨酶(Phenylalanine ammonialyase,PAL)是植物次生物质代谢的关键酶,它催化 L-苯丙氨酸的脱氨反应,形成反式肉桂酸,与一些重要的次生物质如木质素、异黄酮类植保素、黄酮类色素等合成密切相关,在植物生长发育和抵御病害过程中发挥重要作用。该反应不可逆,根据反应后其产物,反式肉桂酸在 290 nm 处吸光值的变化可以测定该酶的活性。以每小时在 290 nm 处吸光值变化 0.01 为 1 个酶活单位。

三、实验材料、设备和试剂

1. 实验材料

甘薯块根。

2. 设备

(1)紫外分光光度计;(2)离心机;(3)研钵;(4)恒温水浴;(5)10mL 试管 4 支;(6)移液管 1mL 3 支,2mL 1 支,5mL 1 支。

3. 试剂

(1) 0.05 mol·L^{-1}硼酸盐缓冲溶液(pH 8.8);(2)0.02 mol·L^{-1} 苯丙氨酸(用 0.1 mol·L^{-1} pH 8.8 硼酸缓冲液配制);(3)5 mmol·L^{-1} 巯基乙醇硼酸缓冲液;(4)聚乙烯吡咯烷酮(polyvinyl pyrrolidone,PVP)。

四、操作步骤

1. 待测酶液的制备

甘薯去皮,称取 1.0 g 材料,加入 8 mL 5 mmol·L^{-1} 巯基乙醇硼酸缓冲液,0.1 g PVP,加少量石英砂,于 −20 ℃ 预冷的研钵中冰浴研磨成匀浆,4 ℃,12 000 g 离心 20 min,取上清液定容至 10 mL,作为粗酶液用于 PAL 活性测定。

2. 活性测定

取 10 mL 试管 4 支,编号 0、1、2、3,其中 0 号管为对照,各管分别加入 1 mL 酶液,2 mL 蒸馏水,0 号管加 0.5 mL 35%的三氯乙酸终止酶活性,摇匀后各管分别加入 1 mL 0.02 mol·L^{-1} 苯丙氨酸。置恒温水浴 34 ℃中保温 30 min,保温后 1、2、3 号管各加 0.5 mL 35%的三氯乙酸终止反应,12 000 g 离心 10 min 以去除变性蛋白,取上清液用紫外分光光度计在 290 nm 处测定吸光值。

五、结果计算

以每小时在 290 nm 处吸光值变化 0.01 为 1 个酶活单位,用 U 表示,按下式计算酶活性。

$$酶活性(U/g\ FW) = \frac{(A_n - A_0) \times 10 \times 60}{0.01 \times 1 \times 30}$$

式中 A 为吸光值，n 为 1～3。

六、注意事项

(1) 紫外光吸收测定应用石英比色杯。

(2) 1、2、3 号管反应时间是以加入底物苯丙氨酸为开始到加入三氯乙酸为终止的时间。

七、问题讨论

(1) 苯丙氨酸解氨酶有何生理意义？

(2) 制备待测酶液时，提取液中加入聚乙烯吡咯烷酮有何作用？

实验六

种子生活力的快速测定

种子活力是决定种子在发芽和出苗期间的活性强度和那些种子特性的综合表现（指田间条件下的出苗能力及与此有关的其他特征和指标）。种子生活力是指种子的发芽潜在能力和种胚所具有的生命力（通常指一批种子中具有生命力种子数占种子总数的百分率）。

种子贮藏过程中必须维持种子是有活力的，因此定期进行生活力和活力的监测是非常重要的。测定种子生活力常用发芽率测定法。种子发芽率是指在最适宜的条件下，在规定天数内发芽的种子占供试种子的百分数。它是决定种子品质和实用价值的主要依据，与播种时的用种量直接有关。但是常规方法（直接发芽）测定种子发芽率所需的时间较长，尤其是对于处于深休眠状态的种子，几乎难于应用。特别是有时为了应急需要，没有足够的时间来测定种子发芽率。快速测定法则能在较短的时间内获得结果，所以有必要根据种子的生理特性建立起一套快速鉴定种子生活力的方法。

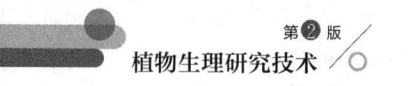

Ⅰ.氯化三苯基四氮唑法(TTC)

一、实验目的

掌握植物种子生活力测定的基本原理及快速鉴定植物种子生活力的方法。

二、实验原理

凡有生命活力的种子胚在呼吸作用过程中都有氧化还原反应,而无生命活力的种子胚则无此反应。当TTC渗入种胚的活细胞内,并作为氢受体被脱氢辅酶($NADH_2$或$NADPH_2$)上的氢还原时,便由无色的氯化三苯基四氮唑法(TTC,可溶于水)变为红色的三苯基甲腙(TTCH,不溶于水)。

三、实验材料、设备和试剂

1. **实验材料**

小麦、大麦、籼谷、玉米、粳谷种子

2. **设备**

(1)恒温箱　(2)培养皿4套　(3)烧杯　(4)镊子　(5)刀片

3. **试剂**

0.5%TTC溶液(称取TTC 0.5 g放烧杯中,加入少许95%酒精使其溶解,然后用蒸馏水稀释至100 mL。溶液避光保存,若发红时,不能再用)。

四、操作步骤

1. **浸种**

将待测种子在30~35 ℃温水中浸种(小麦、大麦、籼谷种子6~8 h;玉米种子5 h左右;粳谷种子2 h),以增加种胚的呼吸速率,使显色迅速。

2. **显色**

取吸胀种子200粒,用刀片沿种子胚的中心线纵切为两半,将其中一半置于30 ℃恒温箱中0.5~1 h。结果,凡被染为红色的种子是活种子。

将另一半在沸水中煮5 min杀死种胚。做同样染色处理,作为对照观察。

五、结果与分析

计算活种子的百分率,如果可能的话与实际发芽率相比较,看是否相符。

六、注意事项

(1) TTC 溶液最好现配现用。如需贮藏则应贮于棕色瓶中,放在阴凉黑暗处,如溶液变红则不可再用。

(2) 沿胚的中线纵切种子。

(3) 处理时药液以浸没种子为度,染色温度一般以 25~35 ℃为宜。

(4) 判断有生活力的种子应具备:胚发育良好、完整,整个胚染成鲜红色;子叶有小部分坏死,其部位不是胚中轴和子叶连接处;胚根尖虽有小部分坏死,但其他部位完好。

判断无生活力的种子应具备:胚全部或大部分部染色;胚根部染色部分部限于根尖;子叶不染色或丧失机能的组织超过 1/2;胚染成很淡的紫红色或淡紫红色;子叶与胚中轴的连接处或在胚根上有较重的坏死部分;胚根受伤以及发育不良的未成熟的种子。

Ⅱ. 溴麝香草酚蓝法(BTB 法)

一、实验目的

从种子的呼吸强弱来判断种子的发芽率。

二、实验原理

生活的种子充分吸胀后,呼吸强度迅速增加,吸收空气中的氧,放出二氧化碳。二氧化碳溶于水成为碳酸,碳酸解离成 H^+ 和 HCO_3^-,使种胚周围酸度增加,可用溴麝香草酚蓝(BTB)来测定酸度变化。BTB 的变色范围为 pH 6.0~7.6,酸性呈黄色,碱性呈蓝色,中间经过绿色(变色点为 pH 7.1)色泽差异显著,易于观察。

三、实验材料、设备和试剂

1. 实验材料
小麦、水稻、玉米、大豆等吸胀种子

2. 设备
(1)恒温箱　　　　　　　　　　　(2)培养皿
(3)烧杯 150～200 mL　　　　　　(4)玻棒
(5)量筒　　　　　　　　　　　　(6)酒精灯或电炉
(7)镊子　　　　　　　　　　　　(8)火柴
(9)吸水纸或滤纸块

3. 试剂
(1)0.1%BTB水溶液：称取 BTB 0.1 g 溶于冷开水(配制指示剂的水应为微碱性，使溶液呈蓝色或蓝绿色，而蒸馏水为微酸性，故宜用煮沸的自来水或井水)，用滤纸去残渣。滤液若呈黄色，可加数滴稀氨水，使之变为蓝色或蓝绿色。此液可长期贮于棕色瓶中。

(2)琼脂。

四、操作步骤

1. 浸种

2. 0.1%BTB琼脂凝胶的制备
取 0.1%BTB 溶液 50 mL 于烧杯中，加剪碎成小块的琼脂 0.5 g，用小火加热并不断搅拌。待琼脂完全溶解，保温备用。

3. 处理
取吸胀种子30～50粒(根据种子大小及培养皿大小而定)，用自来水冲洗，沥干，用吸水纸吸去种子表面的水分，使胚向下均匀放于培养皿中(种子间距离至少应 1 cm)。然后再倒入 40 ℃ 左右的 BTB 琼脂液。以淹没种子为度，约 0.2～0.4 cm。琼脂液层不宜太厚，否则会影响观察，置于 30～35 ℃ 的恒温箱中保温 30 min(夏天可放在室温下)。另取一些吸胀种子置沸水中煮 5 min 杀死种子做同样的处理，进行比较观察。

4. 观察记录
经半小时后(BTB琼脂溶已凝固)将培养皿拿到光线比较亮的窗前。将培养皿反过来(从底部)进行观察，若种胚附近呈现深黄色晕圈则是活种子，若种胚周围黄色很淡或没有色环则是无生活力的种子。

五、注意事项

(1)沿胚的中线纵切种子。
(2)处理时药液以浸没种子为度。

Ⅲ．酸性靛蓝染色法

一、实验目的

根据种胚或子叶对染料的着色情况来判断种子的发芽率。

二、实验原理

凡是生活的活细胞的原生质膜都具有选择吸性能力,它对某些染料不具有透过性,因此用这类染料(如酸性靛蓝,红墨水等)不能使种胚染色。而死种子的胚细胞原生质膜丧失了选择吸收能力,于是染料进入死细胞,将胚完全染色。

三、实验材料、设备和试剂

1. 实验材料

小麦、大豆、玉米等作物种子

2. 设备

(1)培养皿　　　(2)刀片　　　(3)镊子　　　(4)烧杯

3. 试剂

0.1％酸性靛蓝溶液:称0.1g酸性靛蓝,加蒸馏水溶解,定容至100 mL。

四、操作步骤

1. 浸种
2. 染色

将吸胀的种子沿胚和中线切为两半,一半置于培养皿中加0.1％酸性靛蓝溶液。以淹没种子为度,染色15 min,另一半弃去。

3. 观察

染色时间到后,用自来水反复冲洗种子,将吸附在种子表面的染料冲洗干净。然

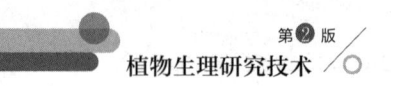

后观察冲洗后的种子子叶或胚部着色情况。凡生命力强的种子胚完全不着色(白色);有生命力的子叶和胚上有不太明显的淡色斑点;整个胚全部着色或子叶和胚根上有着色很浓的斑点,就是完全丧失或大部分丧失生命力的死种子。

4. 记录、计算发芽率

五、问题讨论

不论活种子或死种子其种子内淀粉部分均能染上色,为什么?

Ⅳ. 红墨水染色法

一、实验目的

学习快速鉴定种子生活力的方法。

二、实验原理

凡活细胞的原生质膜都具有选择性吸收能力,而死的种胚细胞原生质膜丧失这种能力,于是染料便能进入死细胞而染色。

三、实验材料、设备和试剂

1. 实验材料

禾谷类种子

2. 设备

(1)培养皿　　　　(2)镊子　　　　(3)刀片

3. 试剂

5%红墨水(红墨水 5 mL 加 95 mL 自来水)

四、操作步骤

1. 浸种

将待测种子在 30~35 ℃温水中浸种(小麦、大麦、籼谷种子 6~8 h;玉米种子 5 h 左右;粳谷种子 2 h),以增加种胚的呼吸速率,使显色迅速。

2. 染色

取吸胀的种子 200 粒,沿种子胚的中心线纵切为两半,将其中的一半置于培养皿中 5~10 min(温度高时时间可短些)。

染色后,倒去红墨水液,用水冲洗多次,至冲洗液无色为止。检查种子死活。

结果:凡种胚不着色或着色很浅的为活种子;凡种胚与胚乳着色程度相同的为死种子。可用沸水杀死的种子作为对照观察。

五、结果处理

计算种胚不着色或着色浅的种子数,算出发芽率。

六、注意事项

(1) 沿胚的中线纵切种子。
(2) 处理时药液以浸没种子为度。
(3) 红墨水染色时间不能太长,因膜透性具有相对性,染好色后,一定要反复冲洗干净。

V. 纸上荧光法

一、实验目的

学习快速鉴定种子生活力的方法。

二、实验原理

具有生命力的种子和已经死亡的种子,它们的种皮对物质的透性是不同的,而许多植物的种子中又都含有荧光物质。利用对荧光物质的不同透性来区分种子的死活,方法简单,特别是对十字花科植物的种子,尤为适用。

三、实验材料、仪器设备

1. 实验材料

小麦、大麦、籼谷、玉米、粳谷种子

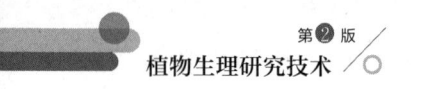

2. 仪器设备

紫外荧光灯、镊子、培养皿、滤纸(无荧光)

四、操作步骤

(1)将完整无缺的种子(油菜、白菜等十字花科的植物种子)100粒,于25～30 ℃温水中浸泡2～3 h。

(2)把吸胀的种子,以3～5 mm间隔整齐地排列在培养皿中的湿润滤纸上,滤纸上水分不能过多,以免荧光物质流散。培养皿可以不加盖,放置1.5～2 h,取出种子,将滤纸阴干。取去的种子仍按原来顺序排列在另一皿中(以备验证)。

(3)将滤纸置于紫外荧光灯下进行观察,观察如能在暗室中进行,则效果更好。

五、结果处理

(1)观察:有的放过种子的位置上可产生一荧光圈。如要确证这是死种子,可将这些种子拣出来集中在一只培养皿中,而让不产生荧光的种子留在另一只培养皿中。维持合适湿度,让其自然发芽。

(2)记录:3～4 d后,记录每皿中的种子数填入下表中。

种子总数	产荧光种子			不产荧光种子		
	总数	发芽数	发芽率/%	总数	发芽数	发芽率/%

六、注意事项

这种方法的成败,首先取决于种子中荧光物质的存在与否,其次决定于种皮的性质。有的种子无论是否有发芽能力,一经浸泡,即有荧光物质透出,大豆即属此类,也有的由于种皮的不透性,无论种子死活,都不产生荧光圈,许多植物的种子都会碰到这种个别现象,此时只要用机械方法擦伤种皮,可重新验证。相反,有时由于收获时受潮种皮已破裂,也会产生荧光圈,试验时都应该注意。最好将种子浸泡并进行检查,没有荧光则适于作实验材料。

七、问题讨论

(1)实验结果与实际发芽率是否一致？为什么？

(2)比较本实验几种快速测定植物种子活力方法所测得结果的异同,同时简述各方法的优缺点及其应用范围。

实验七

植物激素的提取、分离与纯化

一、实验目的

掌握植物激素的提取、分离与纯化的原理和方法。

二、实验原理

利用各种激素的理化性质不同,例如在溶剂中的溶解性、极性或者是在不同 pH 条件下的溶解度等,可以将植物激素从新鲜样品中提取出来,采用溶剂萃取、层析分离、C_{18} 胶柱(Sep-pak C_{18} Cartridge)分离等技术对其进行进一步的分离和纯化。

由于不同的检测方法对激素提取液的纯度要求不同,可以选择适当的提取分离方法。本实验选用 C_{18} 胶柱分离纯化技术对提取液进行前处理,适用于酶联免疫吸附监测技术(Enzyme linked immunsorbent assay,ELISA)使用。所纯化的样品提取液可以分别用于 IAA、GA、CTK 和 ABA 含量测定。

三、实验材料、设备和试剂

1. 实验材料

植物叶片

2. 设备

(1)冰箱　　　　　　　(2)C_{18} 胶柱　　　　　　(3)高速冷冻离心机

(4)N_2 气吹干装置　　　(5)研钵　　　　　　　　(6)冰浴盒

(7)注射器　　　　　(8)小试管　　　　　(9)烧杯
(10)容量瓶　　　　(11)移液管

3. 试剂

(1)提取液：80% 甲醇，内含 1 mmol·L^{-1} BHT(二叔丁基对甲苯酚，为抗氧化剂)。由于 BHT 不易氧化。

(2)磷酸盐缓冲液(PBS)：8.0 g NaCl，0.2 g KH$_2$PO$_4$，2.96 g Na$_2$HPO$_4$·12H$_2$O，用 1 000 mL 蒸馏水溶解，pH 7.5(只要药品及称量无误，不必调 pH)。

(3)样品稀释液：100 mL PBS 中加 0.1 mL Tween-20，0.1 g 白明胶(稍加热溶解)。

(4)乙醚

(5)KOH

(6)0.2 mol·L^{-1} 乙酸-甲醇

(7)亚硝基甲基脲(用于制备重氮甲烷)。取 500 mg，可制备 10 mL 重氮甲烷。

四、操作步骤

1. 取样

ELISA 测定要求样品集中测定，以增加相互之间的可比性。若分次取样，必须迅速称重、包装、标记、用液氮冷冻 15 min，取出放 −20 ℃ 贮藏。若无液氮，可先迅速称重、包装、标记放 −40 ℃ 冰箱下贮存。

样品贮存一年以内测定不会有变化。待全部样品取完之后再集中测定。

2. 取样量

对于 ELISA 测定，若 6 种激素全部测定，只需 1.0～1.5 g 鲜样，但在很多情况下，1.0～1.5 g 样品并无代表性，在此种情况下，最好的办法是用液氮磨细全部样品，混匀，再称 1.0～1.5 g 样品(此种办法并不费事)。另一种办法是用剪刀将样品剪碎，再取 1.0～1.5 g 样品包装，冰冻保存，此法缺点是样品(取样后)在室温下时间太长，内部激素会变化。

3. 前处理

(1)取 1 g 左右材料，加 2 mL 样品提取液，在冰浴下研磨成匀浆(一定要磨细)，转入 10 mL 试管，再用 2 mL 提取液分次冲净研钵，并转入试管中，摇匀。

(2)在 4 ℃ 下提取 4 h，3 500～4 000 rpm 离心 15 min，取上清液，沉淀中加 1 mL 提取液，搅匀，置 4 ℃ 下再提取 1 h，离心，合并上清液。(注意一批样品由于磨样时间持续较长，应尽量让所有样品的提取时间一致。全部样品所用提取液的体积尽量保持 1 g 用 5 mL 左右的提取液比例)。

4. 分离与纯化

采用 C$_{18}$ 胶柱分离纯化装置进行纯化，其分离过程如下。

上清液过 C$_{18}$ 预处理小柱，具体步骤为：

$$100\%甲醇洗柱 5\sim10\ mL$$
$$\downarrow$$
$$80\%甲醇平衡 2\ mL$$
$$\downarrow$$
$$上样(收集过柱的流出液体)$$
$$\downarrow$$
$$100\%甲醇洗柱 5\sim10\ mL$$
$$\downarrow$$
$$100\%乙醚洗柱 5\sim10\ mL$$
$$\downarrow$$

再到开始的100%甲醇洗柱进行循环,处理第二个样品。

过柱时,若样品过柱的速度太慢,可适当用氮气加压,只要流出液体不成线,而是一滴一滴地往下流。

随提取样品液中亲酯色素含量不同,一般每支胶柱可重复使用15～20次。处理过的样品在-40 ℃下保存备用。

(1)吹干

样品过柱后在40～45 ℃水浴下用N_2气吹干,或者经冷冻干燥,再用样品稀释液定容。一般1 g鲜重用1.5～2.0 mL样品稀释液定容,摇匀后再用于测定(样品定容需尽快测定,一般只能在4 ℃下放置一周,吹干或冷冻干燥后而不定容的样品在冰箱中冻存较长时间)。

采用双层固定相单克隆抗体型ELISA测定ABA含量时,需要对样品进行甲酯化处理,而采用一般固相抗原型ELISA时可以不进行甲酯化处理。

(2)植物激素的甲酯化处理

①重氮甲烷的制备:取3支带盖的试管A、B、C,在通风橱中加入4 mL水和1.6 g KOH,待其溶解后再加入10 mL乙醚,并置于冰浴中,然后加入500 mg亚硝基甲基脲轻轻摇动,待上层乙醚相呈黄色后,将含重氮甲烷的乙醚液转移至试管B中,并预先在试管B底部加入几粒KOH颗粒,吸水10 min,去除水分后的重氮甲烷乙醚液转移至试管C中即可使用,或加盖于-20 ℃保存(1周内用完)。亚硝基甲基脲为致癌剂,操作时切勿与皮肤接触。

②样品的甲酯化:吸取上述过C_{18}胶柱的样品纯化液300 μL,放入10 mL玻璃试管中,用氮气吹干后加入200 μL甲醇,溶解残留物,并使用漩涡振荡器让管壁上的残留物充分溶解下来。将溶解好的样品连同试管放置在冰浴中预冷,再加入过量的重氮甲烷乙醚液(100 μL左右),至样品呈黄色,反应10 min后用半滴乙酸-甲醇液破坏过量的重氮甲烷(黄色消失),再次用氮气吹干样液,加300 μL DBI溶解后即可用于免疫测定。

五、问题讨论

(1) 在将含有激素的提取液进行真空浓缩干燥时,为什么不宜将提取液(80%甲醇)完全干燥?

(2) 用什么方法可以发现提取液中有干扰物质存在?

实验八

固相抗体型 ELISA 测定植物组织中激素含量

一、实验目的

掌握固相抗体型 ELISA 测定植物组织中激素含量的原理和方法。

二、实验原理

酶联免疫吸附检测技术(Enzyme linked immuosorbent assay,ELISA)是利用免疫反应的专一性和酶促反应高效性相结合的原理而设计。应用固相载体,使结合在抗原或抗体上的酶标记物以特异性结合的方式吸附于聚乙烯微孔板上,使之固相化,免疫反应和酶促反应都在其中进行。通过竞争性反应来检测抗体/抗原的量。在酶促反应中可产生有色产物,从而以颜色的变化来判断试验结果(图 9-1)。常用的标记酶有辣根过氧化物酶(HRP)、碱性磷酸酯酶(AP)等。其反应原理可用下面的反应式表示:

$$H + Ab + HP \rightleftharpoons AbH + AbHP$$

式中,H 代表激素小分子,Ab 代表特异性抗体,HP 代表酶标记的抗原或抗体(酶标记激素分子)。当 Ab 与 HP 的量确定时,由于 H 和

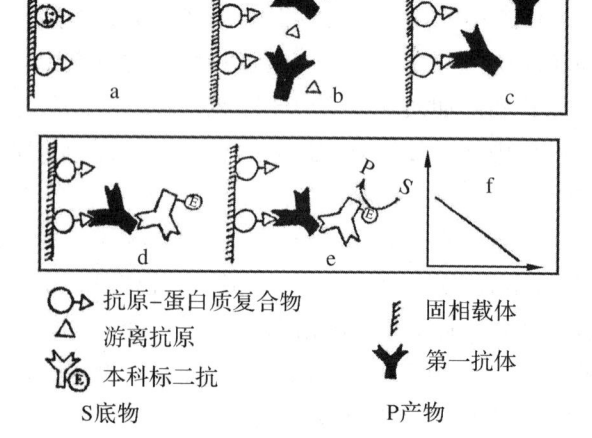

图 9-1 固相抗原型(间接法)ELISA 原理示意图
a. 包被;b. 加样;c. 竞争;d. 二抗;e. 显色;f. 标准曲线

HP 共同竞争特异性抗体 Ab，体系中 H 越多，反应式右边的 AbHP 复合物越少，AbH 则越多，因此，通过检测 AbHP 的形成量，可以间接地测定 H 的量。

当用辣根过氧化物酶（HRP）与 H 结合形成 HP 时，可以利用该酶能催化 H_2O_2 分解成 O_2 和 H_2O 的特征反应，让其产物中的 O_2 定量地氧化邻苯二胺（OPD），生成棕黄色物质，其颜色深浅与 HP 的量成正相关，而与 H 成负相关。通过测定 490 nm 下的吸光度就可以确定样品中 H 的浓度。以标准 H 的浓度（x）和相对应的吸光值（y）作标准回归方程，即可求出 y 随 x 的变化而变化的待测样品浓度，进一步计算出样品中的激素含量。

三、实验材料、设备和试剂

1. 试验材料

提取纯化后的激素样品溶液

2. 设备

(1) 带盖搪瓷盘

(2) 40 孔或 96 孔聚乙烯微孔板

(3) 酶联免疫测定仪

(4) 恒温培养箱

(5) 50 μL、100 μL、200 μL 微量加样器各 1 支

(6) 1 mL、2 mL 和 5 mL 移液管各 1 支，10 mL 玻璃试管 6 支，2 mL 塑料离心管 6 支

(7) 冰盒、滤纸、毛巾、纱布、一次性聚乙烯手套等

3. 试剂

(1) 包被缓冲液：1.5 g Na_2CO_3，2.93 g $NaHCO_3$，0.2 g NaN_3（有毒，不要沾在手上），用 1 000 mL 蒸馏水溶解，pH 9.6。

(2) 磷酸盐缓冲液（PBS）：8.0 g NaCl，0.2 g KH_2PO_4，2.96 g $Na_2HPO_4 \cdot 12H_2O$，用 1 000 mL 蒸馏水溶解，pH 7.5（只要药品及称量无误，不必调 pH）。

(3) 样品稀释液：100 mL PBS 中加 0.1 mL Tween-20，0.1 g 白明胶（稍加热溶解）。

(4) 底物缓冲液：5.10 g $C_6H_8O_7 \cdot H_2O$（柠檬酸），18.43 g $Na_2HPO4 \cdot 12H_2O$，用 1 000 mL 蒸馏水溶解，再加 1 mL Tween-20，pH 为 5.0。

注：以上缓冲液均放 4 ℃冰箱贮存（最多一周），若发现缓冲液长毛，应重新配制。

(5) 洗涤液：1 000 mL PBS 再加 1 mL Tween-20。

(6) 邻苯二胺（OPD）：取 10 mg OPD 溶于 25 mL MB 中，临用前加入 25 μL 30% H_2O_2，即为 OPD 基质液，此液必须现配现用，并放在暗处，如若发现溶液已呈浅黄色则不能再用。

(7)终止液:3 mol·L^{-1} H$_2$SO$_4$。

(8)溶于80%甲醇,先用甲醇溶解BHT,再用蒸馏水调到80%。

(9)各激素包被抗原、抗体。各激素抗体,各激素标准物,酶标,抗原等试剂盒需购买。

四、操作步骤

1. 包被

按照给定的稀释倍数进行稀释,各激素的包被条件为IAA 4 ℃过夜;ABA、Z+ZR、iP+iPA、DHZ+DHZR、GA均为37 ℃ 3 h。

包被时切记包被缓冲液不要被表面活性剂如Tween-20等污染。

2. 洗板

重复四次,第一次迅速倒掉。第二、三、四次放置约1 min,洗板后,在吸水纸上甩干。

3. 竞争

即加标准物、待测样和抗体。

(1)配标样

先配成2 000 ng·mL^{-1},然后2倍稀释成一系列浓度(包括2 000 ng·mL^{-1}、1 000 ng·mL^{-1}、500 ng·mL^{-1}……0 ng·mL^{-1})。

(2)加标样及样品

注意标样应从低浓度向高浓度方向依次加样。每加一个待测样品应换吸头,以免互相污染。

(3)加抗体(抗体按给定的稀释倍数稀释)

竞争条件:ABA、IAA、GA$_3$、ZR+Z、iPA+iP、DHZR+DHZ均为37℃,0.5 h,GA$_4$和GA$_3$为37 ℃ 15~17 min。

若进行多板操作,最好先全部加好标样和样品,再统一加抗体。

(4)洗板(同上次洗板)甩干

(5)加IgG-HRP

IgG-HRP按给定的倍数稀释,条件为37 ℃ 30 min。

不管各激素试剂盒抗原抗体稀释倍数如何不同,IgG-HRP稀释倍数都一样。

(6)洗板

同上次,只是洗板次数增加一次为5次,甩干。

(7)加底物显色

底物要现配现用,最好在(6)的洗板开始时配底物,由于OPD有毒,注意不要沾在手上以及其他器皿上。显色时间要灵活掌握,其原则是既要2 000 ng·mL^{-1}孔颜色浅,又要0孔颜色深,两者之间OD值相差最大时终止。

加底物时若无多通道加样器,用单道枪加样时,速度要快,终止速度与加样速度要相同且顺序一致。

板上显色较慢时,可放 37 ℃湿盒中显色。

(8)比色

用完全抑制孔(即标准曲线最高浓度孔)调零。在酶联免疫分光光度计上依次测定标准物各浓度和各样品 490 nm 处的 OD 值。

(9)注意事项

①在整个 ELISA 操作过程中,每次加样都一定要快。

②若同时做两块以上的板,应将洗好的板放在 4 ℃下,依次拿出加样。

③加样的环境湿度不宜过高。

④不使用边缘孔时,每次加样后,也应在边缘孔内加入相应的溶液。

⑤在正式样品测定之前,先通过预备试验找出包被抗原、抗体、二抗的最适衡释倍数及标准物的最佳范围。

⑥抗原、抗体、二抗及标准物保存在 −20 ℃下,随用随拿,并尽量缩短取样时间。

五、结果处理

用于 ELISA 结果计算最方便的是 log it 曲线。可根据 log it 曲线求得样品中激素的浓度($ng \cdot mL^{-1}$),然后再计算激素的含量($ng \cdot g^{-1} FW$),具体做法如下。

曲线的横坐标用激素标样各浓度($ng \cdot mL^{-1}$)的自然对数表示,纵坐标用各浓度显色值的 log it 值表示。log it 值的计算方法如下:

$$\log it(B/B_0) = \ln[(B/B_0)/(1-B/B_0)] = \ln[B/(B_0-B)]$$

其中 B_0 是 0 $ng \cdot mL^{-1}$ 孔的显色值,B 是其他浓度的显色值。

作出的 log it 曲线在检测范围内应是直线。待测样品可根据其显色值 log it,log it 值从图上查出其所含激素浓度($ng \cdot mL^{-1}$)的自然对数,再经过反对数即可知其激素的浓度($ng \cdot mL^{-1}$)。

另外,也可用激素标样各浓度($ng \cdot mL^{-1}$)的自然对数与各浓度显色值的 log it 值的回归方程代替 log it 曲线,求得样品激素的浓度($ng \cdot mL^{-1}$)。

一般来说,两种方法求得的结果会略有差异。

求得样品中激素的浓度后,样品中激素的含量($ng \cdot g^{-1} FW$)可用下式计算:

$$A = N \cdot V_2 \cdot V_3 \cdot B/V_1 \cdot W$$

其中:A 表示激素的含量($ng \cdot g^{-1} FW$);

V_2 表示提取样品后,上清液的总体积;

V_1 表示进行真空浓缩干燥的上清液体积;

V_3 表示真空浓缩后用样品稀释液定容的体积;

W 表示样品的鲜重;

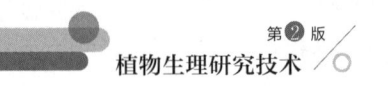

N 表示样品中激素的浓度($ng \cdot mL^{-1}$);

B 表示样品的稀释倍数(样品稀释液定容以后的稀释倍数)。

五、注意事项

关于影响 ELISA 测定结果的两个问题:

(1)线性检测范围,是指 log it 标准曲线中的线性测定范围。在样品测定过程中,应选择合适的稀释倍数,使测定结果落在 log it 标准曲线的线性范围之内。

(2)交叉反应,是指抗体与被测定激素以外的物质所起的反应。在样品测定过程中,要注意与抗体有较高交叉反应的物质,并尽量将其在提取液中排除。

(3)为什么要预先测定包被抗原、抗体、二抗的最适稀释倍数及标准物的最佳范围?

(4)在 ELISA 操作过程中,快速加样有什么好处?

(5)在测定过程中,样品在 490 nm 处的比色值在什么范围内较为理想?

实验九

植物生长调节剂生理效应的测定

一、实验目的

了解植物生长物质在农业中的作用及应用。

二、实验原理

植物生长调节剂(plant growth regulators)是与植物激素具有相似生理和生物学效应的外源物质。在生产上合理使用植物生长调节剂,可有效调节植物的生长发育过程,达到稳产增产、改善品质、增强作物抗逆性等目的。

三、实验材料、设备及试剂

1. 实验材料

绿豆幼苗、植物枝条、水稻幼苗、香蕉等。

2.设备

烧杯、刀片、剪刀、镊子、温箱、培养皿、砂盆。

3.试剂

吲哚乙酸 50 mg/L,赤霉素 100 mg/L,苄基腺嘌呤 100 mg/L,吲哚丁酸(或萘乙酸)、乙烯利。

吲哚丁酸(或萘乙酸):先配成 100 mg/L 母液再稀释成 20 mg/L、50 mg/L。

乙烯利:先配成 10 g/L 母液,使用前再稀释为 100 mg/L、500 mg/L 和 1 000 mg/L 溶液。

凡士林、琼脂(1.5%)。

四、操作步骤

1.吲哚丁酸(或萘乙酸)促进插枝生根反应

选取苗高约 12 cm 绿豆幼苗 8 株(幼苗的两片初生叶全张开),从子叶节下 3 cm 处切去根系。将 4 株放在 20 mg/L 吲哚丁酸(或萘乙酸)溶液中(浸下胚轴高度约 2 cm),另 4 株放在蒸馏水中作对照(浸下胚轴);12 h 后取出幼苗,分别插在洗干净的沙中(深约 2 cm)培养,6 天后取出该两组幼苗,观察它们的发根情况,记录并比较结果(根数和根长度)。

取月季花(或其他可扦插繁殖植物)的 10 枝,每枝约 15~18 cm 长,基部剪成斜面,分为两组,每组 5 枝。一组浸在 50 mg/L 吲哚乙酸(或萘乙酸)溶液中,浸基部约 2 cm 高;另一组浸在水中;两组均经常保持湿润、温暖和通气,一个星期后观察发根情况,记录并比较结果(根数和根长度)。注意此实验应在春季树木发芽前进行。

2.赤霉素类打破种子休眠

取新收获的莴苣种子 3 份,每份 100 粒。第一份用 100 mg/L 苄基腺嘌呤浸种 4 min,第二份用 100 mg/L 赤霉素溶液浸种 4 min,第三份用蒸馏水浸种作对照。48 h 后分别观测三个处理的发芽势和发芽率。

取大小均匀、芽相同和分布一致的新收获的中等马铃薯块茎 20 个(每个重量约 50 g),每 10 个为一组,每组每个均按照"+"字形切为 4 块,使每块芽眼数目相同。切好后,分别用冷水将切面淀粉洗净,沥干水,一组快速浸入 0.5 mg/L 赤霉素溶液浸泡 30 min,取出和第二组一起置于湿沙中,放置在 20 ℃左右室温下催芽,1 周后比较 2 组的发芽情况。

3.乙烯利对果实的催熟作用

取未成熟的香蕉若干条,分成两份。其中一份各涂上 500 mg/L(或 1000 mg/L)乙烯利溶液。另一份涂上蒸馏水作对照。分别放在纸箱内,3~4 d 后观察香蕉的成熟程度。

摘取即将进入成熟期的柿子 20 个,每 10 个一组,将一组浸蘸入加有 0.1%中性洗

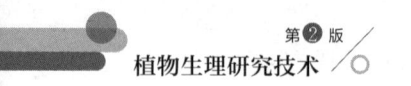

涤剂(使溶液均匀分布在果实上)的 200 mg/L 乙烯利溶液,另一组浸蘸入加有 0.1% 中性洗涤剂的蒸馏水 1~2 min 中作对照,两组取出后用保鲜袋密封,置于 20~25 ℃ 室温下,观察颜色和硬度变化,1 周后,记录比较结果。

  4. 乙烯利促使雌花的形成

  培育黄瓜幼苗,当出现两片真叶时,选择生长一致的幼苗 4 株,将之分为两个组,每组 2 株,于晴天下午分别做如下处理:第一组用 100 mg/L 乙烯利溶液滴在生长点处;第二组用蒸馏水滴在生长点处。第二天下午再重复一次处理(注意乙烯利溶液或水必须保留在生长点上,使其慢慢吸收),以后观察并记录两组处理黄瓜苗开花后雌花的比例。

五、结果处理

  统计上述实验中用植物生长调节剂处理和对照的数据,分析其原因。

六、注意事项

  (1)乙烯利和赤霉素的施用部位一定是幼苗的生长点。
  (2)根据不同目的,一定要把握好用植物生长调节剂处理材料的时期和浓度。

七、问题讨论

  (1)植物生长物质分为哪几种类型?主要作用有哪些?
  (2)合理使用植物生长调节剂应注意哪些事项?

实验十

赤霉素对 α-淀粉酶的诱导作用

一、实验目的

  掌握利用赤霉素(GA)诱导 α-淀粉酶合成的原理,加深对赤霉素生理特性的认识。了解植物激素的生物测定方法。

二、实验原理

大麦种子萌发时,胚乳内储藏的淀粉发生水解作用,产生还原糖。赤霉素是诱导大麦糊粉层细胞内 α-淀粉酶合成的化学信使。当种子吸涨后,首先由胚分泌赤霉素,并释放到胚乳的糊粉层细胞中,诱导 α-淀粉酶的生成。新合成的 α-淀粉酶进入胚乳,可催化胚乳中贮存的淀粉水解形成短链糊精、少量麦芽糖及葡萄糖,为种子的萌发和幼苗的生长提供能量及原料。

外加的赤霉素能代替胚所分泌的赤霉素的作用,诱导胚乳糊粉层细胞 α-淀粉酶的合成,在一定的浓度范围内,加入赤霉素的量与测定的 α-淀粉酶活性成正比。根据淀粉遇碘呈蓝紫色的反应特性,可以检验 α-淀粉酶活性。本实验利用赤霉素诱导种子所生成的 α-淀粉酶降解淀粉使蓝紫色消失的反应,来判断其对 α-淀粉酶的影响。

三、实验材料、设备及试剂

1. 实验材料

小麦(或大麦)种子

2. 设备

分光光度计;恒温箱;试管;青霉素瓶;移液管;烧杯;镊子;单面刀片;试管架。

3. 试剂

(1) 1% 次氯酸钠溶液。

(2) 淀粉磷酸盐溶液(可溶性淀粉 1 g,KH_2PO_4 8.16 g,用蒸馏水溶解后定容至 1 000 mL)。

(3) 2×10^{-5} mol·L^{-1} 赤霉素溶液(将赤霉素 6.8 mg 溶于少量 95% 乙酸中,加蒸馏水定容至 100 mL,浓度即为 2×10^{-5} mol·L^{-1};然后稀释成 2×10^{-6} mol·L^{-1},2×10^{-7} mol·L^{-1} 和 2×10^{-8} mol·L^{-1})。

(4) 0.5 mol·L^{-1} 醋酸缓冲液,pH4.8,每毫升缓冲液中含有链霉素 1 mg。

(5) I_2-KI 溶液(0.6 g KI 和 0.06 g I_2 溶于 1 000 mL 0.05 mol·L^{-1} HCl 中)。

四、操作步骤

1. 标准曲线的绘制

(1) 以淀粉磷酸盐溶液(含淀粉 1 000 μg·L^{-1})为母液,用蒸馏水将其稀释成 0、10、50、100、150、200、250、300、350 μg·L^{-1} 的淀粉磷酸盐溶液。

(2) 取 9 支试管分别加入上述不同浓度的淀粉磷酸盐溶液各 2 mL,然后加 I_2-KI 溶液 2 mL,蒸馏水 5 mL,充分摇匀。

(3)于分光光度计上进行比色测定(波长 580 nm),以 0 浓度作空白校正仪器零点,准确读出各浓度的吸光度值。

(4)以淀粉的不同浓度为横坐标,以吸光度值为纵坐标,绘制标准曲线。

2. 材料培养

(1)选取大小一致的大麦种子 50 粒,用刀片将每粒种子横切为二,使之成无胚和有胚各半粒。

(2)将无胚和有胚的半粒种子分别置于新配制的 1% 次氯酸钠溶液中消毒 15 min,取出用无菌水冲洗数次,备用。

3. 淀粉酶的诱导生成

(1)取 6 个青霉素小瓶,编 1~6 号。

(2)按表 9-3 加入各种溶液及材料:各瓶中混合液的赤霉素浓度分别为 0 mmol·L^{-1}、0 mmol·L^{-1}、2×10^{-2} mmol·L^{-1}、2×10^{-3} mmol·L^{-1}、2×10^{-4} mmol·L^{-1}、2×10^{-5} mmol·L^{-1},醋酸缓冲液浓度为 0.5 mmol·L^{-1}。

(3)将上述小瓶于 25 ℃条件下培养 24 h(最好进行振荡培养,如无条件,则必须经常摇动小瓶)。

表 9-3　淀粉酶的诱导生成反应体系构成

瓶号	赤霉素溶液 浓度/mmol·L^{-1}	用量/mL	含链霉素的醋酸缓冲液/mL	材　料
1	0	1	1	10 个有胚半粒
2	0	1	1	10 个无胚半粒
3	2×10^{-2}	1	1	10 个无胚半粒
4	2×10^{-3}	1	1	10 个无胚半粒
5	2×10^{-4}	1	1	10 个无胚半粒
6	2×10^{-5}	1	1	10 个无胚半粒

4. 淀粉酶活性测定

(1)从上述每个小瓶中吸取培养液 0.2 mL,分别加入事先盛有 1.8 mL 淀粉磷酸盐溶液(含淀粉 1 000 μg·L^{-1})的试管中,摇匀,在 30 ℃恒温箱中精确保温 10 min。

(2)每一试管中加 2 mL I$_2$-KI 溶液和 5 mL 蒸馏水,并充分摇匀。

(3)在 580 nm 波长下进行比色,测定其吸光度,调整仪器零点的溶液应与标准曲线相同。准确读出各溶液的吸光度值,然后由标准曲线查得各溶液中淀粉的含量。

(4)以单位体积酶液单位时间内所分解的淀粉量来表示淀粉酶活性(mg·mL^{-1}·min^{-1})。

五、结果处理

以赤霉素浓度的对数为横坐标，α-淀粉酶活性为纵坐标作图，分析赤霉素浓度与α-淀粉酶活性之间的关系。

六、注意事项

切种子时，一定要使无胚的一半完全无胚以防因胚的少量存在使结果出现偏差。

七、问题讨论

根据本实验的结果，分析不同浓度的赤霉素对 α-淀粉酶生成的诱导作用。

实验十一
生长素类物质对根芽生长的不同影响

一、实验目的

生长素是一种重要的植物激素，它对植物的生长、发育过程起调节作用。人工合成的生长素类物质对植物生长也有相同的影响。目前生产中常利用这些物质调节植物生长发育，以达到高产优质的目的。本实验练习观察生长素类物质对根芽生长的影响，加深对生长素浓度效应的认识。

二、实验原理

生长素及人工合成的类似物质如萘乙酸（NAA）等对植物生长有很大影响，但不同浓度的作用不同。一般来说，低浓度表现促进效应，高浓度起抑制作用。根对生长素较芽敏感，最适浓度比芽要低些。本实验就是根据这一原理观测萘乙酸不同浓度对植物不同部位生长的作用。

三、实验材料、设备和试剂

1. 实验材料
小麦种子(精选成熟、饱满、大小一致的籽粒)

2. 设备
(1)温箱 1 台　　　　　　　　　(2)镊子 1 把
(3)圆形滤纸 7 张　　　　　　　(4)小直尺一把
(5)刻度吸管 10 mL 2 支、1 mL 1 支　(6)直径 9 cm 的培养皿 7 套(皿底要平整)

3. 试剂
(1)10 mg·L^{-1} 萘乙酸(NAA)溶液:取萘乙酸 10 mg,置于小烧杯中,先加少量酒精溶解,再加水 50～70 mL,搅拌均匀后,转入 100 mL 容量瓶中定容,即成 100 mg·L^{-1} 的萘乙酸溶液,用时稀释 10 倍,使之成 10 mg·L^{-1} 的溶液,将此液贮于试剂瓶中。

(2)0.1‰氯化汞溶液:0.1 g HgCl$_2$ 溶于水中,定容至 100 mL。

四、操作步骤

1. 不同浓度的 NAA 的配制
将培养皿洗净、烘干,编号①～⑦。在①号皿中加入已配好的 10 mg·L^{-1}NAA 溶液 10 mL,在②～⑦号皿中各加 9 mL 蒸馏水。然后从①号皿中用移液管吸出 1 mL 10 mg·L^{-1} NAA 注入②号皿中,充分混匀后,即成 1 mg·L^{-1} NAA 溶液。再从②号皿中吸出 1 mL 注入③号皿,混匀即成 0.1 mg·L^{-1} 溶液。如此继续稀释至⑥号皿。即成 10、1.0、0.1、0.01、0.001、0.000 1 mg·L^{-1} 六种浓度的 NAA 溶液,最后在⑥号皿中吸出 1 mL 溶液弃去,⑦号皿中不加 NAA 作对照。

2. 种子的处理
精选纯度极高的小麦种子,用 0.1‰氯化汞溶液消毒 15～20 min,再用自来水及蒸馏水依次冲洗三次,放在 30 ℃左右的温水中浸种一天左右,小麦种子萌动出现小白点即可。

3. 播种观察
在上述装有不同浓度 NAA 溶液的每一培养皿中放入一张滤纸。在每一培养皿中选饱满已萌动并出现小芽点的小麦种子 20 粒,均匀放置,胚一律朝向培养皿中心。加盖后将培养皿放入 20～25 ℃温箱中(或放在实验室暗柜内)。三天后选长势好的 10 株测量并统计各处理种子的生根发芽情况,按下表格式汇总记载不同 NAA 浓度处理对小麦根芽生长的影响。

五、结果处理

(1)填写下表,并进行结果分析。
(2)以蒸馏水作对照,计算不同浓度 NAA 对小麦幼根及鞘增长或缩短的百分率,填入表 9-4 中。

表 9-4　NAA 浓度对根、芽生长的影响记录表

生长情况	浓度/mg·L^{-1}						
	10	1	0.1	0.01	0.001	0.000 1	0
平均根数/条							
平均根长/cm							
平均芽长/cm							
与对照相比根长±%							
与对照相比芽长±%							

六、问题讨论

根据实验结果可以得出哪些结论,它与理论知识是否一致,为什么?

实验十二

植物中总酚物质、类黄酮与花青素含量的测定

一、实验目的

学习植物组织中总酚物质、类黄酮与花青素含量的快速测定方法。

二、实验原理

植物组织中的酚类物质(phenolic compounds)、类黄酮类(flavonoids)和花青素(anthocyanin)等次生代谢物质与植物的发育、成熟衰老、抗逆抗病等作用密切相关。利用甲醇溶液从植物组织中提取总酚物质、类黄酮类和花青素。根据总酚物质、类黄酮和

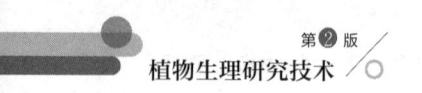

花青素的甲醇提取液的吸收光谱特性,可利用紫外可见分光光度计在特定波长下测定其吸光度值,进而与标准曲线比较,计算出含量。此法简单易行,重复性好。

三、实验材料、设备及试剂

1. 实验材料

植物组织,可用苹果、梨等果实,或白菜、萝卜等蔬菜。

2. 仪器及用具

研钵、具塞刻度试管(20 mL)、滤纸、漏斗、移液器、紫外可见分光光度计。

3. 试剂

1‰盐酸-甲醇溶液(v/v),于 4 ℃预冷。

四、操作步骤

1. 样品提取

称取 2.0 g 果蔬果肉组织或 0.5 g 果皮组织,加入少许经预冷的 1‰ HCl-甲醇溶液,在冰浴条件下研磨匀浆后,转入 20 mL 刻度试管中。用 1‰ HCl-甲醇溶液冲洗研钵,一并转移到试管中,定容至刻度,混匀,于 4 ℃ 避光提取 20 min。其间摇动数次。然后过滤,收集滤液待用。

2. 比色测定

以 1‰ HCl-甲醇溶液作空白参比调零,取滤液分别于波长 280 nm、325 nm、600 nm 和 530 nm 处测定溶液的吸光度值,重复三次。

五、结果处理

1. 将测定的数据填入下表

重复次数	样品重量 W/g	提取液体积 V/mL	吸光度值				含量/ΔOD·g^{-1} FW					
							计算值			平均值±标准偏差		
			280 nm	325 nm	600 nm	530 nm	总酚	类黄酮	花青素	总酚	类黄酮	花青素
1												
2												
3												

2. 计算结果

以每克鲜重组织在波长 280 nm 处吸光度值表示总酚含量,即 OD_{280}/g FW;在波长 325 nm 处吸光度值表示类黄酮物质含量,即 OD_{325}/g FW;在波长 530 nm 和 600 nm 处吸光度值之差表示花青素含量(U),即 $U = (OD_{530} - OD_{600})/(g\ FW)$。

六、注意事项

(1)提取液中所加的盐酸,是用来沉淀样品中蛋白质,以减少蛋白质对提取液吸光度值的影响。如果样品含蛋白质较多时,可加大盐酸浓度,或使用三氯乙酸沉淀蛋白质。

(2)此方法仅能判断测定样品之间总酚、类黄酮和花青素的相对含量。如果需要测定准确的含量,需要与标准曲线进行比较。可以用不同浓度的没食子酸制作标准曲线,计算总酚物质含量,用 $\mu mol \cdot g^{-1}$ FW 表示。用不同浓度的芦丁制作标准曲线,计算类黄酮含量。根据所测试植物组织中花青素的种类需选用相应的物质制作标准曲线进行含量的计算。

七、问题讨论

(1)利用紫外比色法测定植物组织中总酚、类黄酮以及花青素等物质含量时,如何消除组织中其他成分的影响?

(2)植物次生代谢物质的生理作用是什么?

第十章 植物逆境和衰老生理实验

实验一

植物体内游离脯氨酸和甜菜碱的测定

Ⅰ. 植物体内游离脯氨酸含量的测定

一、实验目的

通过实验,使学生进一步明确测定脯氨酸的意义,了解测定原理,掌握测定方法。

二、实验原理

脯氨酸是植物体内有效的渗透调节物质,Kemble 等首先发现在受旱的黑麦草叶片中有游离脯氨酸的积累,随后在许多植物中都观察到这一现象。几乎所有的逆境,如干旱、低温、高温、盐碱、病害、大气污染等,都导致植物体内游离脯氨酸大量积累,尤其是干旱胁迫下,脯氨酸积累最为明显,可比原始含量高几十倍甚至几百倍。脯氨酸的积累情况与植物的抗逆性有密切关系。因此,脯氨酸可作为植物抗逆性的一项生化指标。

采用磺基水杨酸提取植物体内的游离脯氨酸,不仅大大减少了其他氨基酸的干扰,快速简便,而且不受样品状态(干样或鲜样)限制。在酸性条件下,脯氨酸与茚三酮反应生成稳定的红色缩合物,用甲苯萃取后,此缩合物在波长 520 nm 处有一最大吸收峰。脯氨酸浓度的高低在一定范围内与其消光度成正比。

三、实验材料、设备和试剂

1. 实验材料
小麦叶片

2. 设备
(1)分光光度计;(2)水浴锅;(3)漏斗;(4)20 mL 大试管数支;(5)20 mL 具塞刻度试管 9 支;(6)5～10 mL 注射器或滴管。

3. 试剂
(1)3%磺基水杨酸水溶液;
(2)甲苯;
(3)2.5%酸性茚三酮显色液:冰乙酸和 6 mol·L^{-1} 磷酸以 3:2 混合,作为溶剂进行配制,此液在 4 ℃下 2～3 d 有效;
(4)脯氨酸标准溶液:准确称取 25 mg 脯氨酸,用蒸馏水溶解后定容至 250 mL,其浓度为 100 μg·mL^{-1}。再取此液 10 mL,用蒸馏水稀释至 100 mL,即成 10 μg·mL^{-1} 的脯氨酸标准液。

四、操作步骤

1. 标准曲线制作
(1)取 7 支具塞刻度试管按表 10-1 加入各试剂。混匀后加玻璃球塞,在沸水中加热 40 min。

表 10-1 各试管中试剂加入量

试剂	管号						
	0	1	2	3	4	5	6
脯氨酸标准液/mL	0	0.2	0.4	0.8	1.2	1.6	2.0
H$_2$O/mL	2	1.8	1.6	1.2	0.8	0.4	0
冰乙酸/mL	2	2	2	2	2	2	2
显色液/mL	3	3	3	3	3	3	3
脯氨酸含量/μg	0	2	4	8	12	16	20

(2)取出冷却后向各管加入5 mL甲苯充分振荡,以萃取红色物质。静置待分层后吸取甲苯层以0号管为对照在波长520 nm下比色。

(3)以消光值为纵坐标,脯氨酸含量为横坐标,绘制标准曲线,求线性回归方程。

2. 样品测定

(1)脯氨酸提取:取不同处理的剪碎混匀小麦叶片0.2～0.5 g(干样根据水分含量酌减),分别置于大试管中,加入5 mL 3%磺基水杨酸溶液,管口加盖玻璃球塞,于沸水浴中浸提10 min。

(2)取出试管,待冷却至室温后,吸取上清液2 mL,加2 mL冰乙酸和3 mL显色液,于沸水浴中加热40 min,下步操作按标准曲线制作方法进行甲苯萃取和比色。

五、结果处理

从标准曲线中查出测定液中脯氨酸浓度,按下式计算样品中脯氨酸含量。

$$脯氨酸[\mu g \cdot g^{-1}(干或鲜样)] = (C \times V/A)/W$$

式中:C——提取液中脯氨酸含量(μg),由标准曲线求得;

V——提取液总体积(mL);

A——测定时所吸取的体积(mL);

W——样品重(g)。

六、注意事项

(1)配制的酸性茚三酮溶液仅在24 h内稳定,因此最好现配现用。茚三酮的用量与脯氨酸的含量相关。一般当脯氨酸含量在10 $\mu g \cdot mL^{-1}$以下时,显色液中茚三酮的浓度要达到10 $mg \cdot mL^{-1}$,才能保证脯氨酸充分显色。

(2)测定样品若进行过渗透胁迫处理,结果会更显著。

(3)此法也可用于干样品中脯氨酸含量的测定。

Ⅱ．植物体内甜菜碱含量的测定

一、实验原理

甜菜碱是一种分布很广的细胞相容性物质，藜科中的许多植物在盐渍、干旱胁迫下，细胞内会大量积累甜菜碱。测定甜菜碱的方法有许多种，现代的核磁共振（NMR）和质谱技术定量准确，灵敏度高，但对仪器设备要求很高；经典的比色法由于反应专一性不高，对准确性造成一定程度影响。用现代分析技术分析表明，一些藜科植物中，往往只含有1～2种甜菜碱类化合物，其中甘氨酸甜菜碱的含量是其他甜菜碱类化合物的500～1 000倍。化学比色法测得藜科一类植物中的甘氨酸甜菜碱含量与NMR测得的结果并无显著差异。化学比色法的原理是碘可与四价铵类化合物（QACs）反应，形成水不溶性的高碘酸盐类物质，此水不溶性物质可溶于二氯乙烷，在365 nm波长下具有最大的吸收值。甜菜碱类化合物与胆碱被碘沉淀所需的pH范围不同。根据甘氨酸甜菜碱含量等于四价铵化合物的量减去胆碱的量计算甜菜碱含量。

二、实验材料、设备和试剂

紫外分光光度计、离心机、Dowex 1 柱或 Dowexl 与 Aberlite(1+2)混合柱、Dowex 50 柱。

甲醇、氯仿、甜菜碱、胆碱。

三、操作步骤

1. 甜菜碱提取和纯化

以甲醇：氯仿：水＝12：5：3的比例配制甜菜碱提取液。1～2 g材料（例如菠菜叶片）加入10 mL甜菜碱提取液后进行研磨。匀浆液在60～70 ℃水浴中保温10 min。冷却后，于20 ℃下1 000×g离心10 min，收集水相。氯仿相再加10 mL提取液，反复振荡，离心取上层水相。下层氯仿相加入4 mL 50%甲醇水溶液，进行提取，离心。将上层水相合并，调pH至5～7，在70 ℃下蒸干，用2 mL水重新溶解。

2. 离子交换法纯化

将样品加入Dowexl柱（1 cm×5 cm，OH⁻）或Dowexl与Amberlite(1+2)混合柱中，用5倍柱体积的水洗柱，收集流出液。

流出液直接加入Dowex50(1 cm×5 cm，H⁺)柱中。先用大于5倍柱体积的水洗

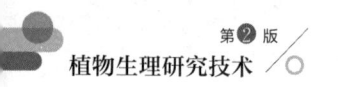

脱柱子。甜菜碱类化合物由 4 mol·L^{-1} 氨水洗脱而得,收集 pH 中性的流出液,于 50～60 ℃下蒸发除去水分,再用适当体积的水溶解。

3. 测定

(1)标准曲线制作:在 10～400 μg·mL^{-1} 范围内分别制作甜菜碱和胆碱标准曲线。

甜菜碱的标准曲线:配制 QACs 沉淀溶液时取 15.7 g 碘与 20 g KI 溶于 100 mL 1 mol·L^{-1} HCl 中,过滤,于－4 ℃下保存待用。每个浓度的标准溶液 0.5 mL 加入 0.2 mL QACs 沉淀溶液混匀,0 ℃下保温 90 min,间歇振荡。加入 2 mL 预冷水,迅速加入 20 mL 经 10 ℃预冷的二氯乙烷,在 4 ℃下剧烈振荡 5 min,4 ℃下静置至两相完全分开。恢复至室温,取下相测 OD$_{365}$。

胆碱的标准曲线:同上,但反应试剂用胆碱沉淀溶液取代即可。配制胆碱沉淀溶液时,取 15.7 g 碘与 20 g KI 溶于 100 mL 0.4 mol·L^{-1} pH 8.0 的 KH$_2$PO$_4$-NaOH 缓冲液中,过滤,于－4 ℃下保存待用。

(2)样品测定:按标准曲线制作方法分别测出四价铵化合物与胆碱的量,求出甜菜碱的含量。

实验二

植物细胞膜脂过氧化作用的测定

一、实验目的

通过实验,使学生加深对细胞膜脂过氧化作用的认识,掌握丙二醛测定的原理与技术。

二、实验原理

植物器官衰老或在逆境下遭受伤害时,往往发生膜脂过氧化作用。膜脂过氧化作用的产物比较复杂,包括一些醛类、烃类等。其产物之一丙二醛(MDA)从膜上产生的位置释放出后,可以与蛋白质、核酸反应,改变这些大分子的构型,或使之产生交联反应,从而丧失功能,还可使纤维素分子间的桥键松弛,或抑制蛋白质的合成。因此,研究中常以 MDA 含量来反映植物膜脂过氧化的水平和对细胞膜的伤害程度。

丙二醛(MDA)是常用的膜脂过氧化指标,在酸性和高温条件下,可以与硫代巴比妥酸(TBA)反应生成红棕色的三甲川(3,5,5-三甲基恶唑-2,4-二酮),其最大吸收波长在 532 nm。但是测定植物组织中 MDA 时受多种物质的干扰,其中最主要的是可溶性糖,糖与 TBA 显色反应产物的最大吸收波长在 450 nm,但 532 nm 处也有吸收。植物遭受干旱、高温、低温等逆境胁迫时可溶性糖增加,因此测定植物组织中 MDA-TBA 反应物质含量时一定要排除可溶性糖的干扰。低浓度的铁离子能够显著增加 TBA 与蔗糖或 MDA 显色反应物在 532、450 nm 处的消光度值,所以在蔗糖、MDA 与 TBA 显色反应中需一定量的铁离子,通常植物组织中铁离子的含量为 100~300 $\mu g \cdot g^{-1}$(干重),根据植物样品量和提取液的体积,加入 Fe^{3+} 的终浓度为 0.5 $\mu mol \cdot L^{-1}$。

1. 直线回归法

MDA 与 TBA 显色反应产物在 450 nm 波长下的消光度值为零。不同浓度的蔗糖(0~25 $mmol \cdot L^{-1}$)与 TBA 显色反应产物在 450 nm 的消光度值与 532 nm 和 600 nm 处的消光度值之差成正相关,配制一系列浓度的蔗糖与 TBA 显色反应后,测定上述三个波长的消光度值,求其直线方程,可求出糖分在 532 nm 处的消光度值。UV-120 型紫外可见分光光度计的直线方程为:

$$Y_{532} = -0.00198 + 0.088 D_{450} \quad \text{(公式 1)}$$

2. 双组分分光光度计法

据朗伯-比尔定律:$D = kCL$,当液层厚度为 1 cm 时,$k = D/C$,k 称为该物质的比吸收系数。当某一溶液中有数种吸光物质时,某一波长下的消光度值等于此混合液在该波长下各显色物质的消光度值之和。

已知蔗糖与 TBA 显色反应产物在 450 nm 和 532 nm 波长下的比吸收系数分别为 85.40 和 7.40。MDA 在 450 nm 波长下无吸收,故该波长的比吸收系数为 0,532 nm 波长下的比吸收系数为 155,根据两组分分光度计法建立方程组,求解方程得计算公式:

$$C_1 = 11.71 D_{450} \quad \text{(公式 2)}$$

$$C_2 = 6.45(D_{532} - D_{600}) - 0.56 D_{450} \quad \text{(公式 3)}$$

式中:C_1:可溶性糖的浓度($mmol \cdot L^{-1}$);

C_2:MDA 的浓度($\mu mol \cdot L^{-1}$);

D_{450}、D_{532}、D_{600} 分别代表 450、532 和 600 nm 波长下的消光度值。

三、实验材料、设备和试剂

1. 实验材料

受干旱、高温、低温等逆境胁迫的植物叶片或衰老的植物器官

2. 设备

(1)紫外可见分光光度计 1 台　　(2)离心机 1 台　　(3)电子天平 1 台
(4)10 mL 离心管 4 支　　(5)研钵 2 套　　(6)试管 4 支

(7)刻度吸管：10 mL 1 支，2 mL 1 支　(8)剪刀 1 把

3. 试剂

(1)10％三氯乙酸(TCA)；

(2)0.6％硫代巴比妥酸：先加少量的氢氧化钠(1 mol·L^{-1})溶解，再用 10％的三氯乙酸定容。

四、操作步骤

1. MDA 的提取

称取剪碎的试材 1 g，加入 2 mL 10％TCA 和少量石英砂，研磨至匀浆，再加 8 mL TCA 进一步研磨，匀浆在 4 000 rpm 离心 10 min，上清液为样品提取液。

2. 显色反应和测定

吸取离心的上清液 2 mL(对照加 2 mL 蒸馏水)，加入 2 mL 0.6％TBA 溶液，混匀物于沸水浴上反应 15 min，迅速冷却后再离心。取上清液测定 532、600 和 450 nm 波长下的消光度。

五、结果处理

1. 直线方程法

按公式 1 求出样品中糖分在 532 nm 处的消光度值 Y_{532}，用实测 532 nm 的消光度值减去 600 nm 非特异吸收的消光度值再减去 Y_{532}，其差值为测定样品中 MDA-TBA 反应产物在 532 nm 的消光度值。按 MDA 在 532 nm 处的毫摩尔消光系数为 155 换算求出提取液中 MDA 浓度。

2. 双组分分光光度法

按公式(公式 1)可直接求得植物样品提取液中 MDA 的浓度。

用上述任一方法求得 MDA 的浓度，根据植物组织的重量计算测定样品中 MDA 的含量：

$$\text{MDA 含量}(\mu mol \cdot g^{-1}) = \frac{\text{MDA 浓度}(\mu mol \cdot L^{-1}) \times \text{提取液体积}(mL)}{\text{植物组织鲜重}(g)}$$

六、注意事项

TBA 试剂最好现配现用。

七、问题讨论

有不少研究者认为，利用 TBA 反应法测定 MDA 含量容易出现误差，最好采用液

相色谱法进行测定。也可同时测定其他膜脂过氧化产物(如乙烷、己烷等)含量,共同反映膜脂过氧化水平。

实验三
植物细胞差别透性的测定

一、实验目的

通过测定高温和低温处理对生物膜的伤害程度,加深理解不良环境对植物造成的伤害。

二、实验原理

植物细胞膜起着调节控制细胞内外物质交换的作用,当膜受损伤时,物质易从细胞中外渗到周围环境中。当细胞受到高温或低温处理后,细胞膜差别透性就会改变或丧失,导致细胞内的物质(尤其是电解质)大量外渗,导致组织浸出液的电导率增大,通过测定外液电导率的变化即可反映出质膜受害程度和植物抗性的强弱。

本测定采用电导仪法,其原理是:小分子或生物大分子的电解质水溶液均可导电,并服从欧姆定律,即在溶液中两电极外加 V V 电压,流过的电流为 A A,则两极内的电阻为 R Ω($R=\dfrac{V}{A}$)。若溶液的电阻大,电导能力就小,因此把溶液电阻的倒数定为溶液的电导,以 S 表示($S=\dfrac{1}{R}=\dfrac{A}{V}$)。由此可见,测量电解质溶液的电导实际上是测其电阻。对电解质溶液而言,取面积为 $1\ cm^2$ 的两片电极,相距 $1\ cm$,中间的 $1\ cm^3$ 溶液所表现出来的电导称该溶液的比电导,也叫电导率,用 K 表示(即 $K=QS$),其单位为 $S\cdot cm^{-1}$,但实际应用时多采用 $\mu S\cdot cm^{-1}$;式中的 Q 为电极常数,由厂家测定后标在电极上,使用时应加以注意,当不知道其值时可参照 DDS-IIA 型电导率仪使用说明书的附录进行测定。

三、实验材料、设备和试剂

1. 实验材料

玉米或小麦幼苗;也可用其他植物叶片等

2. 设备

(1) 电导仪 1 部　　　　　　　　(2) 电冰箱 1 台
(3) 恒温箱 1 台　　　　　　　　(4) 恒温水浴锅 1 个
(5) 烧杯 100 mL 1 个　　　　　 (6) 量筒 20 mL 1 个
(7) 移液管 0.5 mL、2 mL 各 1 支　(8) 试管大、小各 4 支
(9) 镊子 1 把　　　　　　　　　(10) 试管夹 4 个
(11) 大头玻棒 1 根

3. 试剂

0.2%蒽酮-硫酸液：称 0.2 g 蒽酮溶于 100 mL 浓硫酸，当天新配。

四、操作步骤

1. 用具清洗

由于电导变化极为敏感，因此所用玻璃器具必须干净，先用去污粉（或洗液）洗涤，再用自来水和无离子水冲洗，然后倒置于垫有滤纸的干净瓷盘中，用纱布盖好。

2. 材料的培养

将吸胀露白点的小麦或玉米种子，均匀地放置尼龙网上，再把放好种子的尼龙网放于盛有水的瓷盘中，使长出的根穿过尼龙网并伸入水中，生长一周左右的根（最长约 2～3 cm 时）即可作为测定材料。

3. 处理

取出幼苗，尽量不要伤害根系，用镊子除去幼苗上残留的胚乳（种子）。先用自来水冲洗，再用无离子水漂洗数次，以除去伤口上的物质。然后以 10 株为一组，共三组，分别用大头玻棒轻轻送入大试管中，再分别置于 50 ℃的恒温箱、0～2 ℃的冰箱和室温下，处理 30 min，取出后，在每个大试管中各加 20 mL 无离子水，平衡 20 min，其间不断摇动，使外渗物均匀分布在溶液中。

4. 测定

平衡完后摇匀，将电极插入溶液中（不要贴着材料和管壁）测电导率。

5. 糖的检测

测完电导率后，分别从上述三支试管里各取 0.5 mL 溶液于另外三支试管中，另取一支试管加蒸馏水 0.5 mL 作对照，再向各管分别加入蒽酮-硫酸试剂 2 mL，摇匀。如果溶液变绿，即表明有糖存在；绿色越深，糖量越多。

6. 电导率的再测定

将装有材料的三支试管置沸水浴煮沸 10 min，以杀死细胞，使其质膜差别透性丧失，再以蒸馏水补加到原来的数量（事前在试管上做好记号），再如前述静置 20 min。到时取出幼苗，摇匀后再测一次电导率，按以下公式计算伤害率（或渗漏率）：

(1) 伤害率(%) = $\dfrac{处理电导率 - 对照电导率}{煮沸电导率 - 对照电导率} \times 100$

(2) 伤害率(%) = $\dfrac{处理电导率}{煮沸电导率} \times 100$

一般以(1)式为宜,但(2)式最简便。

五、注意事项

(1)三组处理的幼苗选择要尽量一致,可将相似的幼苗分别放入各组,则各组总体大致相同。

(2)一切用具器皿,事前均须洗净,并以蒸馏水冲洗。

(3)加入蒽酮-硫酸试剂后的溶液切勿将电极插入,否则将损坏电极。

六、结果处理

将实验结果记入表 10-2。

表 10-2 实验结果记载表

处理	电导率/μS·cm⁻¹ 煮沸前	电导率/μS·cm⁻¹ 煮沸后	伤害率/%	蒽酮反应(显色反应)
50 ℃				
0~2 ℃				
室温				
蒸馏水				
自来水				

七、问题讨论

(1)处理时间长短对电导率值测定会有影响吗?为什么?

(2)细胞受伤害后为何细胞膜透性会变大?

(3)据你所知,还有哪些因素会使细胞膜透性发生变化?透性增大,是否都属于反常现象?

附:DDS-IIA 型电导仪的使用要点

(1)将校正、测量开关扳到"校正"位置,打开电源开关,预热 15 min,指针稳定后调节校正调节器,指至满度。

(2)当使用 1~8 量程来测量电导率低于 300 μS·cm⁻¹ 的液体时,选用"低周",这时将高低周开关拨向"低周"即可;当使用 9~12 量程测定 300~105 $\mu S \cdot cm^{-1}$ 范围的液体时,则将高低周开关拨向"高周"。

(3)将量程选择开关拨到所需测量范围,如预先不知被测溶液电导率的大小,应先拨在高测量档,然后逐档下降,以防表针打弯。

(4)将电极固定在电极杆上,调节电极常数调节器,使其位置与该电极常数一致。将电极插头插入电极插口内,旋紧插口上的固定螺丝,再将电极浸入待测溶液中。

(5)调节校正调节器指示满度,为提高测量精度,当使用 9~11 档时,校正必须在电极浸入待测液中的情况下进行。

(6)将校正测量开关拨向"测量",这时指针示数乘以量程开关的倍数即为被测液的实际电导率。用 1、3、5、7、9、11 各档时。读表头刻度上面的值(0~1.0);用 2、4、6、8、10 各档时,读表头刻度下面的值(0~3.0)(表 10-3)。

表 10-3　电导仪的测量范围及其性能

量程	电导率/$\mu S \cdot cm^{-1}$	电阻率/$\Omega \cdot cm^{-1}$	测量频率	配套电极
1	0~0.1	$\infty \sim 10^7$	低周	DJS-I 型,光亮
2	0~0.3	$\infty \sim 3.33 \times 10^6$	低周	DJS-I 型,光亮
3	0~1	$\infty \sim 10^6$	低周	DJS-I 型,光亮
4	0~3	$\infty \sim 333.33 \times 10^3$	低周	DJS-I 型,光亮
5	0~10	$\infty \sim \times 10^5$	低周	DJS-I 型,光亮
6	0~30	$\infty \sim 333.33 \times 10^3$	低周	DJS-I 型,铂黑
7	0~10^2	$\infty \sim 10^4$	低周	DJS-I 型,铂黑
8	0~3×10^2	$\infty \sim 3.33 \times 10^3$	低周	DJS-I 型,铂黑
9	0~10^3	$\infty \sim 10^3$	高周	DJS-I 型,铂黑
10	0~3×10^3	$\infty \sim 333.3$	高周	DJS-I 型,铂黑
11	0~10^4	$\infty \sim 100$	高周	DJS-I 型,铂黑
12	0~10^5	$\infty \sim 10$	高周	DJS-10 型,铂黑

(7)当用 0~0.1 或 0~0.3 $\mu S \cdot cm^{-1}$ 这两档测量高纯度水时,应在电极未浸入水之前,调节电容补偿调节器,使指针指示最小然后开始测量。

(8)如要了解测量过程中外渗电导率的变化情况,可将 10 mV 输出接至自动记录仪上。

(9)测量高电导的样品溶液时,该仪器的灵敏度和精度会降低。因此,最好先将溶液稀释后再进行测量。

(10)为了防止漏电,在进行测定工作时,作品下面要垫绝缘布或塑料板,附近也不能有电源变压器,电动机等强磁场。仪器外壳必须有良好的接地线。

(11) 每测一个样品，必须用蒸馏水洗净电极，擦干或吸干水珠，然后才能再测下一样品。

实验四

植物热激蛋白的检测

一、实验目的

学习用 SDS-PAGE 方法测定蛋白质分子质量及染色鉴定。掌握垂直板电泳的操作方法。

二、实验原理

热激蛋白是在高温诱导下启动或表达量升高的一类蛋白质的统称，按其亚基的相对分子质量大小分为：smHsp、Hsp60、Hsp70、Hsp90 和 Hsp100 五个大类。热激蛋白的产生可用 SDS-PAGE 方法检测。

SDS 是一种阴离子表面活性剂，当向蛋白质溶液中加入足够的 SDS 时，会形成蛋白质-SDS 复合物，这使得蛋白质的电荷和构象都发生改变。SDS 使蛋白质分子的二硫键被还原，使各种蛋白质-SDS 复合物都带上相同密度的负电荷，而且此负电荷量大大超过了蛋白质分子原有的电荷量，因而掩盖了不同蛋白质间原有的天然电荷差别；在构象上，蛋白质-SDS 复合物形成近似"雪茄烟"形的长椭圆棒状，这样的蛋白质-SDS 复合物在酰胺中的迁移率就不再受蛋白质原来的电荷和形状的影响，而仅取决于蛋白质的相对分子质量。

聚丙烯酰胺凝胶（PAG）是由单体丙烯凝胶（Acr）和交联剂甲叉双丙烯酰胺（Bis）在加速剂四甲基乙二胺（TEMED）和催化剂过硫酸铵（AP）的作用下聚合交联而成的具有三维网状结构的凝胶。以此凝胶作为支持介质的电泳称为 PAGE。PAGE 分为连续系统和不连续系统两大类。连续系统电泳体系中缓冲溶液 pH 与凝胶中的相同，带电颗粒在电场作用下泳动，主要靠电荷和分子筛效应。不连续系统中带电颗粒在电场中泳动不仅有电荷效应、分子筛效应，还具有浓缩效应，因而其分离条带清晰度及分辨率均较前者更佳。

SDS-PAGE 是在蛋白质样品中加入 SDS 和含有巯基乙醇的样品处理液。SDS 是一种很强的阴离子表面活性剂，它可以断开分子内和分子间的氢键，破坏蛋白质分子的二级和三级结构。强还原剂巯基乙醇可以断开二硫键,破坏蛋白质的四级结构,使蛋白质分子被解聚成肽链形成单链分子。解聚后的侧链与SDS充分结合形成带负电荷的蛋白质-SDS复合物。在SDS-PAGE电泳时,相对分子质量小的蛋白质迁移速度快,相对分子质量大的蛋白质迁移速度慢,这样样品中的蛋白质就可以分开形成蛋白质条带。

当蛋白质的分子质量为17 000～165 000 kDa时,蛋白质-SDS复合物的电泳迁移率与蛋白质分子质量的对数呈线性关系。

将已知分子质量的标准蛋白质在SDS-PAGE中的电泳迁移率对分子质量的对数作图,即可得到一条标准曲线。只要测得未知分子质量的蛋白质在相同条件下的电泳迁移率,就能根据标准曲线求得其分子质量。

三、实验材料、设备和试剂

1. 实验材料
玉米、水稻等叶片

2. 设备
(1)光照培养箱　　　　(2)冷冻离心机　　　　(3)水浴恒温振荡器
(4)电泳仪　　　　　　(5)垂直板电泳槽　　　(6)真空泵
(7)培养皿　　　　　　(8)微量注射器　　　　(9)尼龙网

3. 试剂
(1)蛋白质溶解液:含62.5 mmol·L^{-1}的Tris-HCl(pH 6.8),2% SDS,10%甘油,5%巯基乙醇及0.001%溴酚蓝。

(2)电极缓冲液:3 g Tris、14.4 g甘氨酸、1 g SDS溶于800 mL蒸馏水中,用HCl调pH至8.3,加水定容至1 000 mL。

(3)考马斯亮蓝染色液:0.5 g考马斯亮蓝R-250溶于90 mL甲醇中,再加入20 mL冰乙酸和90 mL水,混匀。

(4)脱色液:37.5 mL冰乙酸,25 mL甲醇,加水定容至500 mL。

(5)标准蛋白:牛血清白蛋白,分子质量为66 200 kDa。

(6)母胶:丙烯酰胺30g,甲叉双丙烯酰胺(Bis)0.8 g溶于100 mL蒸馏水中,过滤后备用,4 ℃避光保存。

(7)琼脂

(8)甲叉双丙烯酰胺

(9)丙烯酰胺

(10)SDS

(11)过硫酸铵

(12)TEMED

(13) 氯化钠

(14) 75 mmol·L^{-1} 磷酸缓冲溶液(pH 7.8)

(15) 丙酮

四、操作步骤

1. 材料准备

取种子用水吸胀,萌动后种植于湿沙或垫有吸水纸的磁盘中,当幼苗长至3或4片叶时用作实验材料。将实验材料分成2组,其中一组在42 ℃培养2 h,另一组室温培养2 h。

2. 蛋白质提取

取正常培养豌豆叶和经高温胁迫处理的叶各5 g,加入3 mL预冷的蛋白质提取液,研磨成匀浆,匀浆液以15 000×g,低温离心20 min,上清液用4倍的冷丙酮沉淀,以8 800×g低温离心10 min,将所获蛋白质沉淀称重,按1 mg·mL^{-1} 溶液比例加蛋白质溶解液溶解。

3. 用考马斯亮蓝法测定样品溶液中蛋白质含量

4. 装好垂直板电泳槽,用热琼脂封胶

制胶:分离胶和浓缩胶配置见表10-4,按比例混合分离胶中除过硫酸铵和TEMED以外的各部分,经真空泵抽气后,最后加入催化剂过硫酸铵,混匀,立即将胶缓缓灌于玻璃槽中(注意防止产生气泡),垂直放置电泳槽,立即在胶面上小心注入3~4 mm水层,吸干。同法制备浓缩胶,将胶注入制备好的分离胶上,插入梳子,静放聚合。胶聚合后,小心取出梳子,向样品槽中加入电极缓冲液。

表10-4 分离胶和浓缩胶的制备

储液	11%分离胶	3%浓缩胶
母胶	4.95 mL	1.0 mL
1.5 mol·L^{-1} Tris-HCl,pH 8.9	3.375 mL	—
0.5 mol·L^{-1} Tris-HCl,pH 6.7	—	2.5 mL
重蒸水	4.92 mL	6.3 mL
10%SDS	0.135 mL	0.1 mL
TEMED	6.75 mL	25 μL
10%过硫酸铵	108 μL	75 μL
总体积	13.5 mL	10 mL

待测样品处理:将加入了蛋白质溶解液的样品转移到带塞的小离心管中,轻轻盖上盖子在沸水浴中加热3 min,取出冷却后加样。

加样:用微量注射器分别取10 μL样品液,小心地加入到凝胶凹形样品槽底部,并

做好标记,边缘的样品槽中加标准蛋白。

　　电泳:将电泳仪的正极与下槽连接,页枚与上槽连接,打开电泳仪开关,开始时电流为 10 mA,待样品进入分离胶后,将电流调至 20~30 mA,电压一般为 100 V 左右。当溴酚蓝染料距硅胶框 1 cm 时,停止电泳,关闭电源。

　　染色和脱色:电泳结束后,取下凝胶膜,卸下硅胶框,用不锈钢药铲开短玻璃板,从凝胶板上切下一角作为加样标记,在两侧溴酚蓝染料区带中心,插入细铜丝作为前沿标记。加入染色液在 25 ℃ 下染色 6 h,水洗 1 或 2 次后加入脱色液,于 25 ℃ 恒温水浴振荡器上脱色,直至蛋白质区带清晰。凝胶可进行拍照或扫描处理,计算相对迁移率。

五、结果处理

　　对比分析电泳结果,经高温胁迫后出现的蛋白质或含量增加的蛋白质即为热激蛋白。

六、注意事项

　　(1)丙烯酰胺溶液存放时间不宜过长,否则影响电泳速度。
　　(2)安装电泳槽时,要注意均匀用力旋紧固定螺丝,避免缓冲液渗漏。
　　(3)用琼脂封底及灌胶时不能有气泡,以免电泳时影响电流的通过。
　　(4)加样时样品不能超过凹形样品槽。加样槽中不能有气泡,如有气泡,可用注射器针头挑除。
　　(5)低分子质量标准蛋白试剂盒开封后,溶于 200 μL 样品溶解液中,沸水浴中加热 3~5 min 后上样。

七、问题讨论

　　(1)样品液为何在加样前需要在沸水中加热几分钟?
　　(2)蛋白质电泳过程中,蛋白质分子迁移速率受到电泳系统中哪些因素的影响?

实验五

超氧化物歧化酶(SOD)活性的测定

一、实验目的

通过实验,使学生进一步了解 SOD 的作用机理,掌握利用 NBT 光化还原法测定 SOD 活性的原理与技术。

二、实验原理

超氧化物歧化酶(superoxide dismutase,SOD)是需氧生物中普遍存在的一种含金属酶。它与过氧化物酶、过氧化氢酶等酶协同作用防御活性氧或其他过氧化物自由基对细胞膜系统的伤害;超氧化物歧化酶可以催化氧自由基的歧化反应,生成过氧化氢和分子氧,过氧化氢又可以被过氧化氢酶转化成无害的分子氧和水。

$$2O_2^{\cdot -} + 2H^+ \xrightarrow{SOD} H_2O_2 + O_2$$

$$2H_2O_2 \xrightarrow{CAT} 2H_2O + O_2$$

由于 SOD 活力与植物抗逆性及衰老有密切关系,故成为植物逆境生理学的重要研究对象。可依据超氧化物歧化酶抑制氮蓝四唑(NBT)在光下的还原作用来测定酶活性大小。在有可氧化物存在下,核黄素可被光还原,被还原的核黄素在有氧条件下极易再氧化而产生,可将 NBT 还原为蓝色的化合物,后者在 560 nm 处有最大吸收值。而超氧化物歧化酶作为氧自由基的清除剂可抑制此反应。于是光还原反应后,反应液蓝色愈深,说明酶活性愈低,反之酶活性愈高。一个酶活性单位定义为将 NBT 的还原抑制到对照一半(50%)时所需的酶量。

三、实验材料、设备和试剂

1. **实验材料**

植物叶片

2. **设备**

(1)高速台式离心机　　　　　　　　(2)分光光度计
(3)微量加样器　　　　　　　　　　(4)15 mm×150 mm 试管
(5)荧光灯(反应试管处照度为 4 000 lx)　(6)黑色硬纸套

3. 试剂

(1) 0.05 mol·L⁻¹ 磷酸缓冲液(pH 7.8)。

(2) 提取介质:内含 1‰聚乙烯吡咯烷酮的 50 mmol·L⁻¹(pH 7.8)磷酸缓冲液。

(3) 130 mmol·L⁻¹ 甲硫氨酸(Met)溶液:称 1.399 g Met,用磷酸缓冲液溶解并定容至 100 mL。

(4) 750 μmol·L⁻¹ NBT:称取 0.061 33 g NBT,用磷酸缓冲液溶解并定容至 100 mL,避光保存。

(5) 100 μmol·L⁻¹ EDTA-Na₂ 溶液:取 0.037 21 g EDTA-Na₂ 用磷酸缓冲液稀释至 1 000 mL。

(6) 20 μmol·L⁻¹ 核黄素溶液:取 0.007 5 g,定容至 1 000 mL,避光保存,随用随配。

四、操作步骤

1. 酶液提取

取一定部位的植物叶片(视需要定是否去叶脉)0.5 g 于预冷的研钵中,加 2 mL 预冷的提取介质在冰浴下研磨成匀浆,加入提取介质冲洗研钵,并使终体积为 10 mL。取 5 mL 于 4 ℃下 10 000 rpm 离心 15 min,上清液即为 SOD 粗提液。

2. 显色反应

取透明度好、质地相同的 15 mm×150 mm 试管 4 支,2 支为测定、2 支为对照,按表 10-5 加入试剂。

表 10-5　显色反应试剂配制表

试剂名称	用量/mL	终浓度(比色时)
0.05 mol·L⁻¹ 磷酸缓冲液	1.5	5 mmol·L⁻¹
130 mmol·L⁻¹ Met 溶液	0.3	13 mmol·L⁻¹
750 μmol·L⁻¹ NBT	0.3	75 μmol·L⁻¹
100 μmol·L⁻¹ EDTA-Na₂ 溶液	0.3	10 μmol·L⁻¹
20 μmol·L⁻¹ 核黄素溶液	0.3	2.0 μmol·L⁻¹
酶液	0.1	对照试管中以缓冲液代替
蒸馏水	0.5	
总体积	3.3	

试剂加完后充分混匀,给 1 支对照管罩上比试管稍长的双层黑色硬纸套遮光,与其他各管同时置于 4 000 lx 日光灯下反应 20~30 min(要求各管照光情况一致,反应

温度控制在 25~35 ℃之间,视酶活性高低适当调整反应时间)。

3. 比色测定

反应结束后,以不照光的对照管作空白,分别测定其他各管在 560 nm 波长下的吸光度。

五、结果处理

比色后,按照下式计算 SOD 活性:

$$SOD 活性 = \frac{(A_o - A_s) \times V_t}{A_o \times 0.5 \times FW \times V_1}$$

$$SOD 比活力 = \frac{SOD 总活性}{蛋白质浓度}$$

式中:SOD 活性以每克鲜重酶单位表示;比活力单位以每毫克蛋白酶单位表示。

A_o——照光对照管的吸光值;
A_s——样品管的吸光值;
V_t——样液总体积(mL);
V_1——测定时样品用量(mL);
FW——样品鲜重(g);
蛋白质浓度单位为每克鲜重含蛋白毫克数($mg \cdot g^{-1}$)。

六、注意事项

(1)核黄素产生 $O_2^{\cdot -}$,NBT 还原为蓝色的化合物都与光密切相关,因此,测定时要严格控制光照的强度和时间。

(2)植物中的酚类对测定有干扰,制备粗酶液时可加入聚乙烯吡咯烷酮(PVP),尽可能除去植物组织中的酚类等次生物质。

(3)测定 SOD 活性时加入的酶量,以能抑制反应的 50% 为佳。

七、问题讨论

当测定样品数量较大时,可在临用前根据用量将显色反应试剂配制表中各试剂(酶液和核黄素除外)按比例混合后一次加入 2.90 mL,然后依次加入核黄素和酶液,使终浓度不变,其余各步与上相同。

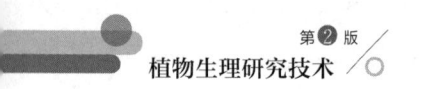

实验六

过氧化氢酶活性的测定

一、实验目的

学习植物组织中过氧化氢酶活性的测定原理与方法。

二、实验原理

过氧化氢酶属于血红蛋白酶,含有铁,位于微体中。其重要功能是在叶中除去光呼吸时产生的过氧化氢,催化体内积累的过氧化氢(H_2O_2)分解为水和分子氧,从而减少 H_2O_2 对植物组织可能造成的氧化伤害。

在过氧化氢酶催化 H_2O_2 分解为水和分子氧的过程中,该酶起电子传递作用,而 H_2O_2 既是氧化剂又是还原剂。

$$2H_2O_2 \xrightarrow{\text{过氧化氢酶}} 2H_2O + O_2$$

根据反应过程中的消耗量来测定该酶的活性。过氧化氢在波长 240 nm 处具有吸收峰,利用紫外分光光度计可以检测过氧化氢含量的变化。

三、实验材料、设备和试剂

1. 实验材料

经逆境处理的绿豆幼苗、芹菜或鲜茶叶

2. 设备

(1)研钵　　　　(2)高速冷冻离心机　(3)紫外分光光度计　(4)计时器
(5)微量移液管　(6)离心管　　　　　(7)容量瓶　　　　　(8)石英比色杯

3. 试剂

(1)0.1 mol·L^{-1} 磷酸缓冲溶液(pH 7.5):配制方法见附表。

(2)500 mmol·L^{-1} 磷酸缓冲溶液(pH 7.5):配制方法见附表。

(3)提取缓冲液:称取 77 mg DTT、5 g PVP,用 0.1 mol·L^{-1} 磷酸缓冲溶液(pH 7.5)溶解,定容至 100 mL,即得提取缓冲液,低温(4 ℃)储藏备用。

(4)20 mmol·L^{-1} H_2O_2 溶液:用 500 mmol·L^{-1} 磷酸缓冲溶液(pH 7.5)稀释至 100 mL,现用现配,低温避光保存。

四、操作步骤

1. 酶液制备

称取 5 g 样品,加入 5 mL 提取缓冲液,在冰浴条件下研磨成匀浆,于 4 ℃、$1\,200\times g$ 离心 30 min,收集上清液,即为酶提取液。测量酶提取液总体积,低温保存备用。

2. 活性测定

酶促反应体系是由 2.9 mL 20 mmol·L^{-1} H$_2$O$_2$ 溶液和 100 μL 组成。以蒸馏水为空白对照,在反应 15 s 时开始记录反应体系在波长 240 nm 处的吸光度,作为初始值,然后每隔 30 s 记录一次,连续测定,至少获得 6 个点的数据,重复 3 次。

五、结果处理

1. 记录测定的数据(表 10-6)

表 10-6 测定的数据

重复次数	样品质量 m/g	提取液体积 V/mL	吸取样品液体积 V_s/mL	240 nm 处吸光度 OD$_0$ OD$_1$ OD$_2$ OD$_3$ OD$_4$ OD$_5$ ΔOD 计算值	过氧化氢酶活性/ 0.01 ΔOD$_{240}$·(min·g)$^{-1}$ 平均值± 标准偏差
1					
2					
3					

2. 计算结果

记录反应体系在 240 nm 处的吸光度,制作 OD$_{240}$ 值随时间变化曲线,根据曲线的初始线性部分(从时间 I 到时间 F)计算每分钟吸光度变化值 OD$_{240}$:

$$\Delta OD_{240} = \frac{OD_{240F} - OD_{240I}}{t_F - t_I}$$

式中,ΔOD$_{240}$ 为每分钟反应混合物吸光度变化值;OD$_{240F}$ 为反应混合物吸光度终止值;OD$_{240I}$ 为反应混合液吸光度初始值;t_F 为反应终止时间(min);t_I 为反应初始时间(min)。

以每克植物组织样品(鲜重)每分钟吸光度变化值减少 0.01 为 1 个过氧化氢酶活性单位,单位是 0.01ΔOD$_{240}$/(min·g),计算公式:

$$U = \frac{0.01 \times \Delta OD_{240} \times V}{V_s \times m}$$

式中,V 为样品提取液总体积(mL);V_s 为测定时所取样品提取液体积(mL);

m 为样品质量(g)。

另外,用不同浓度的 H_2O_2 溶液制作标准曲线。根据吸光度值变化,参照标准曲线,可以反映底物 H_2O_2 溶液的消耗量来表示过氧化氢酶活性,即 $\mu mol/(min \cdot mg$ 蛋白质)。

六、问题讨论

(1) 底物浓度(H_2O_2)过高会对过氧化氢酶活性的测定结果产生什么影响?
(2) 本试验中酶促反应体系底物浓度或酶量能否调整?
(3) 用紫外分光光度计测定样品浓度时为什么要用石英比色杯?

实验七

过氧化物酶活性的测定

方法一

一、实验目的

学习测定植物组织中过氧化物酶活性的方法。

二、实验原理

过氧化物酶广泛存在于植物体内,该酶催化 H_2O_2 氧化,以清除 H_2O_2 对细胞生物功能分子的破坏作用。在有存在的条件下,过氧化物酶使愈创木酚氧化,生成茶褐色物质,可用分光光度计测定 470 nm 处茶褐色物质的生成量以检测 POD 活性。

三、实验材料、设备和试剂

1. 实验材料

经逆境处理的植物幼苗

2. 设备

(1)电子天平 (2)离心机 (3)磁力搅拌器 (4)研钵 (5)烧杯 (6)移液管

3. 试剂

(1)反应混合液：100 mmol·L^{-1} 磷酸缓冲溶液(pH 6.0)5 mL，加入愈创木酚 28 μL，于磁力搅拌器上加热溶解，待溶液冷却后，加入30% H_2O_2 19 μL 混合摇匀，保存于冰箱中。

(2)愈创木酚

(3)30% H_2O_2

(4)20 mmol·L^{-1} KH_2PO_4

(5)100 mmol·L^{-1} 磷酸缓冲溶液(pH 6.0)

四、操作步骤

1. POD 的提取

称取植物材料 1 g，加入 10 mL 20 mmol·L^{-1} KH_2PO_4，于研钵中研磨成匀浆，以 4 000 rpm 离心 15 min，收集上清液，低温保存。

2. POD 活性的测定

取分光光度计比色杯 2 只(半径 1 cm)，在其中一只加入 3 mL 反应混合液和 1 mL KH_2PO_4 作为对照；另一只加入 3 mL 反应混合液和 1 mL 上述酶液，立即开启秒表计时，测定 470 nm 处 OD 值，每隔 1 min 读数一次。

五、结果处理

计算所测植物材料的 POD 活性，如果样品为蛋白质则表示单位为 $\Delta OD_{470}/(min·g)$；如果样品为植物材料，则用 $\Delta OD_{470}/(min·g)$ 表示，此处 g 为鲜重。分析逆境处理的材料 POD 活性变化的原因。

方法二

一、实验原理

过氧化物酶(Peroxidase, POD)是一种含铁卟啉的金属蛋白质，广泛存在于植物中，已发现它有 20 多种同工酶，加水研磨植物材料时，大部分酶被沉淀，若用碱金属或碱土金属的盐溶液处理此沉淀，则酶可全部转入溶液中。此酶的分子量较小，约

40 kD,容易透过滤纸。在 POD 存在下,愈创木酚能被 H_2O_2 所氧化成红褐色的四愈创木酚,颜色深浅与酶的活性相关。

$$4C_6H_4\begin{matrix}OH\\OCH_3\end{matrix} + 4H_2O_2 \xrightarrow{POD} \begin{matrix}O\cdot C_6H_3(OCH_3)\cdot C_6H_3(OCH_3)\cdot O\\\|\quad\quad\quad\quad\quad\quad\quad\quad\quad\quad\|\\O\cdot C_6H_3(OCH_3)\cdot C_6H_3(OCH_3)\cdot O\end{matrix} + 8H_2O$$

愈创木酚在中性溶液中也能被过硫酸铵缓慢地氧化成四愈创木酚。银离子($AgNO_3$)与 POD 一样则能加速此反应。

$$4C_6H_4\begin{matrix}OH\\OCH_3\end{matrix} + 4(NH_4)_2S_2O_3 \xrightarrow{Ag^+} \begin{matrix}O\cdot C_6H_3(OCH_3)\cdot C_6H_3(OCH_3)\cdot O\\\|\quad\quad\quad\quad\quad\quad\quad\quad\quad\quad\|\\O\cdot C_6H_3(OCH_3)\cdot C_6H_3(OCH_3)\cdot O\end{matrix} + 4(NH_4)_2SO_4 + 4H_2SO_4$$

通过比较研究发现,酶与银离子的浓度以及酶的活性在 20 ℃ 条件下,在 15 min 内是一致的。因此,根据对银离子的标准曲线即可求得被氧化的愈创木酚的量,从而计算出酶的活性,以被氧化的愈创木酚 $\mu mol\cdot g^{-1}FW\cdot min^{-1}$ 表示。

二、实验材料、设备和试剂

1. 实验材料
同方法一

2. 设备
(1)721 型分光光度计
(2)恒温水浴锅
(3)50、100 mL 容量瓶
(4)研钵
(5)1、5、10 mL 移液管
(6)试管

3. 试剂
(1)5% 硝酸钙

取 5 g $Ca(NO_3)_2\cdot 4H_2O(A\cdot A)$溶于 100 mL 水。

(2)0.3% 愈创木酚

吸取 0.3 mL 愈创木酚(若为固体应将容器浸入热水中溶化,冷却后使用)于 100 mL 容量瓶中加水 50 mL 振摇使之完全溶解,定容后摇匀,贮于棕色瓶内。

(3)0.05 NH_2O_2

吸取 0.33 mL 30% H_2O_2 以水稀至 100 mL,有效期 3~5 d。

(4)3% 过硫酸铵

取 3 g $(NH_4)_2S_2O_3(A\cdot R)$,溶于水中定容至 100 mL,有效期 1 d。

(5)0.54 N 硫酸

取 1.5 mL $H_2SO_4(A\cdot R\cdot dl\cdot 84)$于 50 mL 水中,再定容至 100 mL。

(6)丙酮(A·R)

(7)硝酸银标准液

取 AgNO₃ 结晶(A·R)0.0787 g 加水溶解后定容至 100 mL,贮于棕色瓶,该液含 Ag⁺ 0.5 mg·mL⁻¹。

三、操作步骤

1. 绘制标准曲线

取编号试管 7 支,分别加入硝酸银标准液 0、0.5、1、2、3、4 和 5 mL,并补加水至 8 mL,再加入 1 mL 0.3% 愈创木酚,摇匀,浸入 20 ℃ 水浴中保温 3～5 min,待试管中温度达到 20 ℃ 后,除 1 号管加水 1 mL 外,其余各管每隔 1 min 相继加入 1 mL 3% 的过硫酸铵,摇匀,在 20 ℃ 水浴中继续作用,达到 15 min(以加入过硫酸铵算起)时,立即于各管相继加入 2 mL 0.54 N 硫酸摇匀,以终止颜色变化,以 1 号管作参比,用 1 cm 厚度比色皿在分光光度计上分别测定各管溶液在 475 nm 波长处的 OD 值,然后以 Ag⁺ 浓度为横轴,OD 值为纵轴,绘制标准曲线。

2. 样品测定

(1)制样与提酶

称取剪碎混合的植物材料 1～4 g(视酶活性大小而定,硬质材料可加入少许石英砂)加硝酸钙溶液 1～2 mL 于研钵中,研磨细碎后,再加硝酸钙溶液约 5～10 mL 研成匀浆,并转入和清洗到 50 mL 容量瓶内,定容后振摇 5 min,静置 20 min,过滤,得酶液。

(2)测定

取试管三支,吸取样(酶)液 1～8 mL(视酶活性大小而定),补加水至 8 mL,再加入 1 mL 0.3% 愈创木酚,摇匀,浸入 20 ℃ 水浴,约 3～5 min 待试液温度达到 20 ℃ 时,分别加入 1 mL 0.05 N H₂O₂ 混合,放入 20 ℃ 水浴中,准确作用 15 min(从加入 H₂O₂ 时算起)立即加入 2 mL 丙酮以终止颜色变化,摇匀后,以另一支试管取 9 mL 水加 1 mL 酚液和 2 mL 丙酮作参比,测各管的 OD 值。

(3)计算

将测得的样品液的 OD 值在标准曲线上查出相应的 Ag⁺ 量,再按下式计算出 POD 活性。

$$A = 50 \times 2.53 \times C/15 \times V \times W$$

式中:A 为 20 ℃ 下 POD 活性(氧化愈创木酚 $\mu mol \cdot g^{-1} FW \cdot min^{-1}$)

C 为根据曲线查得的 Ag⁺ 浓度($mg \cdot 12\ mL^{-1}$)

V 为测定时所用样液体积(mL)

W 为样品重量(g FW)

50 为提取液总量(mL)

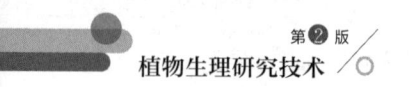

15 为酶作用时间(min)

2.53 为 20 ℃下，1 μg Ag$^+$ 存在时，15 min 所氧化的愈创木酚的微摩尔数(μmol)。

实验八

过氧化氢含量的测定

一、实验目的

学习植物组织中过氧化氢含量测定的原理和方法。

二、实验原理

植物组织内积累的 H_2O_2 是由一些氧化酶(主要是超氧化物歧化酶 SOD，其他如氨基酸氧化酶、葡萄糖氧化酶、乙二醇氧化酶)催化超氧阴离子发生氧化反应而形成。H_2O_2 相对超氧阴离子性质较稳定，但还是一种催化剂，它的存在可以直接或间接地导致细胞膜脂质过氧化损害，加速细胞衰老和解体。H_2O_2 也有其积极的一面，如参与植物抗病性和抗逆性的启动和诱导性过程。因此，了解植物组织中 H_2O_2 的代谢具有重要的意义。

H_2O_2 与四氧化钛(或硫酸钛)反应生成过氧化物-钛复合物黄色沉淀，溶解于硫酸后，可在波长 412 nm 处比色测定。在一定范围内，其颜色深浅与 H_2O_2 浓度呈线性关系。

三、实验材料、设备和试剂

1. 实验材料

玉米、水稻、芹菜等

2. 设备

(1) 研钵

(2) 高速冷冻离心机

(3) 微量移液枪

(4) 离心管

(5)通风橱

(6)试管

(7)容量瓶

(8)分光光度计

3. 试剂

(1)−20 ℃预冷丙酮

(2)浓氨水

(3)2 mmol·L^{-1}硫酸:取10 mL浓硫酸,稀释至90 mL。

(4)10% v/v 四氯化钛-盐酸溶液:在通风橱中,将10 mL四氯化钛缓慢加入到90 mL浓盐酸中。轻轻地在操作台上平摇,使四氯化钛充分溶解。将试剂转入到棕色瓶中,密封,4 ℃保存。

(5)100 μmol·L^{-1} H$_2$O$_2$-丙酮试剂:取57 μL 30%分析H$_2$O$_2$纯溶液,溶于重蒸水中,定容至100 mL,得10 mmol·L^{-1} H$_2$O$_2$溶液。取1 mL该溶液,溶于丙酮中,并用丙酮定容至100 mL,即为100 μmol·L^{-1} H$_2$O$_2$-丙酮试剂。H$_2$O$_2$试剂要保证新鲜,不能使用库存多年的。

四、操作步骤

1. 制作标准曲线

取6支试管,编号0~5,在通风橱中向各试管加入表10-7所列试剂(注意:在加入四氯化钛和浓氨水时,要直接加入到溶液中,以减少挥发损失和管壁附着损失),混匀,反应5 min后,12 000×g,4 ℃离心15 min。弃上清液,留沉淀,并向各试管沉淀中加入2 mol·L^{-1}硫酸3 mL,摇动,使沉淀完全溶解。以0号试管对照调零,波长412 nm处比色测定溶液的吸光度。以吸光度值为纵坐标,H$_2$O$_2$物质的量(nmol)为横坐标,制作标准曲线。

表 10-7 H$_2$O$_2$ 浓度标准曲线各试剂加入量

项目	0	1	2	3	4	5
100 μmol·L^{-1} H$_2$O$_2$-丙酮试剂/mL	0	0.2	0.4	0.6	0.8	1.0
−20 ℃预冷丙酮/mL	1.0	0.8	0.6	0.4	0.2	0
10%四氯化钛-盐酸溶液/mL	0.1	0.1	0.1	0.1	0.1	0.1
浓氨水/mL	0.2	0.2	0.2	0.2	0.2	0.2
相当于H$_2$O$_2$物质的量/nmol	0	20	40	60	80	100

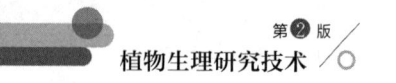

2. 提取

称取 5 g 样品,加入 5 mL 预冷的丙酮,在通风橱中冰浴条件下研磨成匀浆后,12 000×g,4 ℃离心 20 min,收集上清液,测量提取液总体积。

3. 测定

吸取上清液 1 mL,加入表 10-7 所列各试剂(以 5 号管为准),按制作标准曲线相同的程序进行操作。但需要用−20 ℃预冷丙酮将离心得到的沉淀物反复洗涤 2 或 3 次,直到除去色彩,再向沉淀物中加入 3 mL 2 mol·L^{-1} 硫酸,待沉淀完全溶解后进行比色测定,重复 3 次。

五、结果处理

根据溶液吸光度,从标准曲线上查出相应的过氧化氢的物质的量,表示单位为鲜重。计算公式:

$$过氧化氢含量(nmol \cdot g^{-1} 鲜重) = \frac{n \times V}{V_s \times m}$$

式中:n 为标准曲线查得的溶液中过氧化氢物质的量(nmol),V 为样品提取液总体积(mL);V_s 为吸取样品液总体积;m 为样品鲜重(g)。

六、注意事项

(1)可用 5%硫酸钛代替 10%四氯化钛进行实验。在配置四氯化钛溶液时,一定要在通风橱中小心仔细地操作。

(2)在测定过程中滴加四氯化钛溶液和浓氨水时,要将它们直接滴加到试管内的溶液中,不能沾在管壁上,然后迅速混匀。

(3)过氧化物-钛复合物黄色沉淀溶解于硫酸需要一定时间,必须等待沉淀完全溶解,否则会影响比色测定的结果。

七、问题讨论

(1)加入的四氯化钛和浓氨水的量对测定结果有什么影响?

(2)过氧化氢试剂能溶解于水,本实验能否用蒸馏水提取植物组织中的过氧化氢?为什么?

实验九

超氧阴离子产生速率的测定

一、实验目的

学习测定植物组织中超氧阴离子产生速率的方法。

二、实验原理

超氧阴离子自由基($O_2^{·-}$)(也可写作 O_2^-)能与羟胺反应,生成 NO_2^-,NO_2^- 能与对氨基苯磺酸和 α-萘胺反应生成粉红色的偶氮染料,该染料在 530 nm 波长处具有显著光吸收。因此,利用羟胺氧化的方法可以测定植物组织中超氧阴离子的产生速率。

超氧阴离子自由基($O_2^{·-}$)与羟胺反应式如下:

$$NH_2OH + 2O_2^{·-} + H^+ \longrightarrow NO_2^- + H_2O_2 + H_2O$$

可用 KNO_2 制作标准曲线,以 NO_2^- 浓度乘以 2 作为 $O_2^{·-}$ 浓度,计算出样品中 $O_2^{·-}$ 的产生速率。

三、实验材料、设备和试剂

1. 实验材料

玉米、水稻、芹菜等

2. 设备

(1)研钵　　　(2)高速冷冻离心机　　(3)微量移液枪　　(4)离心管
(5)水浴锅　　(6)试管　　　　　　　(7)容量瓶　　　　(8)分光光度计

3. 试剂

(1)65 mmol·L^{-1} 磷酸钾缓冲溶液(pH 7.8)。

(2)提取缓冲液:称取 29.2 mg EDTA、2 g PVP,取 0.3 mL Triton-X-100,加入到 65 mmol·L^{-1} 磷酸钾缓冲溶液中,溶解后定容至 100 mL,混匀。

(3)10 mmol·L^{-1} 盐酸羟胺溶液。

(4)58 mmol·L^{-1} 对氨基苯磺酸溶液:称取 1.004 g 对氨基苯磺酸,用冰乙酸:水(体积比 3:1)溶解,并定容至 100 mL。

(5)7 mmol·L^{-1} α-萘胺溶液:称取 100.02 mg α-萘胺,用冰乙酸:水(体积比 3:1)溶解,并定容至 100 mL。

(6)100 $\mu mol \cdot L^{-1}$ KNO_2 标准溶液:称取 85.1 mg KNO_2,用蒸馏水溶解,并定容至 100 mL,即为 100 mol · L^{-1} KNO_2 溶液。取 1 mL 该溶液,稀释至 100 mL,即为 100 $\mu mol \cdot L^{-1}$ KNO_2 标准溶液。根据 $O_2^{\cdot -}$ 与羟胺的反应式,计算出此溶液相当于 200 $\mu mol \cdot L^{-1}$ O_2^{-}。

四、操作步骤

1. 制作标准曲线

取 7 支试管,编号 0～6,按表 10-8 分别加入各种试剂,摇匀。置 25 ℃保温箱 20 min。分别加入 1 mL 58 mmol 对氨基苯磺酸溶液和 1 mL 7 mmol · L^{-1} α-萘胺溶液,摇匀,25 ℃保温 20 min,以 0 号管为对照进行调零,立即在波长 530 nm 处测定吸光度。以吸光度值为纵坐标,超氧阴离子物质量(μmol)为横坐标,制作标准曲线(表 10-8)。

表 10-8　KNO_2 绘制标准曲线各试剂加入量

项目	0	1	2	3	4	5	6
100 $\mu mol \cdot L^{-1}$ KNO_2 标准液/mL	0	0.1	0.2	0.3	0.4	0.5	0.6
蒸馏水/mL	1.0	0.9	0.8	0.7	0.6	0.5	0.4
50 mmol · L^{-1} 磷酸缓冲液(pH 7.8)/mL	1.0	1.0	1.0	1.0	1.0	1.0	1.0
1 mmol · L^{-1} 盐酸羟胺溶液/mL	1.0	1.0	1.0	1.0	1.0	1.0	1.0
相当于超氧阴离子物质的量/μmol	0	0.02	0.04	0.06	0.06	0.10	0.12

2. 提取

取逆境处理的芹菜叶,正常条件下生活的叶片作为对照,剪碎后混匀,分别称取 1 g 样品,加入 3 mL 提取缓冲液,在冰浴条件下研磨匀浆,于 12 000×g、4 ℃离心 20 min,收集上清液,测量样品提取液总体积,此液为植物 $O_2^{\cdot -}$ 提取液。

3. 测定

取 0.5 mL 上清液,加入 0.52 mL 50 mmol · L^{-1} 磷酸钾缓冲液和 0.1mL 10 mol · L^{-1} 盐酸羟胺溶液,摇匀,25 ℃保温 20 min。取出后加入 1 mL 58 mmol · L^{-1} 对氨基苯磺酸溶液和 1 mL 7 mmol · L^{-1} α-萘胺溶液,混匀,25 ℃保温 20 min。加入等体积三氯甲烷萃取色素,10 000 rpm 离心 3 min,取上层粉红色水相,测定 530 nm 处吸光度。

五、结果处理

根据样品管显色液与对照管显色液吸光值的差值，从标准曲线上查出相应的超氧阴离子物质的量，以每分钟每克鲜重组织产生的超氧阴离子物质的量作为超氧阴离子的产生速率，表示为 $n\ mol \cdot min^{-1} \cdot g^{-1}$。计算公式：

$$超氧阴离子(O_2^{\cdot -})产生速率[nmol \cdot min^{-1} \cdot g^{-1}] = \frac{n \times V \times 1\,000}{V_s \times t \times m}$$

式中，n 为标准曲线查得的溶液中超氧阴离子物质的量(μmol)；V 为样品提取液总体积(mL)；V_s 为吸取样品液体积(mL)；t 为样品与羟胺反应的时间(min)；m 为样品质量(g)。

测得样品中蛋白质含量后，也可以 nmol/[min·(mg 蛋白质)]表示超氧阴离子($O_2^{\cdot -}$)的产生速率。

六、问题讨论

本实验设置对照可以消除哪些影响因素？

实验十

羟自由基清除率的测定

一、实验目的

学习和掌握测定植物组织内羟自由基清除率的方法。

二、实验原理

在植物生命活动的氧化代谢过程中不断产生各种自由基，其中羟自由基(·OH)是体内最活泼的活性氧，可介导许多生理变化。例如，引发不饱和脂肪酸发生脂质过氧化反应，并损伤膜结构及功能。因此，羟自由基的检测对于自由基的生物作用研究具有重要意义。

测定羟自由基的方法有分光光度法、化学发光法、荧光法、电子自旋共振法、高效液相色谱法等。分光光度法被认为是简便实用的方法,其测定原理:利用 Fenton 反应产生的羟自由基,用二甲基亚砜捕集·OH,产生的甲基亚磺酸与有机染料试剂坚牢蓝BB盐反应生成偶氮砜,经甲苯:正丁醇(3:1,v/v)混合物萃取后,用比色法测定溶液吸光度值。

通过分析植物提取液捕获反应液中产生的·OH 量,可计算植物自由基消除的百分率。

三、实验材料、设备和试剂

1. 实验材料

逆境胁迫的植物材料

2. 设备

紫外可见光分光光度计

3. 试剂

(1) 200 mmol·L^{-1} 二甲基亚砜   (2) 0.1 mmol·L^{-1} HCl

(3) 18 mmol·L^{-1} FeSO$_4$ (4) 80 mmol·L^{-1} H$_2$O$_2$

(5) 15 mmol·L^{-1} 坚牢蓝 BB 盐   (6) 正丁醇饱和的水溶液

(7) 其他试剂:正丁醇、甲苯、硫酸、吡啶

四、操作步骤

(1) 称取植物材料 5 g,加入 5 mL 去离子水研磨至匀浆,再加入 15 mL 去离子水,浸泡 4 h,3 000×g 离心 30 min,取上清液。

(2) 取 1 支 10 mL 刻度具塞试管,加入 2 mL 200 mmol·L^{-1} 二甲基亚砜,1 mL 0.1 mmol·L^{-1} HCl,2.5 mL 18 mmol·L^{-1} FeSO$_4$、3 mL 80 mmol·L^{-1} H$_2$O$_2$,最后加去离子水补充至刻度,混匀,作反应液。

(3) 取 1 mL 反应液,加入一定量的植物提取液,与 2 mL 15 mmol·L^{-1} 坚牢蓝BB盐混合,在室温黑暗中反应 10 min,再加入 1 mL 吡啶使颜色稳定,然后加 3 mL 甲苯:正丁醇(3:1,v/v)混合液,充分混合,静置分层,用吸管移走下层相(含有未反应的偶氮盐)并弃掉;上层为甲苯/正丁醇相,用 5 mL 经正丁醇饱和的水溶液冲洗,静置分层,将上清液移到比色皿中,测定 420 nm 处吸光度 A_x。

(4) 另取 1 支试管,不加植物提取液,其他同步骤 3。测定 420 nm 处吸光度 A_0。

五、结果处理

计算植物组织内羟自由基清除率:

$$清除率(\%)=(A_0-A_x/A_0)\times 100$$

式中,A_0 和 A_x 分别表示空白溶液和被测植物提取液的吸光度。

六、注意事项

在萃取过程中混匀即可,不要剧烈振荡,以免发生乳化;若出现轻微乳化现象,可通过离心去除。测定过程中的干扰因素较多,容易对测定的准确性和灵敏度造成影响。

七、问题讨论

在本试验中加入·OH有机染料试剂的作用是什么?

实验十一

抗氧化率的测定

一、实验目的

学习利用β-胡萝卜素-亚油酸乳化液氧化法测定组织抗氧化率。

二、实验原理

β-胡萝卜素是一种多烯色素,易被氧化而褪去黄色。在反应介质中,由亚油酸氧化产生的过氧化物等能使β-胡萝卜素漂白,随时间的延长吸光度变小。当以吸光度对时间作图时可得到一条下降曲线。不同果实或种子含有抗氧化成分不同,其抗氧化活性不同,使β-胡萝卜素漂白的速率各异。用β-胡萝卜素-亚油酸乳化液法测定抗氧化活性,样品用量少,所用时间短,简捷方便。

三、实验材料、设备和试剂

1. 实验材料

经逆境处理的植物幼苗

2. 设备

(1)100 mL 和 200 mL 锥形瓶　(2)研钵　(3)漏斗　(4)烧杯　(5)pH 试纸

3. 试剂

(1)β-胡萝卜素氯仿溶液:称取 β-胡萝卜素 50 mg,溶于 50 mL 氯仿中,使用前现配。

(2)亚油酸氯仿溶液:称取亚油酸 5 g,溶于 50 mL 氯仿中,使用前现配。

(3)Tween-40 氯仿溶液:称取 Tween-40 10 g,溶于 50 mL 氯仿中,使用前现配。

(4)β-胡萝卜素溶液:取 0.5 mL β-胡萝卜素氯仿溶液、0.2 mL 亚油酸氯仿溶液和 1 mL Tween-40 氯仿溶液,置于 50 ℃水浴中除去氯仿后,再加入 100 mL 蒸馏水摇匀。

(5)空白调零溶液:0.2 mL 亚油酸氯仿溶液和 1 mL Tween-40 氯仿溶液,置于 50 ℃水浴中除去氯仿,加入 100 mL 蒸馏水摇匀。

(6)样品提取剂:80% 乙醇溶液。

(7)磷酸缓冲液(pH 6.86):分别取 0.2 mol·L^{-1} 磷酸氢二钠溶液 51.76 mL、0.2 mol·L^{-1} 磷酸二氢钠溶液 53.76 mL,于 250 mL 的小烧杯中混合,蒸馏水定容至 200 mL 配置成 pH 6.86 的磷酸缓冲液。

(8)BHT 标准液:取 1 mg 标准抗氧化剂二丁基羟基甲苯溶于 100 mL 样品提取剂中,制成 10 mg·L^{-1} BHT 溶液。

(9)反应介质:取 45 mL β-胡萝卜素溶液和 4 mL 0.2 mol·L^{-1} 磷酸缓冲液,搅拌混匀后静置。

四、操作步骤

(1)取 1 g 植物材料,剪碎,加入 5 mL 80% 乙醇溶液,用研钵研磨成匀浆,过滤,滤渣用 5 mL 80% 乙醇洗涤,过滤,合并滤液于 100 mL 的锥形瓶中,加塞,静置 20 min 后可测定。

(2)取 4 支试管,第 1 支试管加入 4 mL 反应介质溶液和 0.5 mL 提取液;第 2 支为对照管,加入 4 mL 反应介质溶液和 0.5 mL 80% 乙醇;第 3 支试管加入 4.5 mL 标准 BHT 液,为标准抗氧化剂管。第 4 支试管加入 4.5 mL 反应介质溶液,为空白调零管。

(3)用空白调零管调零。测定所有试管在 470 nm 处的吸光度(用 A_1 表示),后将试管置于 50 ℃恒温水浴中 15 min,再次测定 470 nm 处的吸光度(用 A_2 表示),即为褪色速率。求出各个试管吸光度的减少量($\Delta A = A_1 - A_2$),分别算出与标准 BHT 溶液的吸光度减少量的比值。

五、结果处理

$$抗氧化率(\%) = (B_s/B_0) \times 100$$

$$B_s = \Delta A_{提取液}/\Delta A_{BHT}$$

$$B_0 = \frac{\Delta A_{对照}}{\Delta A_{BHT}}$$

式中，B_s 为有植物提取液存在时 β-胡萝卜素的褪色速率；B_0 为不加植物提取液时 β-胡萝卜素的褪色速率。

六、实验注意事项

(1) 在分析提取液的抗氧化活性后，根据需要进一步对提取物中抗氧化活性成分进行分离、纯化与鉴定。

(2) 在反应介质溶液中，随时间的延长，吸光度减小，不同植物提取液抗氧化能力不同，抗氧化能力越强，吸光度下降越慢。本法测定的吸光度的减小在 30～45 min 基本成线性变化。

实验十二

植物组织中脂氧合酶活性的测定

一、实验目的

掌握植物组织中脂氧合酶活性的测定方法，了解脂氧合酶的作用。

二、实验原理

脂氧合酶（lipoxygenase，LOX）是一种含非血红素铁的蛋白质，专一催化具有顺、顺-1,4-戊二烯结构的多元不饱和脂肪酸的加氧反应，生成具有共轭双键的过氧化物。LOX 在植物中普遍存在，其作用的底物主要为来自细胞质膜的多元不饱和脂肪酸如亚油酸、甲基亚油酸、亚麻酸及花生四烯酸等。LOX 与植物细胞脂质过氧化作用、衰老过程的启动和逆境胁迫等关系密切。LOX 能催化含有顺、顺-1,4-戊二烯结构的多不饱和脂肪酸的加合氧分子反应，生成的初期产物具有共轭二烯结构，产物中的共轭双键在波长 234 nm 处具有特征吸收。因此，利用分光光度计法可以测定 LOX 酶活性大小。

三、实验材料、设备及试剂

1. 实验材料
植物组织,也可用芒果、番茄、桃、猕猴桃等果实。

2. 仪器及用具
研钵、高速冷冻离心机、移液器、离心管、紫外分光光度计、容量瓶(100 mL、1 000 mL)、试管、计时器。

3. 试剂
(1)亚油酸钠溶液

方法一:称取亚油酸钠(Sigma 产品),直接配制 100 mmol/L 亚油酸钠溶液。

方法二:取 0.5 mL 亚油酸(化学纯),加入到 10 mL 蒸馏水中,再加入 0.25 mL Tween-20,摇匀。再逐滴滴加 1 mol/L NaOH,摇动至溶液变得清亮。然后用蒸馏水稀释至 100 mL,即为 0.5%亚油酸溶液。

(2)100 mmol/L、pH 6.8 的磷酸钠缓冲液

母液 A(200 mmol/L Na_2HPO_4 溶液):称取 35.61 g $Na_2HPO_4 \cdot 2H_2O$ 或 53.65 g $Na_2HPO_4 \cdot 7H_2O$ 或 71.64 g $Na_2HPO_4 \cdot 12H_2O$,用蒸馏水溶解,定容至 1 000 mL。

母液 B(200 mmol/L NaH_2PO_4 溶液):称取 27.6 g $NaH_2PO_4 \cdot H_2O$ 或 31.2 g $NaH_2PO_4 \cdot 2H_2O$ 用蒸馏水溶解,定容至 1 000 mL。

取 49.0 mL 母液 A 和 51.0 mL 母液 B 混合后,调节 pH 至 6.8,稀释、定容至 200 mL。

(3)提取缓冲液(含 1% Triton X-100 和 4% 交联聚乙烯吡咯烷酮即 PVPP)

取 1 mL Triton X-100 和 4 g PVPP,加入到 100 mL 100 mmol/L、pH 6.8 磷酸钠缓冲液中,摇匀,置于 4 ℃冰箱预冷。

(4)100 mmol/L、pH 5.5 的醋酸缓冲液

母液 A(200 mmol/L 醋酸溶液):量取 11.55 mL 冰醋酸,加蒸馏水稀释至 1 000 mL。

母液 B(200 mmol/L 醋酸钠溶液):称取 16.4 g 无水醋酸钠(或称取 27.2 g 三水合乙酸钠),用蒸馏水溶解,定容至 1 000 mL。

取 68 mL 母液 A 和 432 mL 母液 B 混合后,调节 pH 至 5.5,加蒸馏水稀释至 1 000 mL。

四、操作步骤

1. 酶液提取
称取 5.0 g 植物组织置于研钵内,加入 5.0 mL 经 4 ℃预冷的提取缓冲液,在冰浴

条件下研磨匀浆,然后转入离心管于 4 ℃、12 000×g 离心 30 min,收集上清液用于 LOX 活性测定。

2.酶活性测定

方法一:取 2.75 mL 100 mmol/L、pH 5.5 的醋酸缓冲液,加入 50 μL 100 mmol/L 亚油酸钠,在 30 ℃保温 10 min,加入 200 μL 粗酶液,混匀。以蒸馏水为参比调零,在反应 15 s 时开始记录反应体系在波长 234 nm 处吸光度值为初始值,然后每隔 30 s 记录一次,连续测定,至少获取 6 个点的数据。重复三次。

方法二:取 2.7 mL 50 mmol/L、pH 6.8 磷酸缓冲液,加入 100 μL 0.5%亚油酸溶液,在 30 ℃保温 10 min,再加入 200 μL 粗酶液,混匀,按照上述方法测定混合液在 234 nm 处吸光度值。

五、结果处理

1. 将测定的数据填入下表

重复次数	样品重量 W/g	提取液体积 V/mL	吸取样品液体积 V_s/mL	234 nm 吸光度值							样品中 LOX 活性 /0.01ΔOD$_{234}$·min^{-1}·g^{-1} FW	
				OD$_0$	OD$_1$	OD$_2$	OD$_3$	OD$_4$	OD$_5$	ΔOD	计算值	平均值±标准偏差
1												
2												
3												

2. 计算结果

记录反应体系在 234 nm 处的吸光度值,制作 OD$_{234}$ 值随时间变化曲线,根据曲线的初始线性部分计算每分钟吸光度变化值 ΔOD$_{234}$。然后,以每克鲜重(FW)果蔬样品每分钟吸光度变化值增加 0.01 时为 1 个 LOX 活性单位(U),则 $U = 0.01\Delta OD_{234} \cdot min^{-1} \cdot g^{-1}$ FW。计算公式:

$$LOX 活性(U) = \frac{\Delta OD234 \times V}{0.01 \times \Delta t \times V_S \times W}$$

式中:

ΔOD$_{234}$——反应混合液的吸光度变化值;

Δt——酶促反应时间,min;

V——样品提取液总体积,mL;

V_S——测定时所取样品提取液体积,mL;

W——样品重量,g。

脂氧合酶活性还可以每分钟反应体系在波长 234 nm 处吸光度值变化增加 0.01

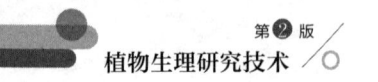

时所需的酶量为 1 个活性单位(U),表示为 $U = 0.01\Delta OD_{234} \cdot min^{-1} \cdot mg^{-1}$ 蛋白质。酶提取液中蛋白质含量可利用考马斯亮蓝染色法进行测定。

六、注意事项

测定时要控制好体系温度和反应时间,同时体系必须保持均相。

七、问题讨论

(1) 哪些因素影响脂氧合酶活性的测定?
(2) 脂氧合酶在植物抗逆与衰老过程中有何作用?

第十一章
综合性植物生理实验

　　植物生理学的发展与实验技术和手段的进步密不可分。植物生理学实验需要借助可能的物理、化学和生物学方法对植物的复杂生命活动进行分析，但要充分认识到分析方法的局限性。各种实验研究往往只对植物样本的某一生理活动加以分析，而且是在特定的条件下进行的，所得研究结果的普遍性将受到许多限制。因此，必须在分析的基础上进行综合，不仅要联系个体内的各个生理过程，而且要将植物体与其生存环境条件联系起来。同时，植物生理应该从微观到宏观，从分子、细胞水平到整体、群体水平各种层次进行研究，相互补充和相互促进，才能获取关于植物生命活动规律及其机理的正确认识。

　　综合性实验就是为此而设计的，是在给定明确目标的前提下，由学员独立完成资料收集、实验选题、选材、实验设计、实验实施、数据处理、结果分析、讨论和结论等环节的实验，是在完成植物生理学基础实验后的进一步实践阶段。综合性实验是让学员把已掌握的基本实验技术和基础理论逐步融会贯通并熟练运用，培养学员独立发现问题、分析问题、解决问题，独立设计实验、实施实验、分析实验结果、撰写研究报告的能力，同时也培养学员的科研兴趣、探索精神、科学思维、严谨作风和刻苦钻研的精神。

　　综合性实验可以小组为单位，从建议题目中选择（或自拟）一个题目，集体研究制定出实验方案。要求学员明确分工，互相协作。植物生理学研究的题目，一是来自本学科基础理论研究领域的前沿，二是来自农业生产实践即植物生理学的应用领域。通过查阅文献和调查，了解有哪些亟待解决的问题，并从中选择研究项目。同时，选题还必须结合自身条件（技术、设备、经费等）来进行综合考虑。

　　题目确定后，应着手拟定实验方案，即进行实验设计，进而按照方案实施。实验结束时，对所有数据资料应汇总和统计分析。要选用恰当的统计分析方法处理数据，尽可能运用图、表展示试验结果。非量化标准及调查项目（如缺素症状）则可用照片、图片等反映。实验结果的汇报可用论文或简报形式总结，包括题目、摘要、关键词、正文、参考文献目录等部分。

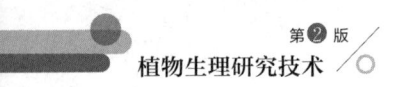

实验一
植物的溶液培养及缺素症状的比较观察

一、实验目的

掌握植物的溶液培养及植物缺素症状的识别方法,直观了解各种元素对植物生长的影响。

二、实验原理

植物的溶液培养有水培法、砂培法等。水培法是将植物培养在含有多种盐的溶液中;而砂培法则是以固体成分(石英砂、蛭石等)作为植物的固定物,通过添加各种盐的混合液来培养植物。植物必需的大量营养元素、微量营养元素以及各种元素的缺乏症都是通过水培法或砂培法来确定的。对植物成分进行化学分析并不能判定哪种元素是植物所必需的,只有通过缺素培养,再观察植物的生长发育,才能确定植物的必需元素。所以,到目前为止,缺素培养仍然是研究植物营养的基本手段。水培法比砂培法简单,只要严格清洗容器,水和盐都十分纯净,就可以进行培养研究。而砂培法所用的固体成分往往有许多水溶性或酸溶性杂质,在研究微量元素的必要性时即使经过严格的清洗,也很难保证绝无干扰。但是,砂培介质的通气性比水培要好,采用能排水的容器,可以保证根际有较好的通气性。

三、实验材料、设备和试剂

1. 实验材料

番茄、向日葵、烟草、菜豆等对缺素敏感植物的 7~10 d 幼苗。

2. 设备

(1)火焰光度计(或原子吸收分光光度计);(2)pH 计或 pH 试纸;(3)1 000 mL 试剂瓶;(4)500 mL 容量瓶;(5)1 000 mL 容量瓶;(6)5 mL 移液管;(7)1~2 L 的培养盆;(8)有孔木塞;(9)软木塞;(10)打孔器;(11)刀片;(12)棉花。

3. 试剂

各种营养液的配制见下表。

表 11-1 常量元素储备液（浓度在应用时可以酌情调整）

储备液编号	化学药品	用量/g·L^{-1}	浓度/mol·L^{-1}
1	$NH_4H_2PO_4$	23	0.20
2	NH_4NO_3	40	0.50
3	$Ca(NO_3)_2 \cdot 4H_2O$	189	1.15
4	$CaCl_2$	29	0.26
5	$MgCl_2 \cdot 6H_2O$	41	0.20
6	$Mg(NO_3)_2 \cdot 6H_2O$	51	0.20
7	$MgSO_4 \cdot 7H_2O$	99	0.40
8	KH_2PO_4	27	0.20
9	KNO_3	121	1.20
10	K_2SO_4	87	0.50
11	$FeCl_3 \cdot 6H_2O$	10	0.04

表 11-2 微量元素储备液

（各种盐一起混合，浓度是指某种盐在混合液中的最终浓度）

储备液编号	化学药品	用量/g·L^{-1}	浓度/mol·L^{-1}
12	H_3BO_3	0.72	1.2×10^{-2}
	$CuSO_4 \cdot 5H_2O$	0.02	1.2×10^{-4}
	$MnCl_2 \cdot 4H_2O$	0.45	2.3×10^{-3}
	$ZnCl_2$	0.06	4.4×10^{-4}
	$H_2MoO_4 \cdot H_2O$	0.01	6.0×10^{-5}
13	Fe-EDTA	每升溶液中含 2.68 g EDTA-2Na 和 1.98 g $FeSO_4 \cdot 7H_2O$	

表 11-3 缺素营养液

储备液编号	完全培养液	—N	—P	—K	—Ca	—Mg	—S	—Fe^{2+}	—Fe^{3+}	微量元素
1	5	—	—	5	5	—	5	5	5	5
2	—	—	1	6	8	6	—	—	—	—
3	5	—	5	5	—	5	5	5	5	5
4	5	5	5	5	5	—	5	5	5	5
5	—	—	—	—	—	—	5	—	—	—
6	—	—	—	—	—	—	—	5	—	—

续表

储备液编号	完全培养液	—N	—P	—K	—Ca	—Mg	—S	—Fe^{2+}	—Fe^{3+}	微量元素
7	5	5	5	5	5	—	—	5	5	5
8	—	5	—	—	—	5	5	—	—	—
9	5	—	5	—	5	5	5	5	5	5
10	—	5	—	—	—	4	—	—	—	—
11	—	—	—	—	—	—	—	—	2	—
12	2	2	2	2	2	2	2	2	2	2
13	2	2	2	2	2	2	2	—	—	2

表 11-4　Knop 溶液

成分	用量/g·L^{-1}	浓度/mol·L^{-1}
KNO$_3$	0.20	2×10^{-3}
Ca(NO$_3$)$_2$·4H$_2$O	0.80	5×10^{-3}
KH$_2$PO$_4$	0.2	1.5×10^{-3}
MgSO$_4$·7H$_2$O	0.20	9.5×10^{-4}
FePO$_4$	0.1	6.62×10^{-4}

表 11-5　Hoagland 溶液

成分	用量/g·L^{-1}	浓度/mol·L^{-1}
KNO$_3$	0.51	0.005
Ca(NO$_3$)$_2$·4H$_2$O	0.82	0.005
MgSO$_4$·7H$_2$O	0.49	0.002
KH$_2$PO$_4$	0.136	0.002
酒石酸铁 0.5% 溶液(Fe-EDTA 代替)	每升加 1mL	
微量元素物质(A—Z 溶液)	每升加 1mL	

表 11-6　A—Z 溶液（Arnon，1938）

成分	用量/g·L^{-1}
H$_3$BO$_3$	2.86
ZnSO$_4$·7H$_2$O	0.22
CuSO$_4$·5H$_2$O	0.08
MnCl$_2$·4H$_2$O	1.81
H$_2$MoO$_4$·H$_2$O	0.09

表 11-7 木村 B 溶液（适于水稻培养）

试 剂	培养液/mg·L^{-1}	元素	营养液元素浓度/mg·L^{-1}
$(NH_4)_2SO_4$	48.2	N	23.0
KH_2PO_4	24.8	P	5.6
KNO_3	18.5		
K_2SO_4	15.9	K	21.4
$Ca(NO_3)_2$	59.9	Ca	14.6
$MgSO_4$	65.9	Mg	13.3
柠檬酸铁		Fe	1.4～3.5

注：表中的柠檬酸铁可用 Fe-EDTA 代替，每升培养液加 1 mL。

Fe-EDTA 溶液：将 5.57 g $FeSO_4·7H_2O$ 和 7.45 g EDTA-2Na 分别溶于 200 mL 的蒸馏水中。对 EDTA-2Na 溶液加热，再缓慢加入 $FeSO_4·7H_2O$ 溶液，并不断搅拌。冷却后定容至 1 L。采用此法制备的 Fe-EDTA 溶液比较稳定，在培养液中，铁不会发生沉淀。

四、操作步骤

1. 水培法

用于水培的容器（陶瓷的），经自来水洗净之后，用 5 mol·L^{-1} 的盐酸处理，然后用去离子水淋洗干净。特别是做缺某种微量元素的培养，容器的清洗应相当严格（先依次用乙醇、酸和水清洗，再用高压蒸汽处理。在使用之前再用 1‰ 醋酸和去离子水淋洗一次，以清除可能吸附的痕量铁）。将配制的营养液倒入容器。

将培育 7～10 d 的幼苗用去离子水清洗根系，然后移栽于营养液中。移栽时，在容器盖的每组小孔中放入一棵幼苗（留出一孔作加水用）。与孔沿接触的茎基部用棉花包裹，然后用钻有孔并分成两半的软木塞夹住塞入盖孔中。使根系全部浸入溶液中，最后用去离子水充满容器。每天通气 10 min。

在培养过程中，注意用 pH 试纸或 pH 计测试营养液的 pH 变化。铵盐往往使培养液 pH 降低，硝酸盐使 pH 升高。在 pH4.0 以下和 pH 8.5 以上均会伤害根系。过低的 pH 造成酸害，过高的 pH 往往使 P 与 Fe 沉淀而出现缺 Fe 症和缺 P 症。小麦在 pH4.0 以下仍然生长较好，番茄、莴苣在 pH 4.0～9.0 还能健壮生长，所以不同植物适宜的 pH 范围各不相同。培养液的 pH 可用 0.1mol.L^{-1} HCl 或 KOH 进行调节。

培养时间为 3～5 周，注意观察植物的生长情况，记录出现的缺素症状及其出现时期与出现的部位。待植株症状明显后，将缺素培养液换成完全培养液，留下一株继续培养，观察植株症状是否减轻以至消失。

2. 砂培法

采用80%～90%直径为0.5～1.0mm的砂粒用做砂培,可使许多植物生长繁茂。若砂子过细,表面易长藻类,在表面加一层粗砂即可避免。

用于常量元素分析的砂子,用水冲洗干净即可使用。但钙素营养分析的试验砂,则必须先用3%的冷盐酸浸泡一星期。先用水淋洗,后用适合的营养液每天早晚各淋洗一次。直到洗出液与原液 pH 相同为止。再用适合的营养液浸泡24h,pH 不变方可终止淋洗。可用溴甲酚绿作指示剂。用上述方法处理,大约要两个星期以上,绝不能贪图省事。

用于微量元素试验的砂子,应严格处理。一般先用9%～10%热盐酸处理,再加10%热草酸处理,随后用去离子水或用玻璃蒸馏装置制得的蒸馏水将酸冲洗干净。反复处理3次,每次用酸浸泡3～4 h,最后用适合的营养液平衡。

处理后的砂子根据需要可装入排水的或不排水的容器中(比如小米在排水砂培中比在不排水砂培中生长较好)。排水容器装的砂子可以粗一些(直径2～2.5 mm),不排水容器装的砂子可以细一些(直径0.2～1.0 mm)。用排水容器砂培,适于滴加营养液。而不排水容器则可定期添加营养液。使砂保持一定的含水量并供给植物养分。

同水培法一样,砂培法先育苗,然后移栽。每盆移栽两株,待成活后去除一株,留下一株。根据容器大小,每盆株数可酌情安排。砂培时间为3～5周,注意观察生长发育情况,记录其出现的缺素症状、出现时期及出现的部位。待植株症状明显后,将缺素培养液换成完全培养液,留下一株继续培养,观察植株症状是否减轻以至消失。

五、结果处理

(1)密切观察并记录各处理植物的生长情况及各种缺素症状,填写下表。

表11-8 植物生长状况记载表

植物:　　　　时间:　　　　天气:　　　　记录人:

日期	处理(生长情况、缺素症状)					
	完全	缺 N	缺 P	缺 K	缺 Ca	缺 Mg	缺 Fe
2 d							
5 d							
10 d							
15 d							
20 d							
25 d							
30 d							
35 d							

(2)利用植物生理学基础性实验的各种方法测定植株的形态、生理等指标。

(3)元素缺乏症检索(供参考):

Ⅰ.老叶先受影响。

①影响遍及全株,下部叶片干枯并死亡。

 a.植株淡绿色,下部叶片发黄,叶柄短而纤弱 ················· 缺 N

 b.植株深绿色,并出现红或紫色,下部叶子发黄,叶柄短而纤弱 ·········· 缺 P

②影响限于局部,有缺绿斑,下部叶片不干枯,叶片边缘卷曲呈凹凸不平。

 a.叶片缺绿斑有时变红,有坏死斑,叶柄纤弱 ················· 缺 Mg

 b.叶片缺绿斑,在叶片边缘和近叶尖或叶脉间出现,小坏死斑,叶柄纤弱 ··· 缺 K

 c.叶片缺绿斑,叶片包括叶脉产生大的坏死斑,叶片变厚,叶柄变短 ········ 缺 Zn

Ⅱ.幼叶先受影响。

①顶芽死亡,叶片变形和坏死。

 a.幼叶变钩状,从叶尖和边缘开始死亡 ··················· 缺 Ca

 b.叶基部淡绿,从基部开始死亡,叶片扭曲 ················· 缺 B

②顶芽仍活着,缺绿或萎蔫而无坏死斑。

 a.幼叶萎蔫,不缺绿,茎尖弱 ························ 缺 Cu

 b.幼叶不发生萎蔫,缺绿。

 (a)有小坏死斑,叶脉呈绿色 ························ 缺 Mn

 (b)无坏死斑,叶脉呈绿色 ························· 缺 Fe

 (c)无坏死斑,叶脉失绿 ·························· 缺 S

(4)水稻培养参考

①水稻种子用漂白粉溶液表面灭菌 30 min,用无菌水洗几次,放在尼龙网上发芽。

②玻璃、瓷质、塑料(聚乙烯)的培养缸均可。培养缸内液面不宜过高,便于自然通气。缸不宜过浅,浅则对根的生长不利。做微量元素试验时,最好用聚乙烯培养缸,或用聚乙烯薄膜的袋子装培养液放一般培养缸中,这样可避免缸内释放微量元素的干扰。缸数不多可用金鱼缸通气的气泵,缸数多要用小型的空气压缩机,压出的空气要经过洗涤去除油气,才能通入培养缸。

③水稻的培养液通常用木村 B 溶液。做微量元素试验,要用高纯度的试剂,或所有试剂经过纯化才能使用。所用各种化学试剂见各营养液配方或采用缺素培养液配方。

④溶液培养用的水,可以用离子交换纯水器制备,做微量元素试验时要用硬质玻璃蒸馏器制备的重蒸馏水,或用玻璃蒸馏器制备的蒸馏水再经过离子交换纯水器处理后才可用。

⑤水稻的矿质营养对硅有特殊的需要,营养液中加硅可使水稻地上部和地下部都生长良好。如在水稻的培养液中可加硅酸钠(水玻璃:100~300 mg·L^{-1})。水玻璃碱性很大,不宜直接加入培养液。要先用稀盐酸中和稀释水玻璃,至水玻璃成乳白色的

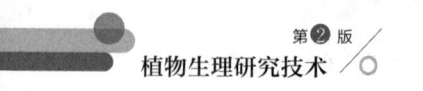

沉淀,才能加入培养液,每升培养液中加入 1 mL 水玻璃。

⑥选取尼龙网上生长大小一致的水稻幼苗,并将尼龙网木框放置在培养缸上培养。

⑦水培水稻要大量通气。特别是夏天温度升高,当不通气或通气量不足,培养液会发出硫化氢的臭味,并且溶液发黑,根也发黑。

⑧水培水稻到开花结实并不难,但要在培养过程中精心管理,经常调节培养液的 pH。

⑨根据生长的快慢,决定每周更换溶液的次数。每天补给蒸发、蒸腾失去的水分。防止病害、虫害。

六、注意事项

(1) 在植株的溶液培养中,除了调节好各种营养元素比例外,pH 的调控以及通气也很重要,否则植株生长不良,严重的导致死亡。

(2) 缺素症状比较观察时,需要培养足够的时间,培养环境(如某种缺素的控制)要严格按照操作进行。

七、问题讨论

(1) 溶液培养方法有哪些?常用溶液培养液的配方有哪些?溶液培养的应用有哪些方面?

(2) 比较正常植株与缺 N、缺 P 植株叶片颜色和根系数量的差异。

(3) 比较正常植株与缺 Ca 植株幼嫩组织的差异。

(4) 比较分析不同处理之间的形态和生理差异。

实验二

植物对氮素缺乏的生理反应研究

一、实验目的

了解氮缺乏时植物的代谢变化及形态变化,学会利用有关理论知识分析解释所观察到的实验现象和测定的结果。

二、实验原理

氮是植物需求量很大的营养元素,在体内的含量约占干物重的1%～3%,是许多重要化合物的成分:如核酸(DNA、RNA)、蛋白质(包括酶)、磷脂、叶绿素、光敏素、维生素(B_1、B_2、B_6)、植物激素(IAA、CTK)、生物碱等;同时也是参与物质代谢和能量代谢的ADP、ATP、CoA、CoQ、FAD、FMN、NAD、NADP、铁卟啉等物质的组分。氮肥充足时植物生理功能正常,枝多叶大,生长健壮,籽粒饱满;但供氮不足时,植物生理功能受到抑制,代谢失调,外观表现是较老的叶片首先褪绿变黄,严重时脱落,植株矮小,产量低下。所以在农业生产中需要经常施用氮肥。

三、实验材料、仪器设备与试剂

1. 实验材料
精选高活力植物种子如水稻、小麦、玉米等。如玉米种子,浸种24 h。

2. 设备
见各相关实验。

3. 试剂
配制缺氮培养液、完全培养液和其他测定生理指标所需的试剂,配制方法见相关实验。

四、操作步骤

1. 材料培养
用搪瓷盘装入一定量的石英砂或洁净的河砂,将浸泡24 h的玉米种子均匀地排列在砂面上,再覆盖一层石英砂,保持湿润,然后放置在温暖处发芽。

2. 材料处理
取6个500 mL塑料广口瓶,分成2组,分别装入配制的完全培养液及不同浓度的缺氮培养液各500 mL,贴上标签,写明日期。然后把各瓶用黑色蜡光纸或黑纸包起来(黑面向里),或用报纸包三层,用纸壳或0.3 mm的橡胶垫做成瓶盖,并用打孔器在瓶盖中间打一圈孔,备用。

选择第一片叶完全展开、生长一致的幼苗,去掉胚乳,并用棉花缠裹住根基部,小心地移植到各种缺氮培养液中。通过圆孔固定在瓶盖上,使整个根系浸入培养液中,装好后将培养瓶放在阳光充足、温度适宜(20～25 ℃)的地方,培养3～4周。以完全培养为对照。移植时小心操作勿损伤根系。

在培养过程中,用精密pH试纸检查培养液的pH值,如高于6,应用稀盐酸调整

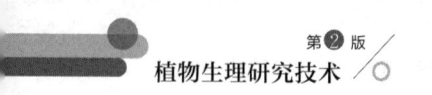

到 5~6 之间。为了使根系氧气充足,每天定时向培养液中充气,或在盖与溶液间保留一定空隙,以利通气。培养液每隔一周需更换一次。

3. 生理指标测定

实验开始一周后,开始观察。注意记录缺乏氮素时所表现的症状和最先出现症状的部位。待幼苗表现出明显症状后,取一部分幼苗转移至完全培养液中,观察症状逐渐消失的情况,并记录结果。另一部分幼苗进行生理指标测定:(1)叶绿体色素含量;(2)光合速率;(3)可溶性蛋白含量;(4)根系活力;(5)氨基酸含量;(6)可溶性糖含量。

4. 操作方法

见各相关实验。

五、结果处理

撰写实验报告,分析比较不同处理的形态和生理差异。

六、注意事项

参见前述各章各相关实验。

七、问题讨论

(1)氮对植物形态和代谢生理中的作用。
(2)讨论光合作用、物质转化和矿质营养之间的相互关系。

实验三

不同温度对植物根系生长与生理特性的影响

一、实验目的

直观了解不同温度对于植物根系生长与生理特性的影响,如根系形态与呼吸、根系活力与矿质元素吸收的变化特点。

二、实验原理

不同植物或同一种植物的不同生长阶段所需的适宜温度不同,根系的生长在不同温度下也会受到很大影响,包括形态和生理指标会发生变化,如呼吸强度受到温度影响,进而波及根系活力和根系对矿质元素的吸收。

三、实验材料、设备和试剂

1. 实验材料

选取适宜的植物材料。

2. 设备

恒温恒湿培养箱,光照培养箱,烘箱,培养皿,吸水纸,盆钵,石英砂等。

3. 试剂

植物材料培养、根系呼吸强度、根系活力和矿质元素吸收所需的试剂分别参照相关实验。

四、操作步骤

1. 种子萌发

根据植物生物学特性、原产地,确定种子萌发的适宜温湿度和时间,通常,C4 植物种子(如玉米、高粱)萌发所需的适宜温度高于 C3 植物种子(如小麦、油菜);水稻和小麦同属于 C3 植物,水稻种子萌发所需的适宜温度高于小麦。

2. 培苗

准备适量石英砂(填满 4/5 盆钵),彻底洗净,平铺于(搪瓷)盘中晒干,置烘箱内 80 ℃左右烘干后使用。在装有约 2/3 石英砂的盆钵中加等量蒸馏水后,将催好芽的种子均匀间隔移入,再均匀撒盖上剩余的石英砂,放置于光照培养箱或温暖(朝南实验室)处生长。幼苗初露后,每隔 1~2 d 喷水 1 次。禾本科植物长至 1 叶 1 心期(植株具有 1 张完全展开叶片和 1 片未展心叶)后,双子叶植物至子叶完全展开后,开始用 1/4 的 Hoagland 营养液培养和温度处理(详细 2.1)。

3. 温度处理

将生长一致的小苗分别移至由打孔泡模板作定苗装置的水溶液培养装置中培养,设置低温处理或高温处理,溶液培养的植物幼苗分别置于 5 ℃、10 ℃、15 ℃、20 ℃等条件下低温处理,或在 30 ℃、35 ℃和 40 ℃等条件下高温处理 3~12 d,以 25 ℃为对照组。

4. 动态观察

不同温度处理期间,定期加营养液,0、3、6、9 d 进行非损坏性生长观察,活体记录幼苗生长动态。

表 11-9　不同温度下幼苗生长形态指标

样品号	苗高/cm					叶长/mm					根长/mm					根数				
	0d	3d	6d	9d	12d	0d	3d	6d	9d	12d	0d	3d	6d	9d	12d	0d	3d	6d	9d	12d
CK1—1																				
CK1—2																				
CK1—3																				
……																				
CK3—3																				
T1—1																				
T1—2																				
T1—3																				
……																				
T3—3																				
……																				

5. 样品分析

取出根系,测定各处理形态指标,参照相关实验,分别测定根系呼吸速率、根系活力、矿质元素 N 和其他元素的吸收情况,分析高温或低温对植物幼苗根系呼吸强度、根系活力和矿质元素吸收的影响,并分析根系呼吸强度、根系活力和矿质元素吸收之间的关系。

五、结果处理

撰写实验报告,分析比较不同处理的形态和生理的差异,特别是根系呼吸、根系活力与矿质元素吸收的变化特点。

六、注意事项

(1)做高温或低温处理及对照设置时,应该查阅文献,针对不同植物设置不同的温度处理,如水稻和小麦对温度的响应明显不同。

(2)要合理安排幼苗数量作为实验重复。

(3)根据实验安排每项生理指标测定所需要的幼苗数量,在培养箱空间限制情况下,安排多次、分批培养。

七、问题讨论

不同温度对植物根系生长与地上部生长的影响有什么差异？

实验四
植物组织培养快繁实验

一、实验目的

掌握利用叶片、茎段和鳞茎等作为外植体进行无性快速繁殖的原理和方法。

二、实验原理

组织培养的理论基础是植物细胞具有全能性(totipotency)。植物组织培养是把植物的器官、组织乃至单个细胞，应用无菌操作使其在人工条件下继续生长，甚至分化发育成一个完整植株的过程。外植体在培养基上经诱导，逐渐失去原理的分化状态，形成结构单一的愈伤组织(callus)或细胞团，这一过程称为脱分化(dedifferentiation)；已经脱分化的愈伤组织，在一定条件下，又能重新分化形成输导系统以及根和芽等组织和器官，这一过程称为再分化(redifferentiation)。

外植体的分化或进一步再分化，一方面受到内部基因的控制，另一方面受到激素的调控。在培养基中加入不同比例的生长调节剂，可使已经分化的组织脱分化形成愈伤组织，愈伤组织进一步分化出根和芽，最终发育成新的小植株。

三、实验材料、设备和试剂

1. **实验材料**

烟草、月季、番茄、百合、甘薯等植物。

2. **设备**

超净工作台、光照培养箱、人工气候箱、温室、镊子、酒精灯、棉球、三角瓶、培养皿、解剖刀、珍珠岩、蛭石等。

3. **试剂**

MS培养基的各种母液，2,4-D、KT、6-BA、NAA、IAA、蔗糖、琼脂、0.1%氯化汞、

$AgNO_3$、无菌水等。

四、操作步骤

1. 培养基及其配制

(1) 培养基的种类

在植物组织培养中,选择适当的培养基,对取得组织培养的成功至关重要。因此,在组织培养中首先要考虑的是采用什么培养基,附加什么成分。自1937年White建立了第一个植物组织培养的综合培养基以来,许多研究报道了适于各种植物组织培养的培养基,其数目不少于几十种,最常用的是MS培养基。

(2) 培养基的成分

植物组织培养中,外植体生长所必需的营养和生长因子,主要是由培养基提供的。因此,培养基中应包括植物生长所需的各种营养元素,某些生理活性物质和其他附加物。

表 11-10　植物组织培养中常用的培养基配方　　（单位：$mg \cdot L^{-1}$）

成分	White[1]	Heller[2]	MS[3]	ER[4]	B$_5$[5]	Nitsch[6]	N$_6$[7]	NT[8]	SH[9]
NH_4NO_3	—	—	1650	1200	—	720	—	825	—
KNO_3	80	—	1900	1900	2527.5	950	2830	950	2500
$CaCl_2 \cdot 2H_2O$	—	75	440	440	150	—	166	220	200
$CaCl_2$	—	—	—	—	—	166	—	—	—
$MgSO_4 \cdot 7H_2O$	750	250	370	370	246.5	185	185	1233	400
KH_2PO_4	—	—	170	340	—	68	400	680	—
$NH_4H_2PO_4$	—	—	—	—	—	—	—	—	300
$(NH_4)_2SO_4$	—	—	—	—	134	—	463	—	—
$Ca(NO_3)_2 \cdot 4H_2O$	300	—	—	—	—	—	—	—	—
$NaNO_3$	—	600	—	—	—	—	—	—	—
Na_2SO_4	200	—	—	—	—	—	—	—	—
$NaH_2PO_4 \cdot H_2O$	19	125	—	—	150	—	—	—	—
KCl	65	750	—	—	—	—	—	—	—
KI	0.75	0.01	0.83	—	0.75	—	0.8	0.83	1
H_3BO_3	1.5	1	6.2	0.63	3	10	1.6	6.2	5
$MnSO_4 \cdot 4H_2O$	5	0.1	22.3	2.23	—	25	4.4	22.3	—

续表

成分	White[①]	Heller[②]	MS[③]	ER[④]	B₅[⑤]	Nitsch[⑥]	N₆[⑦]	NT[⑧]	SH[⑨]
$MnSO_4 \cdot H_2O$	—	—	—	—	10	—	—	—	10
$ZnSO_4 \cdot 7H_2O$	3	1	8.6	—	2	10	1.5	—	1
$ZnSO_4 \cdot 4H_2O$	—	—	—	—	—	—	—	8.6	—
$Zn \cdot Na_2 \cdot EDTA$	—	—	—	15	—	—	—	—	—
$Na_2MoO_4 \cdot 2H_2O$	—	—	0.25	0.025	0.25	0.25	—	0.25	0.1
MoO_3	0.001	—	—	—	—	—	—	—	—
$CuSO_4 \cdot 5H_2O$	0.01	0.03	0.025	0.0025	0.025	0.025	—	0.025	0.2
$CoSO_4 \cdot 7H_2O$	—	—	—	—	—	—	—	0.03	—
$CoCl_2 \cdot 6H_2O$	—	—	0.025	0.0025	0.025	—	—	—	0.1
$AlCl_3$	—	0.03	—	—	—	—	—	—	—
$NiCl_2 \cdot 6H_2O$	—	0.03	—	—	—	—	—	—	—
$FeCl_3 \cdot 6H_2O$	—	1	—	—	—	—	—	—	—
$Fe_2(SO_4)_3$	2.5	—	—	—	—	—	—	—	—
$FeSO_4 \cdot 7H_2O$	—	—	27.8	27.8	—	27.8	27.8	27.8	15
$Na_2 \cdot EDTA \cdot 2H_2O$	—	—	37.3	37.3	—	37.3	37.3	37.3	20
$NaFe \cdot EDTA$	—	—	—	—	28	—	—	—	—
肌醇	—	—	100	—	100	100	—	100	1000
烟酸	0.05	—	0.5	0.5	1	5	0.5	—	5
盐酸吡哆醇	0.01	—	0.5	0.5	1	0.5	0.5	—	0.5
盐酸硫胺素	0.01	—	0.1	0.5	10	0.5	1	1	5
甘氨酸	3	—	2	2	—	2	2	—	—
叶酸	—	—	—	—	—	0.5	—	—	—
生物素	—	—	—	—	—	0.05	—	—	—
D-甘露糖醇	—	—	—	—	—	—	—	12.7%	—
蔗糖	2%	—	3%	4%	2%	2%	5%	1%	3%

注：本表不包括生长调节物质和各种复杂的天然提取物；糖的浓度是以百分数表示的。①White(1963)；②Heller(1953)；③Murashige and Skoog(1962)；④Eriksson(1965)；⑤Gamborg et al.(1968)；⑥Nitsch(1969)；⑦朱至清等(1974)；⑧Nagata and Takebe(1971)；⑨Schenk and Hidebrandt(1962)。

(3)培养基母液的配制

实验中常用的培养基,可将其中的各种成分别配成10倍、100倍的母液,放入冰箱中保存,用时可按比例稀释。母液可配成单一化合物母液或不同混合母液。

(4)培养基的配制

混合培养基的各成分;溶化琼脂;将上述成分混合在一起,并搅匀;调节pH;分装;灭菌;放置备用。

2. **实例1:烟草叶片的组织培养**

(1)准备培养基

A. 愈伤组织诱导培养基:MS+2,4-D 1.0 mg/L+NAA 2.0 mg/L+KT 0.5 mg/L。

B. 愈伤组织分化培养基:MS+KT 2.0 mg/L+IAA 0.5 mg/L。

C. 幼芽增殖培养基:MS+6-BA 1.0 mg/L+NAA 0.2 mg/L。

D. 生根培养基:MS+NAA 0.2 mg/L。

(2)外植体消毒及接种

取烟草幼嫩叶片,用自来水充分洗净后,经75%乙醇消毒30 s,0.1 HgCl溶液浸泡8 min,无菌水冲洗5~6次后,去掉主叶脉和大的侧叶脉。将叶片切成1.0~1.5 cm² 的小块,在超净工作台上无菌接入装有愈伤组织诱导培养基的三角瓶中培养,接种时下表皮与培养基接触。培养温度25±2 ℃,光照14 h/d,光照强度2000 lx,每瓶接种3~5个外植体。

(3)愈伤组织的诱导

外植体培养2~3 d后,叶片外植体卷曲,伤口处增厚、膨胀,15 d后外植体脱分化形成疏松絮状浅黄绿色的愈伤组织。

(4)愈伤组织的分化

将愈伤组织转接到分化培养基中,15 d后,从疏松愈伤组织上分化出许多浅黄绿色的芽点。40 d后,分化出越来越多的幼芽。

(5)幼芽的增殖

将幼芽切下,转接至增殖培养基中,幼芽可不断增殖,发育成绿色健壮的小苗。

(6)诱导生根及移栽

取3~4 cm长的小苗接种于生根培养基中,7~8 d后,外植体从基部产生白色幼根,当试管苗长至5~6 cm高时,移至温室中进行炼苗,4~5 d后,取出幼苗,洗去根部的培养基,可移栽至经过消毒的珍珠岩:泥炭:园土(1:1:1)的基质中。

3. **实例2:百合离体快繁**

(1)外植体消毒

剪去百合新鲜鳞茎,用洗衣粉和流水冲洗1~2 h,在超净工作台上,将鳞茎先用70%乙醇溶液浸泡30 s,无菌水冲洗2~3次,再用0.1%氯化汞溶液消毒9~12 min,然后用无菌水冲洗3~4次,以备接种。

(2) 离体芽的诱导培养

将无菌的百合鳞茎放置于无菌培养皿中,用解刨刀剥离鳞片,切成 0.5 cm×0.5 cm 大小的小块,接种于诱导培养基 MS+6-BA 0.5 mg·L^{-1}+NAA 0.1+5 mg·L^{-1} 上诱导不定芽。培养温度 23±2 ℃,光照强度 2000～2500 lx,光照时间 10～12 h·d^{-1}。接种 1 周后,鳞片上出现小突起,继续培养,可分化出不定芽或丛生芽。

(3) 丛生芽的继代增殖培养

将诱导培养基上已萌发的嫩芽切下,转接到继代培养基 MS+6-BA 1.0 mg·L^{-1}+NAA 0.1 mg·L^{-1} 上进行继代增殖。培养 4 周后可形成丛生芽。

(4) 生根培养

选取继代培养中生长健壮的丛生芽,剪成 1.5 cm 左右的单芽茎段,转接于生根培养基 1/2MS+NAA 0.2 mg·L^{-1} 上。15 d 后根系发达,发育良好。

(5) 驯化移栽

将生根试管苗放在室外光线明亮的地方,闭瓶炼苗 2～3 d,再逐渐开瓶炼苗 2～3 d,让植株适应试管外的环境后取出试管苗,洗净根部的培养基,移栽于珍珠岩:泥炭=1:1 的基质中,当植株发生新根后逐渐见光。

五、结果处理

每种植物分别接种 30～50 株,统计并分析实验结果。

表 11-11　外植体诱导芽情况统计表

植物名称	外植体	培养基	接种数/块	污染数/块	出芽外植体数/块	芽诱导率/%
烟草	叶片					
百合	鳞片					

六、注意事项

植物组织培养过程中的灭菌消毒很重要,否则会造成污染,导致实验失败。

七、问题讨论

(1) 为什么组织培养不同阶段的培养基有差别(如愈伤组织诱导培养基、愈伤组织分化培养基、幼芽增殖培养基、生根培养基)?

(2) 植物激素在组织培养不同阶段有什么作用?

实验五

植物生长调节剂对插条不定根发生的影响

一、实验目的

直观了解植物生长调节剂诱导植物插条不定根的发生。通过改变各施用药剂浓度的大小，处理插条的时间与处理方法，证实不同种类的植物生长调节剂对植物插条不定根发生的影响。

二、实验原理

用植物生长调节剂(生长素类、生长延缓剂等)处理插条，可以促进细胞恢复分裂能力，诱导根原基发生，促进不定根的生长；容易生根的植物经处理后，发根提早，成活率高；对木本植物进行插条处理，可提高生根率。移栽的幼苗被生长调节剂处理后，移栽后的成活率提高，根深苗壮。本实验通过测定植物生长的重要生理指标，以了解生长调节剂调控不定根发生的作用。

三、实验材料、设备和试剂

1. **实验材料**

选择适宜的植物材料。

2. **设备**

电子天平，烘箱，分光光度计等。

3. **试剂**

可选用生长素类、多效唑或脱落酸、细胞分裂素类、乙烯、油菜素内酯、水杨酸等植物生长调节剂。

相关测定实验所需的其他试剂。

四、操作步骤

1. **配制植物生长调节剂溶液**

一般为 1 000 mg/L，然后按照需要稀释成 3～5 个浓度，如 10 mg/L、50 mg/L、100 mg/L 等。

2. 准备植物材料

选择适宜的植物材料,注意插枝的生理状态。如果植物材料是灌木,需注意取材的枝条部位。通常从茎顶端或枝条上端向下 10~15 cm 处剪去植株地下部分,保留 1~2 片叶片(如果叶片面积较大,可以保留半叶片)。

3. 处理

查阅资料,根据不同植物材料和不同植物生长调节剂选用不同的处理浓度梯度。将插枝基部 2~3 cm 浸泡在植物生长调节剂溶液中,以相同体积水浸泡插条为对照。记录浸泡时间,然后换水(也可砂培)。

4. 培养

将插条放置在阳台或走廊的弱光通风处培养(室温为 20~35 ℃),培养期间注意加水至原来的水位高度。砂培则要注意保存培养基的适宜湿度。

5. 取样观测

插条培养一定时间后,统计其基部不定根发生的数目、每个插条的生根数目、生根范围等。

五、结果处理

记录形态变化后,用刀片切下不定根,在电子天平上称鲜重。放置培养皿内,于烘箱 60~80 ℃烘 2 h,取出,冷却后称重;继续烘干,直至质量不发生变化。同时取不定根,进行根系活力测定、过氧化物酶活性等生理指标的测定。

六、注意事项

(1)选用各种植物材料时要注意考虑材料的年龄、取材部位。
(2)用植物生长调节剂处理前,要了解其促进插条生根的大致浓度范围。

七、问题讨论

(1)生长调节剂处理的植物插条,在不同的培养条件下,如光照、温度、湿度、培养基质等,对不定根发生有何影响?
(2)研究植物生长调节剂对插条生根的作用时,实验设计需注意什么?
(3)如果要了解吲哚乙酸和多效唑混配后对植物插条不定根的影响,如何设计实验?

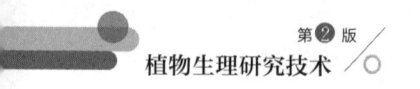

实验六

种子活力及萌发中的生理变化研究

一、实验目的

了解种子活力及萌发期间所发生的基本生理生化变化；种子萌发期间所发生的基本生理生化变之间的关系；学会将呼吸速率、淀粉酶活性、可溶性糖含量、氨基酸含量、可溶性蛋白含量、激素含量等的测定方法综合运用于植物生理的具体问题研究上。

二、实验原理

种子萌发是植物进入营养生长阶段的关键一步。从形态上看，萌发是由静止状态的胚转变为活跃生长的幼苗；从生理上看，萌发是受阻抑的代谢生长过程获得恢复，遗传程序发生变化，出现新的转绿部分；从生化上看，萌发是氧化与合成途径顺序的演变，营养生长的途径得以恢复；从分子上看，萌发是大量基因特异表达的结果；从发育上看，萌发是植株个体由幼年走向成熟的标志。

种子活力(vigor)又叫生长力或健壮度，可归纳为两方面：①萌发速度和生长能力；②对逆境生长的适应性，两者虽不尽相同，但密切联系。在种子萌发过程中物质代谢、呼吸途径、激素平衡都发生剧烈变化。这种变化又受萌发时的水分、氧气和温度的影响。可以通过多种指标来解析待测种子活力及萌发期间所发生的生理生化变化。

三、实验材料、设备和试剂

1. **实验材料**

玉米、水稻、小麦种子或其他植物种子。

2. **设备和试剂**

种子萌发和测定其生理指标所需的设备和试剂见相关实验。

四、操作步骤

1. **种子的萌发**

以玉米为例，待测玉米种子用1‰次氯酸钠浸泡10 min消毒，用蒸馏水冲洗3遍，用蒸馏水浸泡24 h，取25粒均匀摆于大培养器皿中，加入适当的蒸馏水，置25 ℃恒温培养箱中培养。

2. 环境条件控制
可进行水分、温度等环境条件的控制,观察其对种子活力与萌发的影响。

3. 形态生理指标测定
当种子处理的一定阶段时,分别取样进行形态指标和生理生化指标的测定,如呼吸速率、淀粉酶活性、可溶性糖含量、氨基酸含量、可溶性蛋白含量、激素含量等。

4. 种子萌发时的若干活力指标
(1) ATP 量及能荷

ATP 含量可用荧光素和荧光素酶测定,当底物和酶定量时,产生光量与 ATP 量成正比,用生物发光光度计测定强度,从标准曲线中换算 ATP 的含量。种子活力与 ATP 含量呈正相关。

能荷测定(energy charge)公式:

$$EC = \frac{[ATP] + 1/2[ADP]}{[ATP] + [ADP] + [AMP]}$$

测定时需将提取液分成三部分,在提取液中分别加入 PEP、PK、丙酮酸激酶和腺苷酸激酶,测定 ATP 量,求出 ADP 及 AMP 量,换算 EC 值。

(2) 电导率测定

除了硬实种子外,干种子浸水时存在于种子表面或组织中的细胞壁、细胞间隙、绝大部分细胞膜内的电解质(如糖分、氨基酸、有机酸及其他离子)就渗入水中。因此,测定种子浸出液的电导率(electrical conductivity)可以估计一批种子的活力。研究表明,物质交换、能量传递等重要生理生化现象都在细胞膜上进行。种子在劣变过程中,细胞膜的完整性逐渐受到损伤,发生于畸形苗产生及发芽速度减缓之前。膜结构完整性的丧失引起吸胀种子的电解质渗漏,高活力种子浸泡液的电导率低于低活力种子浸泡液电导率。因此,通过测定电导率以推测种子细胞膜完整性的方法可以比较灵敏地测定种子活力。

电导率的测定方法可分为多粒法和单粒法两种方式。多粒法重复测定(如 50 粒)种子群体的电导率。单粒法可用种子自动分析仪,将待测的 100 粒种子分别置于 1 个小室内,仪器自动依次测出每粒种子的电导率并记载。单粒法能找出一个区分值,更准确地计算该批种子的存活率。

根据种子在劣变过程中细胞膜受损的原量,低活力的种子电导率高。但应注意当种子发芽相近或相差无几(10%以内)时,由于代谢活动的差异而导致活力高电导率高的正相关现象。

(3) 贮藏物转运率

$$贮藏物转运率 = \frac{苗重}{子叶或胚乳干重} \times 100\%$$

转运率高者为活力高。

(4)幼苗生长测定

标准发芽试验中,将发芽的种子分成正常幼苗及不正常幼苗两大类,但没有将发芽速度快的幼苗与发芽速度慢的幼苗区分开。幼苗活力分级除分出正常与不正常幼苗外,还需进一步将正常苗分成强、弱等几类。

(5)贮藏物用尽后的苗重

测禾本科种子在黑暗中发芽14日后之苗重,重者为高活力种子。

(6)苗的生长率

在发芽数天后测根长或苗长,生长快表示活力高。

(7)发芽的常规测定

常用如下几种公式:

①初始记录(first count)

国际种子检验规程中对各种种子记录天数有明确的规定。

②发芽指数(germination index)

$$Gi = \sum \frac{Gt}{Dt}$$

式中:Gt 指在时间 t 日的发芽数,Dt 指相应的发芽日数。

③活力指数(vigor index)

$$Vi = Gi \times S$$

式中:S 指幼苗的生长势(用根或苗的长度及干、鲜重表示)。

④高峰值(peak value)

$$PV = \frac{发芽百分数\%}{天数}（至高峰日出现时止）$$

表示起始至高峰日每天平均发芽率。

⑤日平均发芽率(mean daily germination)

$$MDG = \frac{总发芽率}{发芽天数}$$

⑥发芽值(germination value)

$$GV = PV \times MDG$$

⑦平均发芽天数(mean length of incubation time)

$$MLIT = \frac{G_1 T_1 + G_2 T_2 + \cdots\cdots G_n T_n}{G_1 + G_2 \cdots\cdots G_n}$$

式中:G 代表逐日发芽粒数,T 代表天数。

⑧发芽系数(coefficient of germination)

$$CG = \frac{100 \times (A_1 + A_2 + \cdots\cdots A_n)}{A_1 t_1 + A_2 t_2 + \cdots\cdots A_n t_n}$$

式中:A 指逐日发芽量,t 指与 A 相应之天数。

⑨简化活力指数
$G×S=$发芽率×生长势

五、结果处理

分析水分、温度等环境条件的变化对种子活力及萌发期间形态指标和生理生化指标的影响。

六、注意事项

应该设置重复试验,注意控制好试验条件。

七、问题讨论

(1) 影响种子活力的因素有哪些?
(2) 种子萌发的生理生化变化特点是什么?
(3) 环境条件对种子萌发有何影响?

实验七

植株幼苗在逆境中的生理响应

一、实验目的

本综合性实验以小麦幼苗为材料,以干旱胁迫为例,试图从生物膜的过氧化作用、渗透调节物质、抗氧化系统和逆境蛋白等方面,探讨逆境胁迫对植株生理生化指标的影响,进一步了解胁迫对作物造成的伤害和作物对胁迫适应的机制。

二、实验原理

植物在生长发育过程常会同时或相继遇到干旱、高温、低温、盐渍、水涝或病虫害等非生物和生物逆境胁迫。这些非生物或生物胁迫的共同特征是导致植物生物膜的损伤、氧化胁迫、渗透胁迫和蛋白质变性。特别是植物体内超氧阴离子自由基($O_2^{·-}$)、过氧化氢（H_2O_2）、羟自由基（·OH）等活性氧（reactive oxygen species，ROS）的产生和清除平衡被打破后，植物体内 ROS 的积累，产生氧化胁迫，导致生物膜、核酸、蛋白质等生物大分子的破坏，最终导致细胞死亡。

在诸多胁迫因子中，干旱是限制作物生产的主要胁迫因子之一，干旱胁迫往往导致渗透胁迫（osmotic stress）和氧化胁迫（oxidative stress）。植物在进化过程中发展了抵御渗透胁迫和氧化胁迫所造成的损伤的机制，即渗透调节（osmotic adjustment）和抗氧化系统（antioxidant system）。前者通过主动吸收无机离子如 K^+、Cl^- 等，或主动合成有机小分子物质如脯氨酸、甜菜碱、可溶性糖等，来降低植物细胞的水势，从而增强植物细胞的吸水和保水能力。后者通过增强抗氧化酶如过氧化氢酶（CAT）、超氧化物歧化酶（SOD）、谷胱甘肽还原酶（GR）、抗坏血酸过氧化物酶（APX）和过氧化物酶（GPX）等酶的活性，以及增加还原型抗坏血酸（AsA，氧化型为脱氢抗坏血酸 DHA）和还原型谷胱甘肽（GSH，氧化型为 GSSG）等抗氧化剂的水平，从而精密调控植物体内的 ROS 水平，使植物体内 ROS 维持在植物可以忍耐的生理水平以内。此外，以过氧化氢（H_2O_2）为代表的 ROS 在植物对非生物和生物逆境胁迫的信号感受、传导及适应过程中起着重要作用。同时，植物遭受逆境胁迫时，植物体内可以合成一些新的蛋白质，称为逆境蛋白，如热激蛋白等，从而进一步增强植物对逆境的抵抗能力。

三、实验材料、设备和试剂

1. 实验材料
小麦种子或其他植物种子。

2. 设备和试剂
胁迫处理和测定其他生理指标所需的设备和试剂见相关实验。

四、实验步骤

1. 材料的培养与处理
取小麦种子于 25 ℃室温中黑暗浸泡 6 h，播于铺有湿滤纸的培养皿中，于室温中黑暗培养。露白后于尼龙网架上，用 1/2MS 培养液培养一周后：一组移至含 0.5 mol/L 甘露醇的培养液中进行培养，作为实验组；另一组仍在 1/2MS 培养液中继续培养，作为对照组。继续培养一周，每天观察和测定以下指标。

2. 形态指标的测定
每天观察实验组和对照组的长势，记录有无萎蔫情况，并用直尺测量幼苗的高度。

3. 生理指标的测定（参考相关实验）
（1）膜脂过氧化作用的测定：定时取样（小麦叶片），用丙二醛法测定膜脂过氧化程度。

(2) ROS 的测定：定时取样（小麦叶片），用硫酸钛法测定过氧化氢（H_2O_2）含量；用羟胺法测定超氧阴离子自由基（$O_2^{\cdot -}$）的产生速率。

(3) 渗透调节物质含量的测定：定时取样（小麦叶片），用茚三酮法测定脯氨酸（Pro）含量；用雷氏盐法测定甜菜碱含量；用蒽酮法测定可溶性糖含量。

(4) 抗氧化酶活性的测定：定时取样（小麦叶片），测定超氧化物歧化酶、过氧化氢酶、抗坏血酸过氧化物酶等酶的活性。

(5) 抗氧化剂含量的测定：定时取样（小麦叶片），分别用比色法测定抗坏血酸（AsA/DHA）和谷胱甘肽（GSH/GSSG）的含量。

(6) 自由基的测定：包括超氧阴离子自由基的产生速率，羟自由基的清除速率等。

(7) 根系活力的测定：定时取样（小麦根系），用 TTC 法测定根系活力。

(8) 可溶性蛋白含量的测定和逆境蛋白的鉴定：定时取样（小麦叶片），用考马斯亮蓝法测定可溶性蛋白含量；用 SDS-聚丙烯酰胺凝胶电泳法鉴定逆境蛋白。

五、结果处理

通过统计分析所有实验数据，规范撰写实验报告。

六、注意事项

(1) 幼苗在培养和处理过程中，注意每 2~3 d 更换一次对应的培养液，并适当通气。

(2) 取材后，若当天不能测定，可液氮冷冻后置于超低温冰箱中保存。

七、问题讨论

(1) 干旱胁迫对植物的伤害机制是什么？

(2) 植物对渗透胁迫的响应机制是什么？

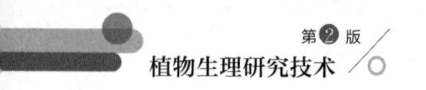

实验八
植物对盐胁迫的生理反应的研究

一、实验目的

了解盐胁迫对植物的生理效应；学会利用有关理论知识分析生理生化指标的结果；学会根据实验结果和所学的理论知识分析盐胁迫的伤害机理；学会运用水势、渗透式、脯氨酸含量、根系活力、外渗电导率、可溶性糖含量、抗氧化酶活性（SOD、POD、CAT）、MDA含量的测定方法研究具体的植物生理问题。

二、实验原理

对植物产生不利效应的土壤中可溶性盐分过多，称为盐胁迫（salt stress），由此对植物产生的伤害称为盐害（salt injury）。含盐较多的土壤，根据所含盐分的主要种类分为碱土和盐土。以碳酸钠（Na_2CO_3）和碳酸氢钠（$NaHCO_3$）为主的土壤，称为碱土（alkaline soil）；以氯化钠（NaCl）和硫酸钠（Na_2SO_4）等为主的土壤，则称为盐土（saline soil）。对于大多数土壤，这两大盐类又常混合存在，故习惯上称为盐碱土（saline and alkaline soil）。我国盐渍土面积约为 3.5×10^7 hm^2，相当于耕地的 1/3。此外，由于灌溉和化肥使用不当，工业污染加剧等原因，次生盐渍化土壤面积还在逐年扩大。盐胁迫引起一系列植物生理生化变化，包括吸收状况、细胞膜结构和功能、细胞器结构和活力、光合速率、呼吸速率、渗透调节物质、营养元素、活性氧、激素等的改变。在轻度胁迫下植物生长受到抑制，产量和品质下降，严重时植物死亡。

三、实验材料、设备和试剂

1. **实验材料**

精选高活力玉米种子或其他植物种子。

2. **设备和试剂**

配制含 200 mmol·L^{-1} NaCl 的完全培养液。培养液和其他测定生理指标所需的设备和试剂配制方法见相关实验。

四、实验步骤

1. 盐胁迫处理

（1）用搪瓷盘装入一定量的石英砂或洁净的河砂，将浸泡 24 h 的玉米种子均匀的排列在砂面上，再覆盖一层石英砂，保持湿润，然后放置在温暖处发芽。选择第一片叶完全展开、生长一致的幼苗为实验材料。

（2）取 6 个 500 mL 塑料广口瓶，分别装入配制的处理（含 200 mmol·L^{-1} NaCl）的完全培养液及对照（普通的完全培养液）500 mL，贴上标签，写明日期。常规培养管理。

2. 测定生理指标

实验开始后，观察培养植株的状况，如果出现萎蔫，且萎蔫经过一夜后清晨不能恢复，即可取样进行生理指标测定。测定项目可选择水势、脯氨酸含量、根系活力、外渗透电导率、可溶性糖含量、抗氧化酶活性（SOD、POD、CAT）、MDA 含量、等等。

五、结果处理

通过统计分析所有实验数据，规范撰写实验报告。

六、注意事项

（1）在培养和处理过程中，注意实时更换相应的培养液，并适当通气。

（2）取材后，若当天不能测定，可液氮冷冻后置于超低温冰箱中保存。

七、问题讨论

（1）盐胁迫对植物的伤害机制是什么？

（2）植物对盐胁迫的响应机制是什么？

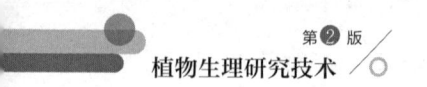

实验九
果实成熟与储藏中的生理变化研究

一、实验目的

了解果实发育与成熟中的生理生化变化特点,掌握相关实验技术。

二、实验原理

果实(fruit)是由子房或连同花的其他部分发育而成的。果实的生长与其他器官一样,是细胞分裂和扩大的结果,其体积和重量的增加也不是平均进行的。果实的成熟从外观到内部发生了一系列变化,如呼吸速率、乙烯、贮藏物质、色泽和风味的变化等,表现出特有的色、香、味,使果实达到最适于食用的状态。

果实中含有多种有机酸,主要有苹果酸、柠檬酸、酒石酸、草酸等。果实成熟中所含有机酸的种类和含量不同。可滴定酸(Titritable acidity,TA)含量的测定是根据酸碱中和原理进行的,即用已知浓度的氢氧化钠溶液滴定果蔬提取液,根据氢氧化钠的消耗量计算果蔬中可滴定酸的含量。然而,由于每种果实中所含有的有机酸种类不同,在计算时,就要根据该果实中所含的主要种类有机酸进行换算。

抗坏血酸(Ascorbic acid,AsA),即还原型维生素 C(Vitamin C,V_C),广泛存在于植物组织中,果实中抗坏血酸含量在发育过程中是不断变化的。抗坏血酸是具有 L 系糖构型的不饱和多羟基化合物,分子中存在烯醇式结构,因而具有很强的还原性。染料 2,6-二氯酚靛酚(2,6-dichlorophenol indophenol)具有较强的氧化性,且在酸性溶液中呈红色,在中性或碱性溶液中蓝色。还原型抗坏血酸能将 2,6-二氯酚靛酚还原,同时自身被氧化为脱氢型抗坏血酸。因此,当用蓝色的碱性 2,6-二氯酚靛酚滴定含有抗坏血酸的草酸溶液时,2,6-二氯酚靛酚可被抗坏血酸还原成无色的还原型化合物,同时抗坏血酸也被氧化成脱氢型。当溶液中的抗坏血酸完全被氧化时,则滴下的染料立即使草酸溶液呈现浅粉红色。这一颜色转变,可以指示滴定终点。根据滴定时用去的标准 2,6-二氯酚靛酚溶液的量,就可计算出被测样品中抗坏血酸的含量。

氨基酸(Amino acid,AA)是组成蛋白质的基本单位,也是蛋白质分解产物的种类之一。在果实的生长发育、成熟衰老过程中,游离氨基酸含量的变化与生理生化代谢密切相关。常用茚三酮显色法测定果蔬组织中游离氨基酸总量(Free amino acid content)。在酸性条件下,氨基酸与茚三酮共热时,能定量地生成显示蓝紫色的产物二酮茚胺,称为 Ruhemans 紫。该产物在波长 570 nm 处有吸收峰,而且在一定范围内吸光度值与氨基酸浓度成正比。因此,可用分光光度计法测定其含量。

在植物体内存在的重要抗氧化系统——抗坏血酸-谷胱甘肽循环(也称为 Halliwell-Asada 循环),该抗氧化系统能够与其他活性氧清除系统协同作用,清除植物体内过多积累的活性氧自由基。在果实发育成熟中谷胱甘肽也会发生相应的变化。谷胱甘肽(GSH)是由谷氨酸(Glu)、半胱氨酸(Cys)和甘氨酸(Cly)组成的天然三肽,是一种含硫基(—SH)的化合物,广泛存在于动物组织、植物组织、微生物和酵母中。谷胱甘肽能和 5,5′-二硫代双(2-硝基苯甲酸)(5,5′-dithiobis-2-nitrobenzoic acid,DTNB)反应产生 2-硝基-5-巯基苯甲酸和谷胱甘肽二硫化物(GSSG)。2-硝基-5-巯基苯甲酸为黄色产物,在波长 412 nm 处的具有最大光吸收。因此,利用分光光度计法可测定样品中谷胱甘肽(GSH)的含量。

三、实验材料、设备和试剂

1. 实验材料
苹果、梨、柑橘、番茄等植物果实。

2. 设备和试剂
除了前面各章所介绍的相关设备和试剂外,其余见下面的操作步骤。

四、操作步骤

1. 果实发育与储藏的观察
在实验地选取标记植株,进行观察记载。在实验室用不同方法(如不同温度)储藏果实,调控主要的储藏条件。

2. 栽培与储藏条件的控制
按照栽培要求进行水分、肥料等环境条件的控制;按照储藏要求进行水分、温度等环境条件的控制。

3. 形态生理指标测定
在果实发育或储藏的不同阶段,分别取样进行形态指标和生理生化指标的测定,如果实大小、含水量、叶绿素及其他色素、呼吸速率、可溶性糖含量、可溶性蛋白含量、激素含量等。

4. 其他指标的测定
(1)可滴定酸含量的测定

①仪器

碱式滴定管(20 mL)、容量瓶(100、1 000 mL)、移液器、锥形瓶(100 mL)、研钵、电子天平、漏斗、滤纸、铁架台。

②试剂

0.1 mol/L 氢氧化钠溶液、蒸馏水。

称取 4.0 g 分析纯氢氧化钠,加新煮沸过的蒸馏水溶解,待冷却后,再用新煮沸过的蒸馏水定容至 1 000 mL,保存到带塑料盖的玻璃瓶中。

使用时,需用邻苯二甲酸氢钾溶液标定氢氧化钠滴定液。准确称取 0.600 0 g 在 105 ℃干燥至恒重的基准邻苯二甲酸氢钾,加入 50 mL 新沸过的冷水,振摇,使其尽量溶解。再滴加 2 滴酚酞指示液,用配置的氢氧化钠溶液滴定。在接近终点时,应使邻苯二甲酸氢钾完全溶解,滴定至溶液显粉红色。每 1 mL 的氢氧化钠滴定液(0.1 mol/L)相当于 20.42 mg 的邻苯二甲酸氢钾。根据 NaOH 溶液的消耗量与邻苯二甲酸氢钾的用量,计算出 NaOH 滴定液的浓度。

1%酚酞指示剂

称取 1.0 g 酚酞,加入到 100 mL 50%的乙醇溶液中溶解。

③实验步骤

A. 提取

称取混合均匀的果蔬样品 10.0 g(或吸取 10.0 mL 汁液),置于研钵中磨碎,转移到 100 mL 容量瓶中,再用蒸馏水冲洗研钵,一并转入到容量瓶中,并定容至刻度,摇匀。静置提取 30 min 后过滤。

B. 测定

吸取 20.0 mL 滤液,转入三角瓶中,加入 2 滴 1%酚酞,用已标定的氢氧化钠溶液进行滴定。滴定至溶液初显粉色并在半分钟内不褪色时为终点(pH=8.1～8.3),记录氢氧化钠滴定液的用量,重复三次。再以蒸馏水代替滤液进行滴定,作为空白对照。

C. 计算

将测定的数据填入下表

表 11-12 可滴定酸含量的测定值

重复次数	样品重量 W/g	提取液总体积 V/mL	所取滤液体积 V_s/mL	NaOH 浓度 C/mol·L^{-1}	NaOH 消耗量/mL 测定 V_1	NaOH 消耗量/mL 空白 V_0	折算系数 f	可滴定酸含量/% 计算值	可滴定酸含量/% 平均值±标准偏差
1									
2									
3									

根据 NaOH 滴定液消耗量,计算果蔬组织中可滴定酸含量,以百分含量表示。计算公式:

$$可滴定酸含量(\%) = \frac{V \times C \times (V_1 - V_0) \times f}{V_s \times W} \times 100$$

式中:V——样品提取液总体积,mL;

V_s——滴定时所取滤液体积,mL;

C——氢氧化钠滴定液摩尔浓度,mol/L;

V_1——滴定滤液消耗的NaOH溶液毫升数,mL;

V_0——滴定蒸馏水消耗的NaOH溶液毫升数,mL;

W——样品重量,g;

f——折算系数,g/mmol。

折算系数,即在反应过程中中和1 mmol氢氧化钠所需的有机酸的克数。果蔬中含有的有机酸种类较多,在计算可滴定酸含量时只需按照其中主要的有机酸进行折算即可。果蔬组织中常见的有机酸以及其折算系数如下:

苹果酸——0.067（苹果、梨、桃、杏、李、番茄、莴苣）；

柠檬酸——0.064（柑橘类）；

酒石酸——0.075（葡萄）。

(2)抗坏血酸含量的测定

①仪器

碱式滴定管(20 mL)、容量瓶(1 000 mL、500 mL、100 mL)、移液器、三角瓶(100 mL)、研钵、电子天平、漏斗、滤纸、铁架台。

②试剂

A. 2%草酸溶液

称取20.0 g草酸,用蒸馏水溶解,并稀释至1 000 mL。

B. 0.1 mg/mL标准抗坏血酸溶液

称取50.0 mg抗坏血酸(应为洁白色,如变为黄色则不能用),用2%草酸溶液溶解,定容至500 mL,即1 mL溶液含0.1 mg抗坏血酸,现用现配,贮存于棕色瓶中,低温保存。

C. 2,6-二氯酚靛酚溶液

称取100 mg 2,6-二氯酚靛酚钠盐,溶于100 mL含有26 mg碳酸氢钠的沸水中,充分摇匀(或冷却后置于冰箱中过夜),过滤,加蒸馏水稀释至1 000 mL。此溶液应贮存于棕色瓶中放入冰箱保存。每周重新配制,临用前用标准抗坏血酸溶液标定。

2,6-二氯酚靛酚溶液的标定:取10.0 mL标准抗坏血酸溶液于锥形瓶中,用2,6-二氯酚靛酚溶液滴定至微红色,15 s不褪色即为终点,根据消耗的2,6-二氯酚靛酚溶液的量计算出每1 mL染料溶液相当的抗坏血酸毫克数(重复三次,取平均值)。

③实验步骤

A. 提取

称取10.0 g果蔬样品置于研钵中,加入少量2%草酸溶液,在冰浴条件下研磨成浆状,转入到100 mL容量瓶中,用2%草酸液冲洗研钵后,亦倒入量瓶中,再用2%草酸溶液定容至刻度,摇匀、提取10 min后,过滤收集溶液备用。

B. 滴定

用移液器吸取 10.0 mL 滤液置于 100 mL 的三角瓶中,用已标定的 2,6-二氯酚靛酚溶液滴定至出现微红色,且 15 s 不褪色为止,记下染料的用量。同时,以 10 mL 2% 草酸溶液作为空白对照,按同样方法进行滴定。重复三次。

C. 计算

将测定的数据填入下表

表 11-13 抗坏血酸含量的测定值

重复次数	样品重量 W/g	提取液总体积 V/mL	吸取滤液体积 V_S/mL	染料消耗量/mL 测定 V_1	染料消耗量/mL 空白 V_0	染料标定值 C/mg·mL^{-1}	抗坏血酸含量/mg·(100 g FW)$^{-1}$ 计算值	抗坏血酸含量/mg·(100 g FW)$^{-1}$ 平均值±标准偏差
1								
2								
3								

根据染料的滴定消耗量,计算果蔬中抗坏血酸含量,以 100 g 鲜重(FW)样品中含有的抗坏血酸的毫克数表示,即 mg/100 g FW。计算公式:

$$抗坏血酸含量(mg/100\ g\ FW) = \frac{V \times (V_1 - V_0) \times C}{V_S \times W} \times 100$$

式中:V_1——样品滴定消耗的染料体积,mL;

V_0——空白滴定消耗的染料体积,mL;

C——1 mL 染料溶液相当于抗坏血酸的量,mg;

V_S——滴定时所取样品溶液体积,mL;

V——样品提取液总体积,mL;

W——样品重量,g。

(3)游离氨基酸含量的测定

①仪器

分光光度计、研钵、水浴锅、锥形瓶、电子天平、容量瓶(25 mL 或 50 mL)、漏斗、滤纸、具塞刻度试管(20 mL)、容量瓶(50 mL、100 mL)、烧杯、移液器、玻璃棒、吸水纸、擦镜纸、电炉、水浴锅(带铁丝筐)。

②试剂

A. 水合茚三酮试剂

称取 0.6 g 重结晶的茚三酮,置于烧杯中,加入 15 mL 正丙醇,搅拌使茚三酮溶解。再加入 30 mL 正丁醇及 60 mL 乙二醇,最后加入 9 mL pH 5.4 的乙酸-乙酸钠缓冲液,混匀,贮于棕色瓶,置于 4 ℃下保存备用,10 天内有效。

B. pH 5.4 乙酸-乙酸钠缓冲液

称取 54.4 g 乙酸钠加入 100 mL 无氨蒸馏水，在电炉上加热至沸，使体积蒸发至 60 mL 左右。冷却后转入 100 mL 容量瓶中加 30 mL 冰醋酸，再用无氨蒸馏水稀释至 100 mL。

C. 标准氨基酸溶液

称取 46.8 mg 在 80 ℃ 烘干的亮氨酸（相对分子质量 131.11），溶于少量 10% 异丙醇中，并用该溶液定容至 100 mL，混匀。取 5 mL 该溶液，用蒸馏水稀释至 50 mL，即 1 mL 的标准氨基酸溶液含 5 μg 的氨基氮。

D. 0.1% 抗坏血酸溶液

称取 50 mg 抗坏血酸，溶于 50 mL 无氨蒸馏水中，随配随用。

E. 10% 乙酸溶液

F. 95% 乙醇

③实验步骤

A. 标准曲线的制作

取 6 支 20 mL 具塞刻度试管，编号，按下表加入各种试剂，盖上玻璃塞，混匀。再在 100 ℃ 水浴中加热 15 min（加热时封口），取出后立即置于冷水中迅速冷却。然后迅速向每管中加入 5.0 mL 95% 乙醇，塞好塞子，猛摇试管，使加热时形成的红色产物被空气中的氧所氧化而褪色，此时溶液呈蓝紫色。然后用 60% 乙醇稀释至 20 mL，以 0 号管为参比进行调零，于波长 570 nm 处测定溶液的吸光度值，重复三次。以氨基氮的微克数为横坐标，吸光度值为纵坐标，绘制标准曲线，求出线回归方程。

表 11-14　制作游离氨基酸标准曲线各试剂用量

项　目	管　号					
	0	1	2	3	4	5
标准氨基酸溶液/mL	0	0.2	0.4	0.6	0.8	1.0
无氨蒸馏水/mL	2.0	1.8	1.6	1.4	1.2	1.0
水合茚三酮试剂/mL	3.0	3.0	3.0	3.0	3.0	3.0
抗坏血酸溶液/mL	0.1	0.1	0.1	0.1	0.1	0.1
每管含氮量/μg	0	1	2	3	4	5

B. 提取

称取 1.0 g 果蔬组织样品，置于研钵中，加入 5.0 mL 10% 乙酸，研磨匀浆后，转移到 100 mL 容量瓶中，用蒸馏水稀释、定容至刻度，混匀。然后用干滤纸过滤到三角瓶中备用。

C. 测定

吸取 1.0 mL 样品滤液,置于 20 mL 干燥具塞刻度试管中,加入 1.0 mL 无氨蒸馏水。其他操作步骤与制作标准曲线方法相同。重复三次。

D. 计算

将测定的数据填入下表

表 11-15　游离氨基酸含量的测定值

重复次数	样品重量 W/g	提取液总体积 V/mL	吸取样品液体积 V_s/mL	570 nm 吸光度值	由标曲查得氨氮量 C/μg	游离氨基酸总量 /mg·(100 g FW)$^{-1}$ 计算值	平均值±标准偏差
1							
2							
3							

根据显色液的吸光度值,在标准曲线上查出相应的氨基氮微克数。果蔬组织中游离氨基酸总量以每 100 g 果蔬中氨态氮的毫克数表示,即 mg/100 g FW。计算公式:

$$游离氨基酸总量(mg/100 \text{ g FW}) = \frac{C \times V}{V_s \times W \times 1\,000} \times 100$$

式中:

C ——从标准曲线查得的氨基酸(亮氨酸)的量,μg;

V ——样品提取液总体积,mL;

V_s——测定时所取样品提取液体积,mL;

W ——样品重量,g。

(4)还原型谷胱甘肽含量的测定

①仪器

研钵、高速冷冻离心机、移液器、离心管、试管、水浴锅、容量瓶(100 mL、200 mL、1 000 mL)、分光光度计。

②试剂

A. 5%三氯乙酸(TCA)溶液(含 5 mmol/L EDTA-Na$_2$)

称取 186 mg EDTA-Na$_2$·2H$_2$O,用 5%三氯乙酸溶解,定容至 100 mL。

B. 100 mmol/L、pH 7.7,和 100 mmol/L、pH 6.8 磷酸缓冲液

母液 A(200 mmol/L Na$_2$HPO$_4$ 溶液):称取 35.61 g Na$_2$HPO$_4$·2H$_2$O 或 53.65 g Na$_2$HPO$_4$·7H$_2$O,或 71.64 g Na$_2$HPO$_4$·12H$_2$O,用蒸馏水溶解,定容至 1 000 mL。

母液 B(200 mmol/L NaH$_2$PO$_4$ 溶液):称取 27.6 g NaH$_2$PO$_4$·H$_2$O 或 31.2 g NaH$_2$PO$_4$·2H$_2$O 用蒸馏水溶解,定容至 1 000 mL。

取 89.5 mL 母液 A 和 10.5 mL 母液 B 混合,调节 pH 值至 7.7,稀释至 200 mL。另取 49.0 mL 母液 A 和 51.0 mL 母液 B 混合,调节 pH 值至 6.8,稀释至 200 mL。

C. 4 mmol/L DTNB 溶液

称取 15.8 mg DTNB,用 100 mmol/L、pH 6.8 磷酸缓冲液溶解,定容至 10 mL,混匀,4 ℃保存。现用现配。

D. 100 μmol/L 还原型谷胱甘肽(GSH)标准溶液

称取 3.1 mg 还原型谷胱甘肽,加入少量乙醇溶解,再溶解到蒸馏水中,定容至 100 mL。

③实验步骤

A. 标准曲线制作

取 6 支试管,编号,按照表 20 加入各种试剂,混匀,于 25 ℃保温反应 10 min,以 0 号管为参比调零,测定显色液在波长 412 nm 处的吸光度值。以吸光度值为纵坐标,还原型谷胱甘肽含量为横坐标,绘制标准曲线。

表 11-16　绘制还原型谷胱甘肽标准曲线的试剂量

项　目	管　号					
	0	1	2	3	4	5
还原型谷胱甘肽标准液/mL	0	0.2	0.4	0.6	0.8	1.0
蒸馏水/mL	1.0	0.8	0.6	0.4	0.2	0
100 mmol/L、pH 7.7 磷酸缓冲液/mL	1.0	1.0	1.0	1.0	1.0	1.0
DTNB 试剂/mL	0.5	0.5	0.5	0.5	0.5	0.5
相当于还原型谷胱甘肽量/μmol	0	20	40	60	80	100

B. 提取

称取 5.0 g 果实样品置于研钵中,加入 5.0 mL 经 4 ℃预冷的 5% 三氯乙酸溶液(含 5 mmol/L EDTA-Na₂),在冰浴条件下研磨匀浆后,于 4 ℃、12 000×g 离心 20 min。收集上清液用来测定谷胱甘肽含量。

C. 测定

取一支试管,依次加入 1.0 mL 蒸馏水、1.0 mL 100 mmol/L、pH 7.7 磷酸缓冲液和 0.5 mL 4 mmol/L DTNB 溶液,混匀即为绘制标准曲线的 0 号管溶液。以此溶液作为参比在波长 412 nm 处对分光光度计进行调零。

再取两支试管,分别加入 1.0 mL 提取上清液,1.0 mL 100 mmol/L、pH 7.7 磷酸缓冲液。然后,向一支试管中 0.5 mL 4 mmol/L DTNB 溶液,另一支试管中加入 0.5 mL 100 mmol/L、pH 6.8 磷酸缓冲液代替 DTNB 试剂。将两支反应管置于 25 ℃保温反应 10 min。按照制作标准曲线的方法,迅速测定显色液在波长 412 nm 处的吸光度值。分别记作 OD$_S$ 和 OD$_C$。重复三次。

D. 计算

将测定的数据填入下列表

表 11-17　还原型谷胱甘肽（GSH）含量的测定值

重复次数	样品重量 W/g	提取液总体积 V/mL	吸取样品液体积 V$_s$/mL	412 nm 吸光度值			由标曲查得 GSH 量 C/μmol	样品中 GSH 含量 /μmol·g^{-1}FW	
				OD$_S$	OD$_C$	OD$_S$－OD$_C$		计算值	平均值±标准偏差
1									
2									
3									

显色反应后，分别记录样品管反应混合液的吸光度值（OD$_S$）和空白对照管反应混合液的吸光度值（OD$_C$）。根据吸光度值差值，从标准曲线上查处相应的还原型谷胱甘肽量，计算每克鲜重（FW）果实组织中还原型谷胱甘肽含量，表示为 μmol/g FW。计算公式：

$$\text{GSH 含量 } \mu\text{mol/g FW} = \frac{C \times V}{V_s \times W}$$

式中：

V——样品提取液总体积，mL；

V_s——吸取样品液体积，mL；

C——由标曲查得溶液中还原型 GSH 的量，μmol；

W——样品重量，g。

五、结果处理

通过统计分析所有实验数据，规范撰写实验报告，讨论不同发育阶段或不同储藏条件对果实生理变化的影响。

六、注意事项

(1) 栽培或储藏条件的控制以及取样方法的规范对实验结果影响非常大，需特别注意。

(2) 一些果蔬中含酸量较少，利用 0.1 mol/L 的 NaOH 溶液进行滴定时，NaOH 消耗的体积数过小，容易引起较大的误差。在实际操作过程中，可以将 NaOH 滴定液适当稀释后使用。如利用 0.05 mol/L 甚至 0.01 mol/L 的 NaOH 溶液进行滴定。

(3)抗坏血酸测定时,某些水果(如橘子、西红柿)浆状物泡沫太多,可加数滴丁醇或辛醇以消除泡沫。提取的浆状物如不易过滤,亦可通过离心,取上清液测定。此外,若提取液中色素较多时,滴定不易看出颜色变化,可用白陶土脱色,或加 1 mL 氯仿,到达滴定终点时,氯仿层呈现淡红色。整个操作过程要迅速,防止还原型抗坏血酸被氧化。滴定过程一般不超过 2 min。滴定所用的染料不应小于 1 mL 或多于 4 mL,如果样品抗坏血酸含量太高或太低时,可增减样品液用量或改变提取液稀释度。也可以考虑将染料的适当稀释、标定。在滴定开始时,染料溶液要迅速加入,直至红色不立即消失而后尽可能一滴一滴地加入,并要不断振动锥形瓶,直至呈粉红色于 15 s 内不消失为止。样品中可能有其他杂质也能还原 2,6-二氯酚靛酚,但一般杂质还原该染料的速度均较抗坏血酸慢,所以滴定时以 15 s 红色不褪为终点。

(4)茚三酮试剂主要是多肽和氨基酸的显色剂,反应在 1 h 内稳定。试剂溶液 pH 值以 5~7 为宜。

(5)测定还原型谷胱甘肽在提取样品时,需要沉淀去蛋白质,以防止蛋白质中所含巯基及相关酶对测定结果的影响。

七、问题讨论

(1)果实的生理变化与哪些因素有关?
(2)哪些因素对测定果实组织中生理指标有重要影响?

实验十

生长调节剂提高植物抗逆性的研究

一、实验目的

了解植物生长调节剂提高植物抗逆性的原理,及生长调节剂的使用方法。

二、实验原理

植物在生长发育过程常会遇到逆境胁迫。生产实践中人们用多种方法来提高植物的抗逆性。采用植物生长调节剂调控是方法之一。

植物生长调节剂的施用方法较多,随生长调节剂种类、应用对象和使用目的而异,要根据实际情况灵活选择,如溶液喷洒、种子浸泡等。

逆境胁迫造成植物生长受阻,生物膜损伤,自由基、活性氧的产生和清除平衡被打破,核酸、蛋白质等生物大分子被破坏,光合速率降低等一系列代谢变化,严重的导致植株死亡。

植物生长调节剂可能通过保护膜结构与功能的稳定性,防止膜脂过氧化作用,提高叶绿素等的含量,促进光合作用,增强抗氧化酶如过氧化氢酶(CAT)、超氧化物歧化酶(SOD)、谷胱甘肽还原酶(GR)、抗坏血酸过氧化物酶(APX)和过氧化物酶(GPX)等酶的活性,产生逆境蛋白等,从而增强植物对逆境的抵抗能力。

三、实验材料、设备和试剂

1. **实验材料**

水稻、玉米、小麦种子或其他植物种子。

2. **设备和试剂**

胁迫处理和测定其他生理指标所需的设备和试剂见相关实验。

四、实验步骤

1. **植物材料的培养**

以干旱胁迫为例,取小麦种子于25℃室温中黑暗浸泡6 h,播于铺有湿滤纸的培养皿中,于室温中黑暗培养。露白后于尼龙网架上,用1/2MS培养液培养一周后,分为两组:一组移至含0.5 mol/L甘露醇的培养液中进行培养,作为胁迫处理;二组仍在1/2MS培养液中继续培养,作为对照。

2. **植物生长调节剂的处理**

将一组和二组分别分成A、B两个亚组。A亚组用不同浓度的植物生长调节剂喷洒,以湿润为度,作为调节剂处理;B亚组用等量清水喷洒,作为对照。

可据资料选用植物生长调节剂及其适宜的浓度,如赤霉素、脱落酸、水杨酸、油菜素内酯等。继续培养一周,每天观察和测定以下指标。

3. **形态指标的测定**

每天观察各组的长势,记录有无萎蔫情况,并用直尺测量幼苗的高度。

4. **形态与生理指标的测定(参考相关实验)**

在适当时间测定以下指标:

(1) 鲜重与干重

(2) 根冠比

(3) 含水量

(4) 光合色素含量:包括叶绿素与类胡萝卜素。

(5)膜脂过氧化作用的测定：定时取样（小麦叶片），用丙二醛法测定膜脂过氧化程度。

(6)ROS 的测定：定时取样（小麦叶片），用硫酸钛法测定过氧化氢（H_2O_2）含量；用羟胺法测定超氧阴离子自由基（O_2^{-}）的产生速率。

(7)渗透调节物质含量的测定：定时取样（小麦叶片），用茚三酮法测定脯氨酸（Pro）含量；用雷氏盐法测定甜菜碱含量；用蒽酮法测定可溶性糖含量。

(8)抗氧化酶活性的测定：定时取样（小麦叶片），测定膜保护酶如超氧化物歧化酶、过氧化氢酶、抗坏血酸过氧化物酶、谷胱甘肽还原酶等酶的活性。

(9)抗氧化剂含量的测定：定时取样（小麦叶片），分别用比色法测定抗坏血酸（AsA/DHA）和谷胱甘肽（GSH/GSSG）的含量。

(10)自由基的测定：包括超氧阴离子自由基的产生速率，羟自由基的清除速率等。

(11)根系活力的测定：定时取样（小麦根系），用 TTC 法测定根系的活力。

(12)可溶性蛋白含量的测定和逆境蛋白的鉴定：定时取样（小麦叶片），用考马斯亮蓝法测定可溶性蛋白含量；用 SDS-聚丙烯酰胺凝胶电泳法鉴定逆境蛋白。

五、结果处理

通过统计分析所有实验数据，规范撰写实验报告。

六、注意事项

(1)幼苗在培养和处理过程中，注意每 2～3 d 更换一次对应的培养液，并适当通气。

(2)取材后，若当天不能测定，可液氮冷冻后置于超低温冰箱中保存。

(3)植物生长调节剂的处理浓度需准确。

(4)处理与对照的用量要相当。

七、问题讨论

(1)据你所知，还有哪些植物生长调节剂可能会提高植物的抗逆性？

(2)为什么在植物生长调节剂处理时要将一组和二组再分别分成 A、B 两个亚组？

(3)植物生长调节剂提高抗逆性的机制是什么？

附录一
植物生理实验室常用表

附表 1
常用酸碱的浓度

化合物	相对分子质量	密度	百分比浓度/%	摩尔浓度/mol·L^{-1}	配制 1 mol·L^{-1} 所需的体积/mL
HCL	36.46	1.19	36.0	11.7	85.5
HNO$_3$	63.02	1.42	69.5	15.6	64.0
H$_2$SO$_4$	98.08	1.84	96.0	17.95	55.7
H$_3$PO$_4$	98.00	1.69	85.0	14.7	68.0
HClO$_4$	100.50	1.67	70.0	11.65	85.7
CH$_3$COOH	60.03	1.06	99.5	17.6	56.9
NH$_4$OH	35.04	0.90	58.6	15.1	66.5

附表 2

常用缓冲溶液的配制

1. 甘氨酸-盐酸缓冲溶液

贮备液 A：0.2 mol·L^{-1} 甘氨酸溶液(15.01 g 配成 1 000 mL)
贮备液 B：0.2 mol·L^{-1} 盐酸(浓盐酸 17.1 mL 稀释至 1 000 mL)

50 mL A + x mL B，稀释至 200 mL

pH	x	pH	x
2.2	44.0	3.0	11.4
2.4	32.4	3.2	8.2
2.6	24.2	3.4	6.4
2.8	16.8	3.6	5.0

2. 盐酸-氯化钾缓冲溶液

贮备液 A：0.2 mol·L^{-1} 氯化钾溶液(KCl 14.91 g 配成 1 000 mL)
贮备液 B：0.2 mol·L^{-1} 盐酸(浓盐酸 17.1 mL 稀释至 1 000 mL)

50 mL A + x mL B 稀释至 200 mL

pH	x	pH	x
1.0	97.0	1.7	20.6
1.1	78.0	1.8	16.6
1.2	64.5	1.9	13.2
1.3	51.0	2.0	10.6
1.4	41.5	2.1	8.4
1.5	33.3	2.2	6.7
1.6	26.3		

3. 酞酸氢钾-盐酸缓冲溶液

贮备液 A：0.2 mol·L^{-1} 酞酸氢钾溶液(KHC$_8$H$_4$O$_4$ 40.84 g 配成 1 000 mL)
贮备液 B：0.2 mol·L^{-1} 盐酸(浓盐酸 17.1 mL 稀释至 1 000 mL)

50 mL A + x mL B, 稀释至 200 mL

pH	x	pH	x
2.2	46.7	3.2	14.7
2.4	39.6	3.4	9.9
2.6	33.0	3.6	6.0
2.8	26.4	3.8	2.63
3.0	20.3		

4. 乌头酸-氢氧化钠缓冲溶液

贮备液 A：0.5 mol·L^{-1} 乌头酸[$C_3H_3(COOH)_3$ 87.05 g 配成 1 000 mL]

贮备液 B：0.2 mol·L^{-1} 氢氧化钠(NaOH 8.0 g 配成 1 000 mL)

50 mL A + x mL B, 稀释至 200 mL

pH	x	pH	x
2.5	15.0	4.3	83.0
2.7	21.0	4.5	90.0
2.9	28.0	4.7	97.0
3.1	36.0	4.9	103.0
3.3	44.0	5.1	108.0
3.5	52.0	5.3	113.0
3.7	60.0	5.5	119.0
3.9	68.0	5.7	126.0
4.1	76.0		

5. 柠檬酸缓冲溶液

贮备液 A：0.1 mol·L^{-1} 柠檬酸($C_6H_8O_7$ 19.21 g 配成 1 000 mL)

贮备液 B：0.1 mol·L^{-1} 柠檬酸三钠($C_6H_5O_7Na_3 \cdot 2H_2O$ 29.41 g 配成 1 000 mL)

x mL A + y mL B, 稀释至 100 mL

pH	x	y	pH	x	y
3.0	46.5	3.5	4.8	23.0	27.0
3.2	43.7	6.3	5.0	20.5	29.5
3.4	40.0	10.0	5.2	18.0	32.0
3.6	37.0	13.0	5.4	16.0	34.0
3.8	35.0	15.0	5.6	13.7	36.3
4.0	33.0	17.0	5.8	11.8	38.2
4.2	31.5	18.5	6.0	9.5	40.5
4.4	28.0	22.0	6.2	7.2	42.8
4.6	25.5	24.5			

6. 醋酸缓冲溶液

贮备液 A：0.2 mol·L^{-1} 醋酸（冰醋酸 11.55 mL 稀释至 1 000 mL）

贮备液 B：0.2 mol·L^{-1} 醋酸钠（C$_2$H$_3$O$_2$Na 16.4 g 或 C$_2$H$_3$O$_2$Na·3H$_2$O 27.2 g 配成 1 000 mL）

x mL A + y mL B，稀释至 100 mL

pH	x	y	pH	x	y
3.6	46.3	3.7	4.8	20.0	30.0
3.8	44.0	6.0	5.0	14.8	35.2
4.0	41.0	9.0	5.2	10.5	39.5
4.2	36.8	13.2	5.4	8.8	41.2
4.4	30.5	19.5	5.6	4.8	45.2
4.6	25.5	24.5			

7. 柠檬酸-磷酸缓冲溶液

贮备液 A：0.1 mol·L^{-1} 柠檬酸（C$_6$H$_8$O$_7$ 19.21 g 配成 1 000 mL）

贮备液 B：0.2 mol·L^{-1} 磷酸氢二钠（Na$_2$HPO$_4$·7H$_2$O 53.65 g 或 Na$_2$HPO4·12H$_2$O 71.7 g 配成 1 000 mL）

x mL A + y mL B，稀释至 100 mL

pH	x	y	pH	x	y
2.6	44.6	5.4	5.0	24.3	25.7
2.8	42.2	7.8	5.2	23.3	26.7
3.0	39.8	10.2	5.4	22.2	27.8
3.2	37.7	12.3	5.6	21.0	29.0
3.4	35.9	14.1	5.8	19.7	30.3
3.6	33.9	16.1	6.0	17.9	32.1
3.8	32.3	17.7	6.2	16.9	33.1
4.0	30.7	19.3	6.4	15.4	34.6
4.2	29.4	20.6	6.6	13.6	36.4
4.4	27.8	22.2	6.8	9.1	40.9
4.6	26.7	23.3	7.0	6.5	43.5
4.8	25.2	24.8			

8. 琥珀酸缓冲溶液

贮备液 A：0.2 mol·L^{-1} 琥珀酸（C$_4$H$_6$O$_4$ 23.6 g 配成 1 000 mL）
贮备液 B：0.2 mol·L^{-1} 氢氧化钠（NaOH 8.0 g 配成 1 000 mL）

25 mL A ＋ x mL B，稀释至 100 mL

pH	x	pH	x
3.8	7.5	5.0	26.7
4.0	10.0	5.2	30.3
4.2	13.3	5.4	34.2
4.4	16.7	5.6	37.5
4.6	20.0	5.8	40.7
4.8	23.5	6.0	43.5

9. 酞酸氢钾-氢氧化钠缓冲溶液

贮备液 A：0.2 mol·L^{-1} 酞酸氢钾（KHC$_8$H$_4$O$_4$ 40.84 g 配成 1 000 mL）
贮备液 B：0.2 mol·L^{-1} 氢氧化钠（NaOH 8.0 g 配成 1 000 mL）

50 mL A＋x mL B，稀释至 200 mL

pH	x	pH	x
4.2	3.7	5.2	30.0
4.4	7.5	5.4	35.5
4.6	12.2	5.6	39.8
4.8	17.7	5.8	43.0
5.0	23.9	6.0	45.5

10. 磷酸缓冲溶液

贮备液 A：0.2 mol·L^{-1} 磷酸二氢钠（NaH$_2$PO$_4$·H$_2$O 27.8 g 配成 1 000 mL）
贮备液 B：0.2 mol·L^{-1} 磷酸氢二钠（Na$_2$HPO$_4$·7H$_2$O 53.65 g 或 Na$_2$HPO$_4$·12H$_2$O 71.7 g 配成 1 000 mL）

x mL A + y mL B, 稀释至 200 mL

pH	x	y	pH	x	y
5.7	93.5	6.5	6.9	45.0	55.0
5.8	92.0	8.0	7.0	39.0	61.0
5.9	90.0	10.0	7.1	33.0	67.0
6.0	87.7	12.3	7.2	28.0	72.0
6.1	85.0	15.0	7.3	23.0	77.0
6.2	81.5	18.5	7.4	19.0	81.0
6.3	77.5	22.5	7.5	16.0	84.0
6.4	73.5	26.5	7.6	13.0	87.0
6.5	68.5	31.5	7.7	10.5	89.5
6.6	62.0	37.5	7.8	8.5	91.5
6.7	56.5	43.5	7.9	7.0	93.0
6.8	51.0	49.0	8.0	5.3	94.7

11. 巴比妥缓冲溶液

贮备液 A：0.2 mol·L^{-1} 巴比妥钠（NaC$_8$H$_{11}$N$_2$O$_3$ 41.2 g 配成 1 000 mL）

贮备液 B：0.2 mol·L^{-1} 盐酸（浓盐酸 17.1 mL 稀释成 1 000 mL）

50 mL A + x mL，稀释至 200 mL

pH	x	pH	x
6.8	45.0	8.2	12.7
7.0	43.0	8.4	9.0
7.2	39.0	8.6	6.0
7.4	32.5	8.8	4.0
7.6	27.5	9.0	2.5
7.8	22.5	9.2	1.5
8.0	17.5		

12. Tris 缓冲溶液

贮备液 A：0.2 mol·L^{-1} 三羟甲基氨基甲烷（tris-hydroxy methylamino methane, C$_4$H$_{11}$NO$_3$ 24.2 g 配成 1 000 mL）

贮备液 B：0.2 mol·L^{-1} 盐酸（浓盐酸 17.1 mL 稀释成 1 000 mL）

50 mL A + x mL B, 稀释至 200 mL

pH	x	pH	x
7.2	44.2	8.2	21.9
7.4	41.4	8.4	16.5
7.6	38.4	8.6	12.2
7.8	32.5	8.8	8.1
8.0	26.8	9.0	5.0

13. 硼酸-硼砂缓冲溶液

贮备液 A：0.2 mol·L^{-1} 硼酸（H_3BO_3 12.4 g 配成 1 000 mL）

贮备液 B：0.05 mol·L^{-1} 硼砂（$Na_2B_4O_7 \cdot 10H_2O$ 19.05 g 配成 1 000 mL）

50 mL A + x mL B, 稀释至 200 mL

pH	x	pH	x
7.6	2.0	8.7	22.5
7.8	3.1	8.8	30.0
8.0	4.9	8.9	42.5
8.2	7.3	9.0	59.0
8.4	11.5	9.1	83.0
8.6	17.5	9.2	115.0

14. 甘氨酸-氢氧化钠缓冲溶液

贮备液 A：0.2 mol·L^{-1} 甘氨酸（NH_2CH_2COOH 15.01 g 配成 1 000 mL）

贮备液 B：0.2 mol·L^{-1} 氢氧化钠（NaOH 8.0 g 配成 1 000 mL）

50 mL A + x mL B, 稀释至 200 mL

pH	x	pH	x
8.6	4.0	9.6	22.4
8.8	6.0	9.8	27.2
9.0	8.8	10.0	32.0
9.2	12.0	10.4	38.6
9.4	16.8	10.6	45.7

15. 硼砂-氢氧化钠缓冲溶液

贮备液 A：0.05 mol·L^{-1} 硼砂(Na$_2$B$_4$O$_7$·10H$_2$O 19.05 g 配成 1 000 mL)

贮备液 B：0.2 mol·L^{-1} 氢氧化钠(NaOH 8.0 g 配成 1 000 mL)

50 mL A + x mL B，稀释至 200 mL

pH	x	pH	x
9.28	0.0	9.7	29.0
9.35	7.0	9.8	34.0
9.4	11.0	9.9	38.6
9.5	17.6	10.0	43.0
9.6	23.0	10.1	46.0

16. 碳酸缓冲溶液

贮备液 A：0.2 mol·L^{-1} 碳酸钠(Na$_2$CO$_3$ 21.2 g 或 Na$_2$CO$_3$·H$_2$O 24.8 g 配成 1 000 mL)

贮备液 B：0.2 mol·L^{-1} 碳酸氢钠(NaHCO$_3$ 16.8 g 配成 1 000 mL)

x mL A + y mL B，稀释至 200 mL

pH	x	y	pH	x	y
9.2	4.0	46.0	10.0	27.5	22.5
9.3	7.5	42.5	10.1	30.0	20.0
9.4	9.5	40.5	10.2	33.0	17.0
9.5	13.0	37.0	10.3	35.5	14.5
9.6	16.0	34.0	10.4	38.5	11.5
9.7	19.5	30.5	10.5	40.5	9.5
9.8	22.0	28.0	10.6	42.5	7.5
9.9	25.0	25.0	10.7	45.0	5.0

17. 咪唑缓冲溶液

配制 0.2 mol·L^{-1} 咪唑(imidazole, C$_3$H$_4$N$_2$)溶液，称取 13.62 g 咪唑，先溶于约 600 mL 蒸馏水中，用 1 mol·L^{-1} HCl 调节到所需 pH，然后定容至 1 000 mL。

18. HEPES 缓冲溶液

配制 0.2 mol·L^{-1} [4-(2-羟乙基)-1-哌嗪乙磺酸，4-(2-hydroxyethyl)-1-piperazineethanesulfonic acid, C$_8$H$_{18}$O$_4$N$_2$S]溶液，称取 47.66 g 4-(2-羟乙基)-1-哌嗪乙磺酸，先用蒸馏水约 600 mL 溶解，用 1 mol·L^{-1} NaOH 调节至所需 pH，然后定容

至 1 000 mL。

19. **Tricine 缓冲溶液**

配制 0.2 mol·L^{-1} 三-(羟甲基)-甲基甘氨酸[tris-(hydroxymethyl)-1-methyglycine (NOCH$_2$)$_3$CNHCH$_2$CO$_2$H]溶液,称取 35.83 g 三-(羟甲基)-甲基甘氨酸,先用蒸馏水 600 mL 溶解,用 1 mol·L^{-1} NaOH 调节至所需 pH,然后定容至 1 000 mL。

20. **甘氨酰-甘氨酸缓冲溶液**

配制 0.2 mol·L^{-1} 甘氨酰-甘氨酸(glycyl-glycine,H$_2$NCH$_2$-CONHCH$_2$COOH)溶液,称取 26.42 g 甘氨酰-甘氨酸,先用蒸馏水 600 mL 溶解,用 1 mol·L^{-1} NaOH 调节至所需 pH,然后定容至 1 000 mL。

【注意事项】

(1)缓冲溶液的有效 pH 范围,大约在其 pK_a 左右 1 个 pH 单位,即 ±1 pK_a。所以缓冲溶液一般选用 pK_a 在 6~8 之间(见附表 3),因为这是大多数生物化学反应合适的 pH 范围。

(2)缓冲溶液的 pH 要不易受其本身的浓度、介质温度以及离子成分等的影响。

(3)缓冲溶质要易溶于水,在其他溶剂中的溶解度要小,不能透过生物膜。

(4)缓冲溶质不水解,不被酶作用,不吸收可见光与紫外线。

附表 3

几种常用溶液缓冲剂的 pK_a 值

缓冲剂	pK_a
酞酸氢钾	$pK_a=2.9$
乌头酸	$pK_{a1}=2.8$　　$pK_{a2}=4.46$
醋酸	$pK_a=4.75$
柠檬酸	$pK_{a1}=3.06$　　$pK_{a2}=4.74$　　$pK_{a3}=5.40$
琥珀酸	$pK_{a1}=4.19$　　$pK_{a2}=5.57$
磷酸	$pK_{a1}=2.12$　　$pK_{a2}=7.21$　　$pK_{a3}=12.32$
咪唑	$pK_a=7.00$
巴比妥	$pK_a=7.43$
HEPES	$pK_a=7.55$
Tricine	$pK_a=8.15$
Tris	$pK_a=8.3$
甘氨酰-甘氨酸	$pK_a=8.4$
硼酸	$pK_a=9.24$
甘氨酸	$pK_{a1}=2.34$　　$pK_{a2}=9.60$
碳酸	$pK_{a1}=6.10$　　$pK_{a2}=10.40$

附表 4

常用酸碱指示剂

中文名	英文名	变色 pH 范围	酸性色	碱性色	浓度	溶剂	100 mL 指示剂需 0.1 mol·L^{-1} NaOH 体积/mL
间甲酚紫	m-cresol purple	1.2~2.8	红	黄	0.04%	稀碱	1.05
麝香草酚蓝	thymol blue	1.2~2.8	红	黄	0.04%	稀碱	0.86
溴酚蓝	bromophenol blue	3.0~4.6	黄	紫	0.04%	稀碱	0.6
甲基橙	methyl orange	3.1~4.4	红	黄	0.02%	水	—
溴甲酚绿	Bromocerwol phenol green	3.8~5.4	黄	蓝	0.04%	稀碱	0.58
甲基红	methyl red	4.2~6.2	粉红	黄	0.10%	50%乙醇	—
氯酚红	chlorophenol red	4.8~6.4	黄	红	0.04%	稀碱	0.94
溴酚红	bromophenol red	5.2~6.8	黄	红	0.04%	稀碱	0.78
溴甲酚紫	bromocersol purple	5.2~6.8	黄	紫	0.04%	稀碱	0.74
溴麝香草酚蓝	bromothymol blue	6.0~7.6	黄	蓝	0.04%	稀碱	0.64
酚红	phenol red	6.4~8.2	黄	红	0.02%	稀碱	1.13
中性红	neutral red	6.8~8.0	红	黄	0.01%	50%乙醇	—
甲酚红	cresol red	7.2~8.8	黄	红	0.04%	稀碱	1.05
间甲酚紫	m-creso purple	7.4~9.0	黄	紫	0.04%	稀碱	1.05
麝香草酚蓝	thymol blue	8.0~9.2	黄	蓝	0.04%	稀碱	0.86
酚酞	phenolphthalein	8.2~10.0	无色	红	0.10%	50%乙醇	—
麝香草酚酞	thymolphthalein	8.8~10.5	无色	蓝	0.10%	50%乙醇	—
茜素黄 R	alizarin yellow R	10.0~12.1	淡黄	棕红	0.10%	50%乙醇	—
金莲橙 O	tropaeolin Q	11.1~12.7	黄	红棕	0.10%	水	—

附表 5

泛用酸碱指示剂

变色 pH 范围	颜色变化	配制方法
3~11.5	红→蓝	0.1 g 甲基橙 0.04 g 甲基红 0.4 g 溴麝香草酚蓝 0.32 g 2-萘酚酞 0.5 g 酚酞 1.6 g 甲基酚酞 将上述染料先溶于 70 mL 95% 酒精中,再用蒸馏水稀释至 100 mL
3~13	红→棕绿	40 mg 麝香草酚蓝 50 mg 甲基红 60 mg 溴麝香草酚蓝 60 mg 酚酞 100 mg 茜素 GG 将上述染料溶于 100 mL 80% 酒精中,加入 0.1 mol·L^{-1} NaOH 使变成绿色(pH 7.0)
4~10	红→紫	5 mg 麝香草酚蓝 25 mg 甲基红 60 mg 溴麝香草酚蓝 60 mg 酚酞 将上述染料溶于 75% 酒精中并稀释至 100 mL,加入 0.1 mol·L^{-1} NaOH 中和至变成绿色

附表 6

蔗糖浓度、密度与折射率换算表

溶液浓度			密度 ρ		折射率 η
/g·(100g)$^{-1}$	/g·L^{-1}	/mol·L^{-1}	D_4^{20}	D_{20}^{20}	
0.50	5.0	0.015	1.000 2	1.001 9	1.333 7
1.00	10.0	0.029	1.002 1	1.003 9	1.334 4
1.50	15.1	0.044	1.004 0	1.005 8	1.335 1
2.00	20.1	0.059	1.006 0	1.007 8	1.335 9
2.50	25.2	0.074	1.007 9	1.009 7	1.336 6
3.00	30.3	0.089	1.009 9	1.011 7	1.337 3
3.50	35.4	0.103	1.011 9	1.013 7	1.338 1
4.00	40.6	0.118	1.013 9	1.015 6	1.338 8
4.50	45.7	0.134	1.015 8	1.017 6	1.339 5
5.00	50.9	0.149	1.017 8	1.079 6	1.340 3
5.50	56.1	0.164	1.019 8	1.021 6	1.341 0
6.00	61.3	0.179	1.021 8	1.023 6	1.341 8
6.50	66.5	0.194	1.023 8	1.025 7	1.342 5
7.00	71.8	0.210	1.025 9	1.027 7	1.343 3
7.50	77.1	0.225	1.027 9	1.029 7	1.344 0
8.00	82.4	0.241	1.029 9	1.031 7	1.344 8
8.50	87.7	0.256	1.032 0	1.033 8	1.345 5
9.00	93.1	0.272	1.034 0	1.035 8	1.346 3
9.50	98.4	0.288	1.036 1	1.037 9	1.347 1
10.00	103.8	0.303	1.038 1	1.040 0	1.347 8
11.00	114.7	0.335	1.042 3	1.044 1	1.349 4
12.00	125.6	0.367	1.046 5	1.048 3	1.350 9
13.00	136.6	0.399	1.050 7	1.052 5	1.352 5
14.00	147.7	0.431	1.054 9	1.056 8	1.354 1
15.00	158.9	0.464	1.059 2	1.061 0	1.355 7
16.00	170.2	0.497	1.063 5	1.065 3	1.357 3
17.00	181.5	0.530	1.067 8	1.069 7	1.358 9
18.00	193.0	0.564	1.072 2	1.074 1	1.360 6
19.00	204.5	0.598	1.076 6	1.078 5	1.362 2
20.00	216.2	0.632	1.081 0	1.082 9	1.363 9
22.00	239.8	0.701	1.089 9	1.091 8	1.367 2
24.00	263.8	0.771	1.099 0	1.100 9	1.370 6
26.00	288.1	0.842	1.108 2	1.110 2	1.374 1
28.00	312.9	0.914	1.117 5	1.119 5	1.377 6
30.00	338.1	0.988	1.127 0	1.129 0	1.381 2
32.00	363.7	1.063	1.136 6	1.138 6	1.384 8
34.00	389.8	1.319	1.146 4	1.148 4	1.388 5
36.00	416.2	1.216	1.156 2	1.158 3	1.392 2
38.00	443.2	1.295	1.166 3	1.68 3	1.396 0
40.00	470.6	1.375	1.176 5	1.178 5	1.399 9

附表 7

提高溶液饱和度（%）时应加入硫酸铵的克数

硫酸铵最后浓度（饱和度%）

硫酸铵初始的浓度	10	20	25	30	33	35	40	45	50	55	60	65	70	75	80	90	100
	1 L 溶液中需加入的固体硫酸铵克数																
0	56	114	114	176	196	209	243	277	313	351	390	430	472	516	561	662	767
10		57	86	118	137	150	183	216	251	288	326	365	406	449	494	592	694
20			29	59	78	91	123	155	189	225	262	300	340	382	424	520	619
25				30	49	61	93	125	158	193	230	267	307	348	390	485	583
30					19	30	62	94	127	162	198	235	273	314	356	449	546
33						12	43	74	107	142	177	214	252	292	333	426	522
35							31	63	94	129	164	200	238	278	319	411	506
40								31	63	97	132	168	205	245	285	375	469
45									32	65	99	134	171	210	250	339	431
50										33	66	101	137	176	214	302	392
55											33	67	103	141	179	264	353
60												34	69	105	143	227	314
65													34	70	107	190	275
70														35	72	153	237
75															36	115	198
80																77	157
95																	79

表中硫酸铵饱和溶液以 25 ℃，4.1 $mol \cdot L^{-1}$ 计算。由于温度降低时对硫酸铵溶解度影响不显著(0 ℃时为 3.9 $mol \cdot L^{-1}$)，故应用表中数值时可以不考虑温度因素。

附录二
离心机转速与相对离心率的换算

RCF(relative centrifugal force)为相对离心率(g)

r 为半径(离心管与转轴的距离)(cm)

r/min 为旋转速度的单位,转每分

$RCF(g) = 1.119 \times 10^{-5} \times r \times (r/min)^2$

利用上式即可进行 RCF 与旋转速度之间的换算,从式中可以看出,如果 r 不同,虽然旋转速度相同,但是 RCF 亦不等。一般固定角度的离心机,离心管上端与底部的 r 是不同的,所以 RCF 亦不同。下图为离心机剖面图,离心管与转轴的距离分别是 4.8 cm(上端,最小距离),6.4 cm(中部,平均距离),6.4 cm(底部,最大距离)。当转速为 12 000 r/min 时,从上式计算得到 RCF 分别为:7.734×g,10 312×g,12 890×g 离心管上端与底部所受 RCF 相差近 1 倍,因此一般以管中部平均距离处的 RCF 表示。

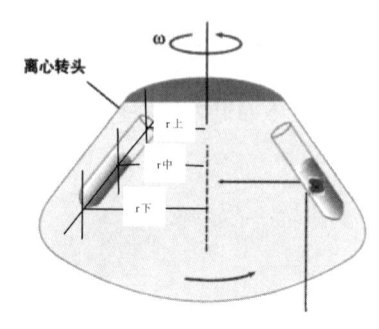

附录三
几种常用营养液配方

（单位：g·L^{-1}）

成分	Sach 营养液	Knop 营养液	Hoagland 营养液
Ca(NO$_3$)$_2$·H$_2$O	—	0.8	1.18
NaCl	0.25	—	—
KNO$_3$	1.0	0.2	0.51
Ca$_3$(PO4)$_2$	0.5	—	—
CaSO$_4$	0.5	—	—
K$_2$HPO$_4$	—	0.2	0.14
MgSO$_4$·7H$_2$O	0.5	0.2	0.49
FePO$_4$	微量	—	—
FeSO$_4$	—	微量	—
FeC$_4$H$_4$O$_6$	—	—	0.005
H$_3$BO$_3$	—	—	0.002 9
MnCl·4H$_2$O	—	—	0.001 8
ZnSO$_4$	—	—	0.000 22
CuSO$_4$·5H$_2$O	—	—	0.000 08
H$_2$MoO$_4$	—	—	0.000 02

附录四

常见植物生长调节物质及其主要性质

名称	化学式	相对分子质量	溶解性质	主要作用
吲哚乙酸(IAA)	$C_{10}H_9NO_2$	175.19	易溶于热水、乙醇、乙醚、丙酮,微溶于冷水、氯仿	促进细胞的延伸生长和细胞壁结构的松弛
赤霉酸(GA_3)	$C_{19}H_{22}O_6$	346.38	易溶于甲醇、乙醇、丙醇,溶于乙酸乙酯、碳酸氢钠和醋酸钠水溶液,微溶于水,乙醚	促进茎、叶伸长,破除休眠
玉米素(ZR)	$C_{10}H_{13}N_5O$	219.0		促进细胞分裂,有保鲜作用
脱落酸(ABA)	$C_{15}H_{20}O_4$	264.31	易溶于碱性溶液、氯仿、丙酮、乙酸乙酯、甲醇、乙醇、难溶于水、苯	促进离层形成、促进休眠,抑制种子萌发

续表

名称	化学式	相对分子质量	溶解性质	主要作用
乙烯(Eth)	C_2H_4	28.05	溶于醇、苯、乙醚，微溶于水	促进果实成熟，促进器官脱落，促进衰老，控制性别
吲哚丁酸(IBA)	$C_{12}H_{13}NO_2$	203.24	溶于醇、丙酮、醚，不溶于水、氯仿	为生根剂激剂
α-萘乙酸(NAA)	$C_{12}H_{10}O_3$	186.20	易溶于热水，微溶于冷水，溶于丙酮、醚、乙酸、苯	与IAA相似
2,4-二氯苯氧乙酸(2,4-D)	$C_8H_6ClO_3$	221.04	难溶于水，溶于醇、丙酮、乙醚等有机溶剂	防止番茄花形成无籽果实，对双子叶植物有毒杀作用，用作单子叶作物的除草剂
2,4,5-三氯苯氧乙酸(2,4,5-T)	$C_8H_5ClO_3O_3$	255.49	溶于乙醇、丙酮、乙醚，难溶于水	与2,4-D类似的除草剂，对木本植物更有效
2,3,5-三碘苯甲酸(TIBA)	$C_7H_3I_3O_2$	499.81	溶于乙醚、热乙醇，不溶于水	抑制生长，促进分枝，促进开花，在大豆上较有效
马来酰肼(MH)（又名青鲜素）	$C_4H_4N_2O_2$	112.09	易溶于热水，微溶于热乙醇	防止块茎、鳞茎的出芽，防止烟草分枝。属生长抑制剂
激动素(KT)	$C_{10}H_9H_5O$	215.21	易溶于稀盐酸、稀氢氧化钠，微溶于冷水、乙醇、甲醇	促进细胞分裂，有延迟衰老及保绿作用

续表

名称	化学式	相对分子质量	溶解性质	主要作用
6-苄基氨基嘌呤（BA）	$C_{12}H_{11}N_5$	225.25	溶于稀碱、稀酸,微溶于乙醇	与激动素相似
乙烯利(CEPA)	$C_2H_6O_3ClP$	144.49	易溶于水、甲醇、丙酮,不溶于石油醚,pH4.1以上释放出乙烯	与乙烯同
比久(B_9)	$C_6H_{12}N_2O_3$	160.0	易溶于水、甲醇、丙酮,不溶于二甲苯	系生长延迟剂,阻止细胞分裂,抑制细胞伸长,矮化幼苗
2-氯乙基三甲基二氯化铵（矮壮素）(CCC)	$C_5H_{13}Cl_2N$	158.07	易溶于水,溶于乙醇、丙酮,不溶于苯、二甲苯、乙醚	系生长抑制剂,延缓茎的伸长,使植物矮化,但不影响顶端分生组织
多效唑(PP_{333})	$C_{15}H_{20}ClN_3O$	438.38	易溶于水、甲醇、丙酮	壮苗促根、促分蘖、提高抗逆性

主要参考文献

[1] 蔡庆生. 植物生理学实验[M]. 北京：中国农业大学出版社，2013.

[2] 蔡永萍. 植物生理学实验指导[M]. 北京：中国农业大学出版社，2014.

[3] 陈建勋，王晓峰. 植物生理学实验指导[M]. 广州：华南理工大学出版社，2015.

[4] 陈晓亚，薛红卫. 植物生理与分子生物学[M]. 4版. 北京：高等教育出版社，2012.

[5] 李玲. 植物生理学模块实验原理指导[M]. 北京：科学出版社，2009.

[6] 李忠光，龚明. 植物生理学综合性和设计性实验教程[M]. 武汉：华中科技大学出版社，2014.

[7] 王三根，苍晶. 植物生理生化[M]. 2版. 北京：中国农业出版社，2015.

[8] 王三根. 植物生理学[M]. 北京：科学出版社，2013.

[9] 王三根. 植物生理学实验教程[M]. 北京：科学出版社，2017.

[10] 武维华. 植物生理学[M]. 3版. 北京：科学出版社，2018.

[11] 许大全. 光合作用学[M]. 北京：科学出版社，2013.

[12] 许智宏，薛红卫. 植物激素作用的分子机理[M]. 上海：上海科学技术出版社，2012.

[13] 翟中和. 细胞生物学[M]. 4版. 北京：高等教育出版社，2011.

[14] 史密斯 A. M. 植物生物学[M]. 瞿礼嘉，译. 北京：科学出版社，2012.

[15] Taiz L，Zeiger E. Plant Physiology[M]. 5th ed. Sunderland：Sinauer Associates，Inc.，2010.